JN232914

役にたつ化学シリーズ

村橋俊一・戸嶋直樹・安保正一 編集

# ④分析化学

太田　清久
酒井　忠雄
伊永　隆史
久米村百子
鈴木　　透
金子　　聡
青木　豊明
松岡　雅也
中原　武利
寺岡　靖剛
石原　達己
今堀　　博
中西　　孝
手嶋　紀雄
田中　庸裕
増原　　宏
吉川　裕之
勝又　英之 [著]

朝倉書店

## 役にたつ化学シリーズ　編集委員

村橋　俊一　　大阪大学名誉教授
戸嶋　直樹　　山口東京理科大学基礎工学部物質・環境工学科
安保　正一　　大阪府立大学大学院工学研究科物質系専攻

## 4　分析化学　執筆者

*太田　清久　　三重大学工学部分子素材工学科
*酒井　忠雄　　愛知工業大学工学部応用化学科
　伊永　隆史　　東京都立大学大学院理学研究科化学専攻
　久米村　百子　東京都立大学大学院理学研究科化学専攻
　鈴木　　透　　三重大学環境保全センター
　金子　　聡　　三重大学工学部分子素材工学科
　青木　豊明　　びわこ成蹊スポーツ大学
　松岡　雅也　　大阪府立大学大学院工学研究科物質系専攻
　中原　武利　　大阪府立大学大学院工学研究科物質系専攻
　寺岡　靖剛　　九州大学大学院総合理工学研究院物質科学部門
　石原　達己　　九州大学大学院工学研究院応用化学部門
　今堀　　博　　京都大学大学院工学研究科分子工学専攻
　中西　　孝　　金沢大学大学院自然科学研究科物質科学専攻
　手嶋　紀雄　　愛知工業大学工学部応用化学科
　田中　庸裕　　京都大学大学院工学研究科分子工学専攻
　増原　　宏　　大阪大学大学院工学研究科応用物理学専攻
　吉川　裕之　　大阪大学大学院工学研究科応用物理学専攻
　勝又　英之　　三重大学工学部分子素材工学科

執筆順，*印は本巻の執筆責任者

役にたつ化学シリーズ　4　分析化学

# はじめに

　現在，87 000 種にも及ぶ化学物質が存在するといわれ，われわれは，それらの恩恵を受けてきた．その一方で生命・生態・環境への"負の化学"が社会問題となっている．その実態を解明する上で，迅速・正確な分析が求められている．新材料科学，複雑な環境問題の解決に必要・不可欠な"分析化学"を正しく，深く理解することが 21 世紀に望まれる"役にたつ分析化学"の役目と考える．この主旨に基づき本書を編んだ．

　第 1 章では，分析化学の歴史的概観を述べ，環境問題など社会との関わりを理解できるようにした．

　第 2 章では統計処理，中和滴定，酸化還元滴定，沈殿滴定，錯形成滴定の基礎知識を習得できるようにした．

　第 3 章以降は現在幅広く使われている簡易分析法および機器分析法を詳述し，学生・一般者から企業の専門技術者まで幅広く理解できるようにした．

　環境問題に関心のある読者は第 3 章の簡易環境化学物質分析法および第 6 章のこれからの環境分析化学を読むことにより，その分析化学的知識を得られるようにした．近年における環境科学の重要性にかんがみ，とくに 6 章では大気環境分析および水質環境分析を取り上げた．

　第 4，5 章では機器分析法および材料分析化学でその知識の充実を図るようにした．

　第 4 章では機器分析化学の意義・目的を述べ，機器分析装置のための基礎電子回路を学べるようにし，具体的分析法として吸光光度法，蛍光光度法と化学発光光度法，ガスクロマトグラフィー，液体クロマトグラフィー，フローインジェクション法，原子吸光分析法，原子発光分析法，電気化学分析，熱分析，質量分析，X 線分析，光電子分光分析，核磁気共鳴・電子スピン共鳴分析法，電子顕微鏡・走査型プローブ顕微鏡分析，放射能分析化学，旋光分散法・円偏向二色性法などを扱っている．

　第 5 章は，近年発展を続ける X 線吸収端分析（XAFS），およびレーザー計測・分析法などの材料分析化学を取り扱った．

　分析化学では分析技量とともにモラルハザードの問題が常につきまとう．精度の高いデータを提供することはいつも考えていることであるが，正確にデータを伝えることは守られているであろうか．"化学倫理"の知的補完のために第 7 章（精確な分析を行うために）を設け，トレーサビリティー，分析のバリデーション，データのクロスチェックとに

ついて取り上げて，解析する上での認識および分析者のモラルの向上に役に立つようにした．

　本書が十分読者の期待に応え，21世紀に役だつ分析化学の知識・技術の礎になり得る内容であることを期待する．しかし，著者らの理解不足，解説不足などにより間違いおよび難解な点があれば忌憚なくご指摘，ご叱責をお願いする．

　本書を刊行するにあたり，朝倉書店編集部の方々には一方ならぬお世話になった．厚くお礼申し上げる．

2004年8月

著者を代表して
太　田　清　久
酒　井　忠　雄

役にたつ化学シリーズ 4 分析化学

# 目 次

## ■ 1. 分析化学と社会の関わり ■

1.1 分析化学の発達と役割 ……………………………………………(酒井忠雄)………… *1*
1.2 環 境 保 全 ……………………………………………………(酒井忠雄)………… *3*
■ 演 習 問 題 ……………………………………………………………………………… *4*

## ■ 2. 分析化学の基礎 ■

2.1 統計処理（データ処理）………………………………………(太田清久)………… *5*
     a．分析値の取得 *5*
     b．測定値の誤差と精度 *6*
     c．不規則誤差の分布（広がり） *7*
     d．測定値の処理 *7*
2.2 中 和 滴 定 ……………………………………………………(太田清久)………… *9*
     a．化 学 量 論 *9*
     b．化 学 平 衡 *10*
     c．酸・塩基滴定 *10*
     d．指 示 薬 *17*
     e．緩 衝 溶 液 *18*
2.3 酸化還元滴定 …………………………………………………(太田清久)………… *18*
     a．ネルンストの式 *18*
     b．標準電位と参照電極 *19*
2.4 沈 殿 滴 定 ……………………………………………………(太田清久)………… *21*
     a．溶 解 平 衡 *21*
     b．沈 殿 滴 定 *22*
2.5 錯形成滴定 ……………………………………………………(太田清久)………… *24*
     a．錯形成平衡 *25*
     b．EDTA（エチレンジアミン四酢酸）滴定 *27*
■ 演 習 問 題 ……………………………………………………………………………… *29*

## ■ 3. 簡易環境化学物質分析法 ■

3.1 簡易環境分析 …………………………………………(伊永隆史, 久米村百子)………… *33*

             a. 大気環境の簡易分析　*33*
             b. 水環境の簡易分析　*37*
             c. マイクロチップを用いた簡易環境計測　*38*
3.2　簡易無機化学物質分析法 ……………………………………………(鈴木　透)………*39*
             a. 試 験 紙 法　*39*
             b. 比　色　法　*40*
             c. 検 知 管 法　*41*
             d. 簡易水質分析キット　*42*
3.3　簡易有機化学物質分析法 ……………………………………(伊永隆史，久米村百子)………*43*
             a. パックテストによる簡易分析法　*43*
             b. 検 知 管 法　*45*
             c. 固相マイクロ抽出（SPME）法　*45*

■ 演 習 問 題 ……………………………………………………………………………*46*

## ■ 4. 機器分析法 ■

4.1　機器分析概論 ………………………………………………………(酒井忠雄)………*47*
4.2　機器分析装置の基礎電子回路 ………………………………………(金子　聡)………*48*
             a. 計測エレクトロニクス系の信号の流れ　*49*
             b. 信号とノイズ　*49*
             c. アナログとデジタル　*49*
             d. 増 幅 回 路　*50*
             e. 演 算 回 路　*51*
4.3　吸光光度法 …………………………………………………………(青木豊明)………*53*
             a. 光吸収の原理　*53*
             b. 発 色 反 応　*55*
4.4　蛍光光度法と化学発光光度法 ………………………………………(青木豊明)………*57*
             a. 蛍光光度法　*57*
             b. 蛍 光 反 応　*58*
             c. 化学発光光度法　*59*
4.5　ガスクロマトグラフィー ……………………………………………(松岡雅也)………*60*
             a. 試料成分分離の原理　*60*
             b. 定性および定量分析　*62*
             c. システム構成　*62*
4.6　液体クロマトグラフィー ……………………………………………(松岡雅也)………*65*
             a. 液体クロマトグラフィーとその分類　*65*
             b. 高速液体クロマトグラフィー　*65*
             c. ペーパークロマトグラフィー　*67*
             d. 薄層クロマトグラフィー　*68*
4.7　フローインジェクション分析法（FIA）………………………………(酒井忠雄)………*69*
             a. FIA の基礎　*69*

　　　　　　b. FIA はなぜ迅速なのか　*71*
　　　　　　c. FIA システムの組立て　*71*
　　　　　　d. FIA の環境試料への適用　*74*
4.8　原子吸光分析法 ……………………………………(中原武利)……*76*
　　　　　　a. 原子吸光分析の原理　*76*
　　　　　　b. 原子吸光分析装置　*77*
　　　　　　c. 干渉現象　*78*
　　　　　　d. バックグラウンド吸収　*78*
　　　　　　e. 無炎原子吸光分析　*78*
4.9　原子発光分析法 ……………………………………(中原武利)……*80*
　　　　　　a. 原子発光分析の原理　*80*
　　　　　　b. ICP 発光分光分析法　*82*
　　　　　　c. ICP 発光分光分析装置　*83*
　　　　　　d. ICP 発光分光分析の特徴　*84*
　　　　　　e. ICP 質量分析法　*84*
4.10　電気化学分析 ………………………………………(金子　聡)……*86*
　　　　　　a. 電気化学分析法の種類　*87*
　　　　　　b. 電位差測定分析法（ポテンシオメトリー）　*87*
　　　　　　c. 電量分析法（クーロメトリー）　*88*
　　　　　　d. ポーラログラフィーとボルタンメトリー　*90*
4.11　熱 分 析 ……………………………………………(寺岡靖剛)……*91*
　　　　　　a. 示差熱分析と示差走査熱量測定　*92*
　　　　　　b. 熱重量測定　*93*
4.12　質 量 分 析 …………………………………………(寺岡靖剛)……*95*
　　　　　　a. 測定原理と装置の概要　*95*
　　　　　　b. イオン化部　*95*
　　　　　　c. イオン分離部　*97*
　　　　　　d. そ の 他　*99*
4.13　X 線 分 析 …………………………(a〜c：石原達己, d：太田清久)………*100*
　　　　　　a. X 線の発生　*100*
　　　　　　b. X 線透過分析　*101*
　　　　　　c. X 線回折分析　*101*
　　　　　　d. 蛍光 X 線分析　*104*
4.14　光電子分光分析 ……………………………………(石原達己)………*105*
　　　　　　a. 光電子分光測定の原理　*105*
　　　　　　b. 装置の基本構成　*106*
　　　　　　c. 光電子分光法で得られる情報と注意点　*107*
4.15　核磁気共鳴・電子スピン共鳴分析 …………………(今堀　博)………*110*
　　　　　　a. NMR（核磁気共鳴）　*110*
　　　　　　b. ESR（電子スピン共鳴）　*113*
4.16　電子顕微鏡・走査型プローブ顕微鏡分析 …………(今堀　博)………*113*

## 目次

    a．電子顕微鏡の原理　*115*
    b．走査型プローブ顕微鏡　*116*

**4.17 放射能分析化学** ……………………………………………………（中西　孝）……*118*
    a．放　射　線　*119*
    b．放射壊変の規則性　*121*
    c．放射性核種　*122*
    d．放射線測定の原理　*123*
    e．放射性核種分析　*124*

**4.18 旋光分散法・円偏光二色性法** ………………………………（手嶋紀雄）……*126*
    a．偏光・旋光の原理　*127*
    b．測　定　装　置　*130*
    c．応　　　用　*131*

■ **演 習 問 題** ……………………………………………………………………*132*

# ■ 5．最近の材料分析化学 ■

**5.1 X線吸収端分析（XAFS）** ……………………………………（田中庸裕）……*135*
    a．X線吸収スペクトル　*136*
    b．XAFSの測定　*138*
    c．XAFSの理論エネルギー分解能　*139*
    d．XAFSスペクトルの解析・処理　*141*
    e．EXAFSスペクトルの解析　*143*
    f．XAFSの応用　*147*

**5.2 レーザー計測と分析** ………………………………（増原　宏，吉川裕之）……*149*
    a．レーザー計測の利点　*149*
    b．レーザーと時間分解計測　*149*
    c．時間分解写真測定　*150*
    d．時間分解干渉画像計測　*150*
    e．超高速時間分解分光測定　*153*
    f．レーザーと空間分解計測　*155*
    g．レーザー走査顕微鏡　*155*
    h．近接場光学顕微鏡　*157*

■ **演 習 問 題** ……………………………………………………………………*161*

# ■ 6．これからの環境分析化学 ■

**6.1 大気環境分析** ………………………………………………………（勝又英之）……*162*
    a．試料採取地点　*163*
    b．試料採取法　*164*
    c．硫黄酸化物分析計　*165*
    d．一酸化炭素分析計　*166*

　　　　　　　　　e. 窒素酸化物分析計　*167*
　　　　　　　　　f. 酸　素　計　*169*
　　　　　　　　　g. 浮遊粒子物質濃度計　*170*
　　　　　　　　　h. 炭化水素分析計　*172*
　　　　　　　　　i. その他の化学物質の測定法　*172*
6.2　水質環境分析 ……………………………………………(酒井忠雄)………*173*
　　　　　　　　　a. 環境水分析のためのフローインジェクション法　*173*
　　　　　　　　　b. 固相濃縮法による水質試験　*175*
　　　　　　　　　c. 環境水質分析法　*177*
■ 演 習 問 題 ……………………………………………………………………*181*

## ■ 7．精確な分析を行うために ■

7.1　トレーサビリティー ……………………………………(酒井忠雄)………*181*
7.2　分析のバリデーション …………………………………(酒井忠雄)………*182*
7.3　データのクロスチェック ………………………………(酒井忠雄)………*183*
■ 演 習 問 題 ……………………………………………………………………*185*

演習問題解答 ……………………………………………………………………*186*

索　　引 …………………………………………………………………………*191*

# 分析化学と社会との関わり　1

　46億年前に地球が誕生し，5億年前には魚類，両生類，被子植物，は虫類，哺乳動物などが生息する陸の時代を迎えた．そして人間の歴史は200万年前に始まり，石器の使用，火の使用，農耕と放牧などゆっくりとしたペースで文化と科学がつくり出されてきた．また，動物や植物との共生を保ちつつ，自然の大きな変化に耐えながら人間生活が営まれてきた．

　しかし，人口が増加するにつれ，自然とのバランスは次第に崩れ，また戦争による破壊と荒廃が生じた．そんな中で，錬金術は徒労に終ったが，それにより得られた実用的化学知識や技術は，蒸留・精製・分離などの分析の基本ともいえる化学技術に応用された．現在でも金属の溶解に用いられている王水は当時すでに使用されている．

## 1.1　分析化学の発達と役割

　分析化学の歴史は古い．17世紀には化学工業において大量生産が実現し，製鉄工程ではコークスによる還元法が開発された．

　18世紀後半イギリスでは産業革命が行われ，毛織物工業，木綿工業は機械工業に転換され，目覚しい産業発展が図られた．その影響を受け，工業地帯はスモッグの町となってしまった．この産業革命はフランス，ベルギー，そしてアメリカ，ドイツに広がり，20世紀半ばには世界的に工業化社会を迎えた．また人口の増加も著しく，これは食料問題にまで波及し，自然環境のバランスを崩す一因にもなっている．

　化学工業の改革は一方では現代の深刻な環境問題を引き起こし，オゾン層の破壊，地球温暖化，PCBによる海洋汚染，酸性雨など環境汚染は地球規模で拡大し，世界共通に討議・対策が必要な社会問題になっている．

　国内でも第二次世界大戦後，1950年代に入ると急激な経済成長が図られ，国民は豊かになったが，一方では1956年水俣，阿賀野川の水俣病，1957年神通川流域のイタイイタイ病，1960年四日市ぜんそくの三大公害病が発生した．そして病気の発症と公害との因果関係を追及す

**スペシエーション**

スペシエーションとは，イオン，化合物を形態別に識別することを意味し，水銀は有機水銀，無機水銀別に毒性評価がされている．

る手段に分析技術が応用された．カドミウムの蓄積源，生体に対する影響，水銀毒性にかかわる化合物のスペシエーション，臓器への取込み量，脳・胎盤関門への透過性，二酸化硫黄の大気中動態などが分析技術の発展により解明された．工業においても半導体生産における微量不純物の確認と除去，高分子化合物のキャラクタリゼーション，鉄鋼中の微量成分分析，材料の純度試験は分析作業そのものである．

たとえば高純度鉄鋼，アルミニウム標準物質の値付けのためにシリカ，銅，マンガン，亜鉛，チタンなどの含有微量元素の測定は不可欠であり，また，先端産業用材料の組成評価は分析結果に基づく．環境ホルモンは動植物の生態系に大きな影響を及ぼしているが，そのほか経口摂取される食餌や薬物は安全でなければならない．食品添加物量は法律による基準値を超えていないか，薬物に配合された成分とその含有量は記載どおりか成分分析により確認される．

このように環境の実態や物質の移動状態を把握し，製品の質を高めるために高度の分析技術が不可欠である．また，覚醒アミンなどの薬物汚染に伴う裁判化学，ドーピングに関わるスポーツ科学においても化学分析は重要な役割を果たしている．しかし，化学薬品を用いる化学分析では廃液が蓄積する．先に述べたように分析化学の社会への功績は評価されるが，そのリスクも伴う．そこで最近は，分析化学のミクロ化が進められている．また試料の濃縮は液-液抽出法からメンブランフィルター，カートリッジなどを用いる固相抽出法に変わってきた．

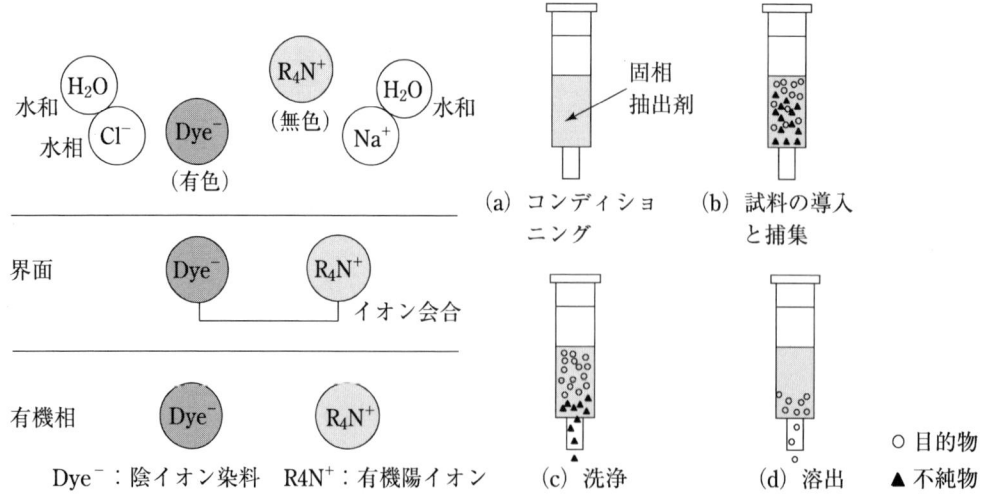

**図 1.1 液-液抽出法と固相抽出法の原理**
[ぶんせき，No 3 (2001), p. 134]

また，分析の迅速化が進み，1時間に数十試料の速さで分析し，かつ多元素が同時に分析できる方法（高速液体クロマトグラフィー，キャピラリー電気泳動法，フローインジェクション分析法，誘導結合プラズマ発光分析法など）も一般的となっている．一方，分析装置のミクロ化（マイクロトータル分析法，$\mu$TASなど）は新しい分析技術として注目されている．このような分析技術はゼロエミッション化への化学者や化学技術者の努力であり，目に見えない社会還元であるといえる．

> フローインジェクション分析法は廃液量の排出量がマニュアル法と比べ1/10～1/100と少ない技術である．

## 1.2　環境保全

　人間の歴史は地球の歴史に比べると極めて短い．その短い歴史のなかでわれわれは唯一の生活圏を破壊してきたが，21世紀はわずかな歴史で与えた地球への負荷を取り除きつつ，化学をさらに発展させる義務があろう．

> 21世紀の科学は，安全と発展を両軸に展開されなければならない．

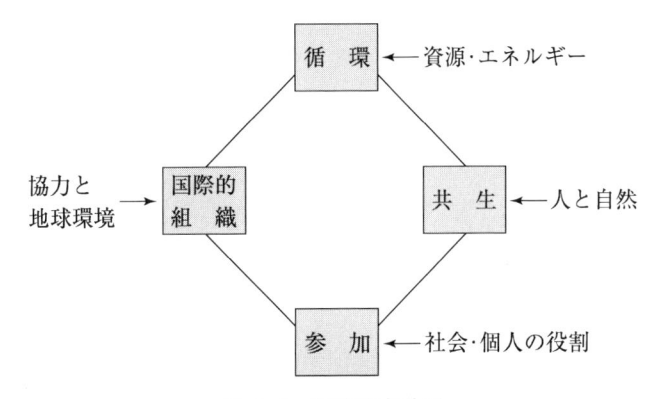

図 1.2　環境基本計画
[浦野紘平，"みんなの地球"，オーム社 (1992), p.113]

　環境基本計画は図1.2のように循環，共生，参加，国際的組織の四つの柱からなっている．次に，それぞれの意味を要約する．
① 循環は資源，エネルギーを効率的に利用する社会づくり．
② 共生は人が自然や生物を守りながら暮らす社会づくり．
③ 参加は人それぞれがそれぞれの立場で環境を守る努力をすること．
④ 国際的組織は他国と協力し地球規模での環境保全の努力をすることを継続的に行う．

　われわれはこれらのことを考え，責任をもって化学を発展させ，かつ人類を幸せに導く努力をしなければならないだろう．

## 演習問題（1章）

1.1 今までの日本の公害で印象深いものを一つあげ，自然科学を学ぶものとしてそれをどのように理解し，今後をどのように考えるか述べよ．

1.2 環境保全が世界規模で考えられているが，最大の関心ごととその解決に対処できる方策について述べよ．

# 2 分析化学の基礎

本章では分析化学の基礎として，データの統計的処理法，中和滴定，酸化還元滴定，沈殿滴定および錯形成滴定を扱う．分析化学における基礎的な知識と定量分析法をわかりやすく解説する．

## 2.1 統計処理（データ処理）

化学分析値が公表されると，何の疑いもなく正しい値として認識されてしまう恐ろしさを感じることがある．それだけに数字が出される過程，背景および数字を出した人を吟味し，理解する必要がある．

実験・測定などで得られたデータは，真の値であるか，真の値を投影し体現しているか，どの程度投影しているか，信頼性の程度などを検定するために統計的処理が必要となる．産業的には原料，部品および製品の品質管理（quality control；QC）に統計処理が適応されている．ISO 9000 シリーズはこれを国際的に規格化したものである．

**品質管理（QC）**
消費者の要求を満足させる品質をもった工業製品をつくり出すための数理統計的手法，第二次世界大戦中に米国で生まれた．

### a．分析値の取得

分析値を得るための流れを図2.1に示した．この流れにしたがってデータを得る．また，化学分析を行う際に配慮しなければならない項目を以下に示す．

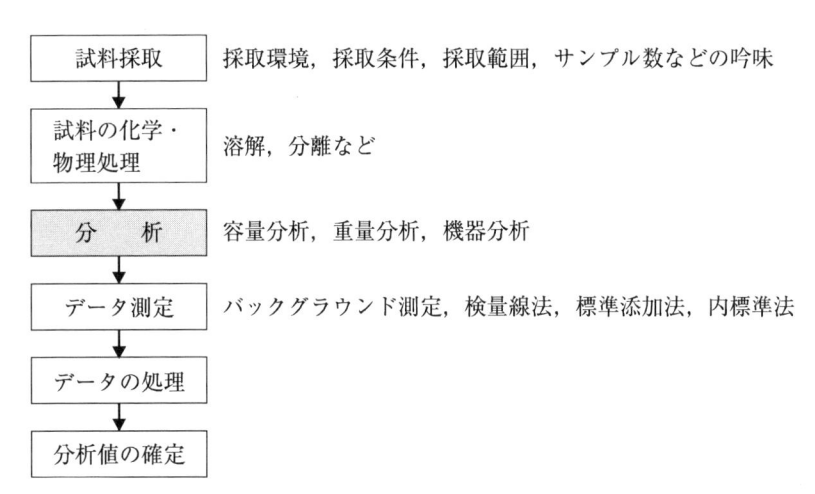

| | |
|---|---|
| 試料採取 | 採取環境，採取条件，採取範囲，サンプル数などの吟味 |
| 試料の化学・物理処理 | 溶解，分離など |
| 分 析 | 容量分析，重量分析，機器分析 |
| データ測定 | バックグラウンド測定，検量線法，標準添加法，内標準法 |
| データの処理 | |
| 分析値の確定 | |

図 2.1 分析の流れ

① 精製水（電気伝導率 $2\ \mu S\ cm^{-1}$ 以下）：精製法，保存法
② 分析室環境：汚染のないクリーンルームの規格化
③ 使用器具と洗浄：器具の保管と適切な洗浄法
④ 試　薬：品質，調製法，保存法，安全性
⑤ 採取地域の現状の把握：(a) 調査の内容　イ．広域調査，ロ．定点調査，(b) 調査項目と調査方法（サンプル数など）
⑥ 試料採取：採取・捕集方法，時間，温度，天候，pH，質量，体積，容器
⑦ 試料の保存：乾燥，蒸発，時間，温度，容器，添加物
⑧ 試料の調製：分解，分離，濃縮，希釈，乾燥，蒸発
⑨ 分　析：方法，機器，分析者，測定条件，化学的・物理的干渉，測定回数，検量線の作成（標準溶液の調製），感度
⑩ データの処理：空試験，温度補正，圧力補正，指示薬補正，丸め方，統計的処理

**b．測定値の誤差と精度**

測定値には必ず誤差が伴う．誤差は次のように定義されている．

　　誤差(error)　　：｜測定値－真の値｜
　　偏差(deviation)：｜測定値－母平均｜
　　残差(residual)　：｜測定値－測定値平均｜
　　かたより(bias)　：｜任意抽出による統計的結果値－推定値｜
　　分散(variance)　：（標準偏差）$^2$
　　バラツキ(dispersion)

一般的に用いている"誤差"は厳密には"残差"を意味するが，慣例として"残差"に代わり誤差を用いている．

発生原因に基づく誤差には偶然誤差と系統誤差がある．

**偶然誤差**（accidental error）：制御できない不規則誤差，分析機器からのノイズ，自然環境からのノイズ．$n$ 回の測定（1 回の測定誤差 $a$ とすると）では $\sqrt{n}\cdot a$ となる．

**系統誤差**（systematic error）：試薬ブランク，個人操作技量，機器による誤差．$n$ 回の測定（1 回の測定誤差を $a$ とすると）では $n\cdot a$ となる．

**誤差の伝達**：測定値 $A$，$B$，$C$ を基に計算した結果を $R$ とし，これらの値の誤差を $\alpha$，$\beta$，$\gamma$，$\rho$ とする．つまり，$A\pm\alpha$，$B\pm\beta$，$C\pm\gamma$，$R\pm\rho$ の値をとるとき，偶然誤差および系統誤差は以下のように伝達される．

偶然誤差：測定値の分散 $\sigma^2$（$\sigma$ は標準偏差）の和で伝達される．

　(a) 加減算：$R=A-B-C$ を計算する場合

$$\sigma_R{}^2 = \sigma_A{}^2 + \sigma_B{}^2 + \sigma_C{}^2$$

(b) 乗除算：$R = \dfrac{A}{B \cdot C}$ の場合

$$\left(\frac{\sigma_R}{R}\right)^2 = \left(\frac{\sigma_A}{A}\right)^2 + \left(\frac{\sigma_B}{B}\right)^2 + \left(\frac{\sigma_C}{C}\right)^2$$

系統誤差：測定値の誤差がそのまま伝達される．

(a) 加減算：$R = A - B - C$ を計算する場合

$$\rho = \alpha + \beta + \gamma$$

(b) 乗除算：$R = \dfrac{A}{B \cdot C}$ の場合

$$\frac{\rho}{R} = \frac{\alpha}{A} + \frac{\beta}{B} + \frac{\gamma}{C}$$

精度には正確さと精密さがある．

**正確さ**（accuracy）：真の値からどれほど離れているか

**精密さ**（precision）：一連の分析値がどれほどよく一致しているか

これらを具現的に示す数字が標準偏差などである．

$n$ 個の結果の平均は $m$ 個の結果の平均よりも $\sqrt{n}/\sqrt{m}$ 倍の信頼度がある．

### c．不規則誤差の分布（広がり）

化学分析値としてよく用いられる値は，一連の同一測定（少なくとも3回，できれば5回以上が好ましい）を繰り返して得られた値の平均値である．一定の同一実験条件下で測定して得た値の広がりは正規分布（ガウス分布）に従う．

$$y = \frac{1}{\sigma\sqrt{2\pi}} \exp\left(-\frac{(x-\mu)^2}{2\sigma^2}\right)$$

$y$：度数(測定値 $x$ が得られる回数)

$\mu$：真の値(無限母集団の平均値)

$\sigma$：無限母集団の標準偏差

$\mu \pm \sigma$ に入る確率は 68.4％　　95.0％ 確率範囲は $\mu \pm 1.96\,\sigma$

$\mu \pm 2\sigma$ に入る確率は 95.5％　　99.0％ 確率範囲は $\mu \pm 2.58\,\sigma$

$\mu \pm 3\sigma$ に入る確率は 99.7％

### d．測定値の処理

一連の測定から分析値確定までの道のりは以下のようになる．

① 測定(5回以上)

② 測定値の誤差補正

③ 測定値の棄却

④ 平均値の算出

⑤ 標準偏差，相対標準偏差，測定値の範囲の算出
⑥ 分析値の確定

(1) 測定値の誤差補正：系統誤差に基づく誤差を補正する．すなわち，データの統計的処理の前に空試験値補正，温度補正（水温が20℃近辺では1℃上昇すると水の体積は1 ml あたり0.2 μl 増える），圧力補正，指示薬補正を行わなくてはならない．

(2) 測定値の棄却：Qテストにより棄却すべき測定値の検定を行い，棄却すべきか，否かを決定する．表2.1にQ値を示した．このQ値は90％の信頼限界に入り得る値である．

$$Q = \frac{(疑わしい測定値A)-(Aの最接近値)}{(最大値)-(最小値)}$$

表 2.1 QテストのQ値

| 測定回数 | Q値 |
|---|---|
| 3 | 0.90 |
| 4 | 0.76 |
| 5 | 0.64 |
| 6 | 0.56 |
| 7 | 0.51 |
| 8 | 0.47 |
| 9 | 0.44 |
| 10 | 0.41 |

計算によって求められたQが表2.1のQ値より大きいときは測定値Aは棄却する．小さいときは棄却せず，ほかの測定値とともに平均値を計算し，分析値とする．

(3) 平均値の算出：

$$平均値 \bar{x} = \frac{x_1+x_2+x_3+x_4 \cdots\cdots x_n}{n}$$

計算にあたっては，有効数字について十分な注意を払う必要がある．算出した測定値の丸め方は，たとえば数字を3桁に丸める場合，元の数字を一段階で丸め，4捨5入が原則となる．

[例]　17.749 → 17.7，　17.767 → 17.8，　17.751 → 17.8

4桁目（小数点以下2桁目）が5のとき，

　小数点以下1桁目＝0，2，4，6，8のとき

　　小数点以下2桁目は切捨て，17.850 2 → 17.8，17.650 2 → 17.6

　小数点以下1桁目＝1，3，5，7，9のとき

　　切上げ，17.750 2 → 17.8，17.350 2 → 17.4

(4) 標準偏差，相対標準偏差，測定値の範囲の算出：

　標 準 偏 差　$\sigma = \sqrt{(\sum(x_1-x)^2/(n-1))}$

　相対標準偏差＝$100\sigma/\bar{x}$

　測定値の範囲＝$\bar{x} \pm \sigma$

【例題2.1】ある溶液中のカドミウム濃度をある方法で測定したところ，1.213 ppm, 1.208 ppm, 1.328 ppm, 1.210 ppm, 1.221 ppm, 1.205 ppm を得た．どのデータを棄却すべきかQテストで検定し，分析値および標準偏差を求めよ．

[解答]　$Q = \dfrac{1.328-1.221}{1.328-1.205} = 0.87$

0.87 は 0.56（表 2.1 の $Q$ 値，測定回数＝6）より大きいので，1.328 ppm は棄却する．次に

$$Q = \frac{1.221 - 1.213}{1.221 - 1.205} = 0.50$$

0.50 は 0.64（表 2.1 の $Q$ 値，測定回数＝5）より小さいので，1.221 ppm は棄却できない．したがって，

$$\text{平均値}\ \bar{x} = \frac{1.213 + 1.208 + 1.210 + 1.221 + 1.205}{5} = 1.211$$

$$\text{標準偏差}\ \sigma = \frac{\begin{array}{c}(1.213-1.211)^2 + (1.208-1.211)^2 + \\ (1.210-1.211)^2 + (1.221-1.211)^2 + \\ (1.205-1.211)^2\end{array}}{5-1} = 0.006$$

## 2.2 中和滴定

定量分析法としての滴定分析には，中和滴定，酸化還元滴定，沈殿滴定，錯形成滴定などがあり，絶対分析法の一つである．ビュレット，三角フラスコ，メスフラスコ，メスピペット，ホールピペット，メスシリンダーなどのガラス器具を用いて，化学量論的な化学反応の終点を滴定によって，指示薬を用いて，検知し，目的成分を分析する．

酸と塩基による中和滴定は酸塩基滴定ともいう．

### a. 化学量論

化学反応にかかわる物質の重量関係を求めることがらを扱う理論が化学量論である．定比例の法則，倍数比例の法則などが含まれ，水溶液中での溶質の反応に関わる量はすべて化学量論に従う．

溶液中での反応に関わる量は濃度で表される．濃度にはモル濃度，規定度，重量パーセント，ppm などがある．

**モル濃度**（molarity）：溶液 1 $l$ に溶解している物質のモル数（mol）である．モル濃度の単位は $mol\ dm^{-3}$，$mol\ l^{-1}$ もしくは M で表される．モル濃度 M は M＝mol/$V$（$V$ は溶液の体積，$l$）となる．

**規定度**（normality）：溶液 1 $l$ に溶解している溶質のグラム当量数（eq）である．規定度の単位は "規定 N"，もしくは $eq\ l^{-1}$ で示される．すなわち N＝eq/$V$ となる．ここで 1 グラム当量とは，反応に際して 1 モルの水素イオン，電子または 1 価の陽イオンを関係させる物質のグラム数を表す．

$$\text{当量} = \frac{\text{分子量}}{n}$$

ここで $n$ は 1 mol の反応化学物質によって授受される水素イオン，

電子または1価の陽イオンのモル数を表す．

**重量パーセント**（w/w%）：溶液100 gに溶解している溶質のグラム数で表される．

**ppm**：一般的には溶液1 g（水溶液では1 mlとする）に溶解している溶質のマイクログラム数（百万分率，$\mu g\,ml^{-1}$）で表される．ppmの1/1000はppb（10億分率，$ng\,ml^{-1}$）である．環境科学分野ではppm，ppb濃度がよく用いられる．

### b．化学平衡

ある実験条件下で反応がどのように進行し，終結するかを知るためには化学平衡を考え，平衡定数を知る必要がある．水溶液中で次式にしたがって，化学物質AとBより生成物CとDが生成する場合

$$a\mathrm{A} + b\mathrm{B} \rightleftharpoons c\mathrm{C} + d\mathrm{D}$$

平衡定数$K$は

$$K = \frac{[\mathrm{C}]^c[\mathrm{D}]^d}{[\mathrm{A}]^a[\mathrm{B}]^b} \tag{2.1}$$

で与えられる．ここで[A]は物質Aのモル濃度を表している．物質が固体の場合には濃度項は1となる．さらに溶媒（この場合水）の場合も濃度項は1となる．気相の場合にはモル濃度の代わりに分圧が用いられる．

### c．酸・塩基滴定

Arrheniusは，酸（acid）とは水溶液中で$H^+$を出す物質であり，塩基（base）とは$OH^-$を出す物質であると定義し，現在でも初級の説明に用いられている．Brønsted–Lowryは酸とは$H^+$を出すことができる物質（供与体；donor）であり，塩基は$H^+$を受け取ることができる物質（受容体；acceptor）であると定義し，さらにLewisは，水溶液以外の溶液にも適用し，酸とは電子対を受容できる分子やイオンであり，電子対を供与できる分子やイオンを塩基とした．

酸性度を表すパラメーターとして，水素イオン濃度$[H^+]$や水素イオン指数（pH）が用いられる．

$$\mathrm{pH} = -\log[\mathrm{H}^+]$$

水はごくわずかではあるが解離している．

$$\mathrm{H_2O} \rightleftharpoons \mathrm{H}^+ + \mathrm{OH}^-$$

$$K_\mathrm{W} = \frac{[\mathrm{H}^+][\mathrm{OH}^-]}{[\mathrm{H_2O}]} = [\mathrm{H}^+][\mathrm{OH}^-] = 1.0 \times 10^{-14} \tag{2.2}$$

ここで，$K_\mathrm{W}$は水の解離定数（電離定数）を示し，一定である．pH 5の水溶液は水素イオン濃度$[H^+]$が$1.0 \times 10^{-5}$モル濃度であることを示す．

pH 7は中性溶液である．pH 10の水溶液は水酸イオン濃度$[OH^-]$

が$1.0 \times 10^{-4}$ モル濃度であることを示し，水酸イオン指数（pOH）も用いられる．

$$\text{pOH} = -\log[\text{OH}^-], \quad \text{p}K_w = \text{pH} + \text{pOH} = 14$$

したがって，pH 5＝pOH 9，pH 10＝pOH 4 となる．

酸解離定数 $K_a$（a は acid の a）に，共役関係にある分子種の塩基解離定数 $K_b$（b は base の b）を掛けた値は $K_w$ に等しい．すなわち，$K_w = K_a \cdot K_b$ の関係がある．

**（1）強酸・強塩基滴定**　強酸（HCl，HNO$_3$，H$_2$SO$_4$）と強塩基（NaOH，KOH，Ca(OH)$_2$）は水溶液中で完全に解離している．すなわち，強酸の酸解離定数 $K_a$ は 1 であり，強塩基の塩基解離定数 $K_b$ も 1 である．強酸-強塩基滴定では化学量論的な量から直接 pH が計算ができる．

---

**【例題 2.2】** 0.100 M の硫酸 25.0 m$l$ を 0.100 M 水酸化ナトリウム溶液で滴定するとき，滴定前の pH，滴定液を 25.0 m$l$，50.0 m$l$，60.0 m$l$ 加えたときの pH を求めよ．

[解答]

(a) 滴定前の pH：硫酸は強酸なので完全に解離している．ゆえに
$$[\text{H}^+] = 0.100 \times 2 = 2.00 \times 10^{-1}, \quad \text{pH} = -\log[0.200] = 0.699$$
有効数字は 3 桁，pH の整数部分は水素イオン濃度の指数部分を反映しているので pH の小数部分に有効数字の桁数がきいてくる．

(b) 滴定液を 25.0 m$l$ 加えたときの pH：
$$[\text{H}^+] = \frac{0.100 \times 2 \times 25.0 - 0.100 \times 25.0}{25.0 + 25.0} = 5.00 \times 10^{-2}$$
$$\text{pH} = 1.301$$

(c) 50.0 m$l$ 加えたときの pH：H$_2$SO$_4$ は $0.100 \times 2 \times 25.0 = 5.00$ ミリモル(mmol)，NaOH は $0.100 \times 50.0 = 5.00$ mmol である．等モルなので pH＝7.000．

(d) 60 m$l$ 加えたときの pH：NaOH の方が過剰なので未反応の NaOH 濃度を計算すればよい．
$$[\text{OH}^-] = \frac{0.100 \times 60.0 - 0.100 \times 2 \times 25.0}{60.0 + 25.0} = 1.18 \times 10^{-2}$$
$$\text{pOH} = 1.929, \quad \text{pH} = 14 - 1.929 = 12.071$$

---

**（2）弱酸・強塩基滴定**　弱酸および弱塩基は水溶液中で溶けている量の 1/1000 ほども解離していない．弱酸を強塩基で滴定する場合，弱酸の酸解離定数が pH にかなり影響してくる．当量点での pH は強

表 2.2 酸・塩基の酸解離定数 $K_a$ および塩基解離定数 $K_b$

| 酸 | 化学式 | $K_a$ | 共役塩基 | 化学式 | $K_b$ |
|---|---|---|---|---|---|
| 安息香酸 | $HC_7H_5O_2$ | $6.6×10^{-5}$ | 安息香酸イオン | $C_7H_5O_2^-$ | $1.5×10^{-10}$ |
| アンモニウムイオン | $NH_4^+$ | $5.6×10^{-10}$ | アンモニア | $NH_3$ | $1.8×10^{-5}$ |
| ギ酸 | $HCOOH$ | $1.8×10^{-4}$ | ギ酸イオン | $HCOO^-$ | $5.6×10^{-11}$ |
| 酢酸 | $CH_3COOH$ | $1.8×10^{-5}$ | 酢酸イオン | $CH_3COO^-$ | $5.6×10^{-10}$ |
| 炭酸 | $H_2CO_3$ | $4.6×10^{-7}$ | 炭酸水素イオン | $HCO_3^+$ | $2.2×10^{-8}$ |
| 炭酸水素イオン | $HCO_3^-$ | $4.4×10^{-11}$ | 炭酸イオン | $CO_3^{2-}$ | $2.3×10^{-4}$ |
| 硫化水素 | $H_2S$ | $1×10^{-7}$ | 硫化水素イオン | $HS^-$ | $1.1×10^{-7}$ |
| 硫化水素イオン | $HS^-$ | $1×10^{-15}$ | 硫化物イオン | $S^{2-}$ | $10$ |
| 硫酸水素イオン | $HSO_4^-$ | $1.2×10^{-2}$ | 硫酸イオン | $SO_4^{2-}$ | $8.3×10^{-13}$ |
| リン酸 | $H_3PO_4$ | $7.5×10^{-3}$ | リン酸二水素イオン | $H_2PO_4^-$ | $1.3×10^{-12}$ |
| リン酸二水素イオン | $H_2PO_4^-$ | $6.2×10^{-8}$ | リン酸水素イオン | $HPO_4^{2-}$ | $1.6×10^{-7}$ |
| リン酸水素イオン | $HPO_4^{2-}$ | $4.8×10^{-13}$ | リン酸イオン | $PO_4^{3-}$ | $2.1×10^{-2}$ |

酸-強塩基滴定の場合と違って 7 になることはない．表 2.2 に代表的な酸・塩基の酸解離定数 $K_a$ および塩基解離定数 $K_b$ を示した．

【例題 2.3】 0.100 M の酢酸 50.0 ml を 0.100 M 水酸化ナトリウム溶液で滴定するとき，滴定前の pH，滴定液を 25.0 ml，50.0 ml，60.0 ml 加えたときの pH を求めよ．ただし，酢酸の酸解離定数 $K_a=1.8×10^{-5}$ である．

[解答]

(a) 滴定前の pH：酢酸の解離は次のような反応式に従う．

$$CH_3COOH \rightleftharpoons H^+ + CH_3COO^-$$

$$K_a = \frac{[H^+][CH_3COO^-]}{[CH_3COOH]} = \frac{[H^+]^2}{0.100} \tag{1}$$

酢酸が解離すると等モルの $H^+$ と $CH_3COO^-$ が生成する．したがって，$[H^+]=[CH_3COO^-]$ である．

$$[H^+]^2 = 0.100 × 1.8×10^{-5} = 1.8×10^{-6}$$

$$[H^+] = 1.3×10^{-3}, \quad pH = 2.87$$

(b) 滴定液を 25.0 ml 加えたときの pH：酢酸が過剰である．

$$[CH_3COOH] = \frac{0.100×50.0 - 0.100×25.0}{50.0+25.0} = 3.33×10^{-2}$$

$[CH_3COO^-]$ は加えた NaOH の濃度に等しいから

$$\frac{0.100×25.0}{50.0+25.0} = 3.33×10^{-2}.$$

これらを式 (1) に代入して

$$K_a = [H^+] × \frac{3.33×10^{-2}}{3.33×10^{-2}} = [H^+]$$

$[H^+] = 1.8 \times 10^{-5}$, pH = 4.74

(c) 50.0 ml 加えたときの pH：酢酸と水酸化ナトリウムが等量なので，当量点（中和点）である．つまり，この溶液では 100% 酢酸ナトリウムが生成している．酢酸ナトリウムを水溶液に溶かした場合と同じに考えることができる．この場合は加水分解して，塩基($CH_3COO^-$) の解離となり，以下のようになる．

$$CH_3COO^- + H_2O \rightleftharpoons CH_3COOH + OH^-$$

塩基解離定数　　$K_b = \dfrac{[CH_3COOH][OH^-]}{[CH_3COO^-]}$ 　　　　　(2)

$[CH_3COOH] = [OH^-]$, $[CH_3COO^-] = \dfrac{100 \times 50.0}{50.0 + 50.0} = 5.00 \times 10^{-2}$

これらの値を式 (2) に代入して，

$$K_b = \frac{[OH^-]^2}{5.00 \times 10^{-2}}$$

となる．$K_w = K_a \cdot K_b$ より，

$$K_b = \frac{K_w}{K_a} = \frac{1.0 \times 10^{-14}}{1.8 \times 10^{-5}} = 5.6 \times 10^{-10}.$$

ゆえに

$[OH^-]^2 = 5.6 \times 10^{-10} \times 5.00 \times 10^{-2} = 2.8 \times 10^{-11}$

$[OH^-] = 5.3 \times 10^{-6}$, pOH = 5.28, pH = $pK_w$ − pOH = 8.72

(d) 60 ml 加えたときの pH：NaOH の方が過剰なので，

$$[OH^-] = \frac{0.100 \times 60.0 - 0.100 \times 50.0}{60.0 + 50.0} = 9.09 \times 10^{-3}$$

pOH = 2.041, pH = 14 − 2.041 = 11.96

**（3）多塩基酸および多酸塩基の滴定**　　リン酸，炭酸，シュウ酸などは多塩基酸に含まれ，炭酸とシュウ酸は二塩基酸，リン酸は三塩基酸とよばれる．また多酸塩基としては水酸化カルシウムなどが知られている．ここでは三塩基酸（$H_3A$）を例にとってその解離を取り扱ってみよう．$H_3A$ は以下のように解離する．

$$H_3A \rightleftharpoons H^+ + H_2A^- \quad K_{a1} = \frac{[H^+][H_2A^-]}{[H_3A]} \quad (2.3)$$

$$H_2A^- \rightleftharpoons H^+ + HA^{2-} \quad K_{a2} = \frac{[H^+][HA^{2-}]}{[H_2A^-]} \quad (2.4)$$

$$HA^{2-} \rightleftharpoons H^+ + A^{3-} \quad K_{a3} = \frac{[H^+][A^{3-}]}{[HA^{2-}]} \quad (2.5)$$

$K_{a1}$ は第一酸解離定数，$K_{a2}$ は第二酸解離定数および $K_{a3}$ は第三酸解離定数である．$H_3A$ に関するすべての分子種は $H_3A$, $H_2A^-$, $HA^{2-}$

およびA$^{3-}$である．この分子種の全濃度を$C$とすると
$$C = [H_3A] + [H_2A^-] + [HA^{2-}] + [A^{3-}] \tag{2.6}$$
ここで濃度分率$\alpha$を導入する．各分子種の分率を
$$\alpha_1 = \frac{[H_3A]}{C}, \quad \alpha_2 = \frac{[H_2A^-]}{C}, \quad \alpha_3 = \frac{[HA^{2-}]}{C}, \quad \alpha_4 = \frac{[A^{3-}]}{C}$$
とおき，$\alpha_1$を求める．

式(2.3)より得られる式
$$[H_2A^-] = \frac{K_{a1}[H_3A]}{[H^+]} \tag{2.3}'$$

式(2.4)に(2.3)′を代入した式
$$[HA^{2-}] = \frac{K_{a1} \cdot K_{a2}[H_3A]}{[H^+]^2} \tag{2.4}'$$

式(2.5)に(2.4)′を代入した式
$$[A^{3-}] = \frac{K_{a1} \cdot K_{a2} \cdot K_{a3}[H_3A]}{[H^+]^3} \tag{2.5}'$$

が得られ，式(2.3)′，(2.4)′，(2.5)′を式(2.6)に代入すると，
$$C = [H_3A] + \frac{K_{a1}[H_3A]}{[H^+]} + \frac{K_{a1} \cdot K_{a2}[H_3A]}{[H^+]^2} + \frac{K_{a1} \cdot K_{a2} \cdot K_{a3}[H_3A]}{[H^+]^3}$$

となる．

$$\frac{C}{[H_3A]} = 1 + \frac{K_{a1}}{[H^+]} + \frac{K_{a1} \cdot K_{a2}}{[H^+]^2} + \frac{K_{a1} \cdot K_{a2} \cdot K_{a3}}{[H^+]^3}$$

$$\frac{C}{[H_3A]} = \frac{[H^+]^3 + K_{a1}[H^+]^2 + K_{a1} \cdot K_{a2}[H^+] + K_{a1} \cdot K_{a2} \cdot K_{a3}}{[H^+]^3}$$

$$\alpha_1 = \frac{[H_3A]}{C} = \frac{[H^+]^3}{[H^+]^3 + K_{a1}[H^+]^2 + K_{a1} \cdot K_{a2}[H^+] + K_{a1} \cdot K_{a2} \cdot K_{a3}}$$

同様に計算して
$$\alpha_2 = \frac{[H_2A^-]}{C} = \frac{K_{a1}[H^+]^2}{[H^+]^3 + K_{a1}[H^+]^2 + K_{a1} \cdot K_{a2}[H^+] + K_{a1} \cdot K_{a2} \cdot K_{a3}}$$

$$\alpha_3 = \frac{[HA^{2-}]}{C} = \frac{K_{a1} \cdot K_{a2}[H^+]}{[H^+]^3 + K_{a1}[H^+]^2 + K_{a1} \cdot K_{a2}[H^+] + K_{a1} \cdot K_{a2} \cdot K_{a3}}$$

$$\alpha_4 = \frac{[A^{3-}]}{C} = \frac{K_{a1} \cdot K_{a2} \cdot K_{a3}}{[H^+]^3 + K_{a1}[H^+]^2 + K_{a1} \cdot K_{a2}[H^+] + K_{a1} \cdot K_{a2} \cdot K_{a3}}$$

これらの式よりわかることは，"三塩基酸の各分子種の分率は酸性度pHに完全に依存する"ということである．二塩基酸についても同様に解くことができる．上記分率の式より$K_{a3}$に関する項を除けばそのまま適用できる．多酸塩基の解離についても同様に解け，いずれもその分子種の分率はpHに依存する．

地球温暖化ガスの一つである炭酸ガスが水に溶けた場合（炭酸 $H_2CO_3$）における各分子種の分率を図2.2に示した．通常の海・河川水（pH6〜8）中ではほとんどが $HCO_3^-$ の形で存在していることがわかる．

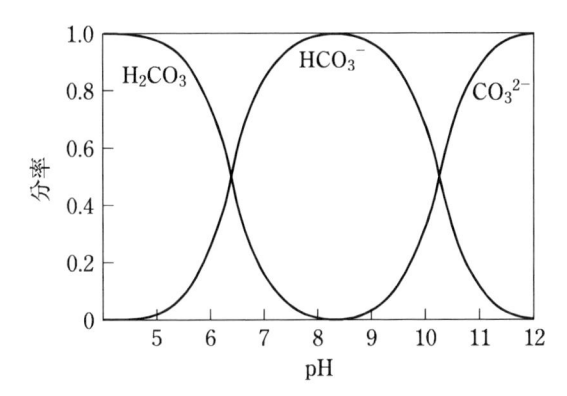

図 2.2 様々なpHにおける炭酸分子種の分率

二塩基酸における各解離定数の関係は
$$K_W = K_{a1} \cdot K_{b2}, \quad K_W = K_{a2} \cdot K_{b1}$$
三塩基酸における各解離定数の関係は
$$K_W = K_{a1} \cdot K_{b3}, \quad K_W = K_{a2} \cdot K_{b2}, \quad K_W = K_{a3} \cdot K_{b1}$$
である．

これら多塩基酸においては，第一当量点，第二当量点などでのpHを理論的に求めることは容易ではない．水そのものの解離によって生ずる水素イオン濃度 $H^+$ の影響が無視できない．また当量点で生成している分子種同士の不均化も起こる．一つの例として，二塩基酸 $H_2A$ の第一当量点での水素イオン濃度を求めてみよう．

第一当量点では，酸 $H_2A$ は $HA^-$ の形で存在している．この分子種の反応は

$$HA^- \rightleftarrows H^+ + A^{2-} \quad K_{a2} = \frac{[H^+][A^{2-}]}{[HA^-]}$$
$$\langle H^+ \text{生成} \rangle \quad (2.7)$$

$$HA^- + H_2O \rightleftarrows H_2A + OH^- \quad K_{b2} = \frac{[H_2A][OH^-]}{[HA^-]}$$
$$\langle H^+ \text{消費} \rangle \quad (2.8)$$

$$H_2O \rightleftarrows H^+ + OH^- \quad K_W = [H^+][OH^-] = 1.0 \times 10^{-14}$$
$$\langle H^+ \text{生成} \rangle \quad (2.9)$$

全$[H^+]$ ＝式 (2.7) の水素イオン＋式 (2.9) の水素イオン
　　　　－式 (2.8) の水酸イオン
　　　＝$[A^{2-}] + [OH^-] - [H_2A]$

この式に式 (2.7), (2.9), (2.8) を代入すると

$$\text{全}[H^+] = \frac{K_{a2}[HA^-]}{[H^+]} + \frac{K_W}{[H^+]} - \frac{K_{b2}[HA^-]}{[OH^-]} \quad (2.10)$$

ここで第3項は $K_W = K_{a1} \times K_{b2}$, $[OH^-] = K_W/[H^+]$ を代入し

$$\frac{K_{b2}[HA^-]}{[OH^-]} = \frac{[HA^-][H^+]}{K_{a1}}$$

となる．これを式 (2.10) に代入し，整理すると，

$$[H^+]^2 = \frac{K_{a1} \cdot K_{a2}[HA^-] + K_{a1} \cdot K_W}{K_{a1} + [HA^-]} \quad (2.11)$$

が得られる．二塩基酸の第一当量点の水素イオン濃度は $HA^-$ の濃度のみに依存することがわかる．しかし，$[HA^-] \gg K_{a1}$ の場合でpH 8以上では

$$[H^+]^2 = \frac{K_{a1} \cdot K_{a2}[HA^-] + K_{a1} \cdot K_W}{[HA^-]} = K_{a1} \cdot K_{a2} + \frac{(K_{a1} \cdot K_W)}{[HA^-]} \quad (2.12)$$

となる．pH 8以上で，$[HA^-] > 0.01$ では第2項が無視でき，$[H^+]^2 = K_{a1} \cdot K_{a2}$ すなわち $[H^+] = \sqrt{K_{a1} \cdot K_{a2}}$ を得る．

三塩基酸の第二当量点でも同様の結果が得られる．これは多塩基酸の第一当量点，第二当量点などでのpHは分子種の濃度から独立していることを意味している．

---

【例題2.4】0.100 M の炭酸 25.0 ml を 0.100 M 水酸化ナトリウム溶液で滴定するとき，滴定前のpH，滴定液を 25.0 ml，50.0 ml，60.0 ml 加えたときのpHを求めよ．ただし，$K_{a1} = 4.6 \times 10^{-7}$，$K_{a2} = 4.4 \times 10^{-11}$ である．

[解答]
(a) 滴定前のpH：炭酸は次のように解離する．

$$H_2CO_3 \rightleftharpoons H^+ + HCO_3^-, \quad K_{a1} = \frac{[H^+][HCO_3^-]}{[H_2CO_3]}$$

$[H^+] = [HCO_3^-]$ なので

$$[H^+]^2 = K_{a1}[H_2CO_3] = 4.6 \times 10^{-7} \times 0.100 = 4.6 \times 10^{-8}$$
$$[H^+] = 2.1 \times 10^{-4}, \quad pH = 3.67$$

(b) 滴定液を 25.0 ml 加えたときのpH：第一当量点である．$K_{a1} \ll [HCO_3^-]$，$K_{a2} \ll [HCO_3^-]$，$[HCO_3^-] > 0.01$ なので，$[H^+] = \sqrt{K_{a1} \cdot K_{a2}}$ に代入し，

$$[H^+] = \sqrt{4.6 \times 10^{-7} \times 4.4 \times 10^{-11}} = 4.5 \times 10^{-9}, \quad pH = 8.35$$

(c) 50.0 mL 加えたときの pH：第二当量点である．炭酸ナトリウムを溶かした場合と同等である．

$$CO_3^{2-} + H_2O \rightleftharpoons HCO_3^- + OH^-, \quad [HCO_3^-] = [OH^-]$$

$$K_{b1} = \frac{[HCO_3^-][OH^-]}{[CO_3^{2-}]} = \frac{[OH^-]^2}{[CO_3^{2-}]}$$

$$[CO_3^{2-}] = \frac{0.100 \times 25.0}{25.0 + 50.0} = 3.33 \times 10^{-2}$$

$K_w = K_{a2} \times K_{b1}$ より

$$K_{b1} = \frac{K_w}{K_{a2}} = \frac{1.0 \times 10^{-14}}{4.4 \times 10^{-11}} = 2.3 \times 10^{-4}$$

$$[OH^-]^2 = K_{b1}[CO_3^{2-}] = 2.3 \times 10^{-4} \times 3.33 \times 10^{-2} = 7.7 \times 10^{-6}$$

$$[OH^-] = 2.8 \times 10^{-3}, \quad pOH = 2.56, \quad pH = 11.44$$

(d) 60 mL 加えたときの pH：NaOH の方が過剰なので

$$[OH^-] = \frac{0.100 \times 60.0 - 0.100 \times 2 \times 25.0}{60.0 + 25.0} = 1.18 \times 10^{-2}$$

$$pOH = 1.929, \quad pH = 14 - 1.929 = 12.071$$

### d. 指 示 薬

指示薬(indicator)を用いることによって終点の検知が容易になる．酸塩基滴定に用いられる代表的な指示薬を表 2.3 に示した．

表 2.3 酸塩基滴定用指示薬

| 指示薬 | 変色範囲/pH | 色変化 |
|---|---|---|
| チモールブルー | 1.2～ 2.8 | 赤～黄 |
| メチルオレンジ | 3.1～ 4.4 | 赤～黄 |
| メチルレッド | 4.2～ 6.2 | 赤～黄 |
| リトマス | 4.5～ 8.3 | 赤～青 |
| チモールブルー | 8.0～ 9.6 | 黄～青 |
| フェノールフタレイン | 8.0～ 9.8 | 無～赤 |
| アリザリンイエローR | 10.1～11.6 | 黄～薄紫 |

酸塩基指示薬（酸性指示薬 HIn，塩基性指示薬 InOH，In は indicator から）は非常に弱い酸または弱い塩基の一種と見なすことができ，水素原子または水酸イオンが解離したときと，解離しないときで色が異なる化合物である．指示薬は以下のように解離する．

$$HIn \rightleftharpoons H^+ + In^- \qquad K_a = \frac{[H^+][In^-]}{[HIn]}$$

$$InOH \rightleftharpoons In^+ + OH^- \qquad K_b = \frac{[In^+][OH^-]}{[InOH]}$$

変色範囲では酸性指示薬 HIn を例にとると

$[In^-]/[HIn] < 1/10$ 　　酸 性 色
$[In^-]/[HIn] > 10$ 　　　塩基性色

となる．酸塩基滴定によく用いられる指示薬は

　強酸・強塩基滴定：メチルオレンジ，チモールブルー，フェノールフタレイン

　強酸・弱塩基滴定：メチルオレンジ，メチルレッド

　弱酸・強塩基滴定：チモールブルー，フェノールフタレイン

などがある．

### e．緩衝溶液

　ある溶液に少量の酸あるいは塩基を加えても，また薄めても pH があまり変化しないような溶液を緩衝溶液（buffer solution）という．身近なところでは血液，海水がこの例である．緩衝溶液の pH 安定性を測る目安として緩衝能が定義されている．

　**緩衝能**（buffer capacity）：1 $l$ 溶液の pH を 1 pH 単位だけ変えるのに必要な強塩基のモル数である．

　緩衝溶液は共役酸塩基対を含み，0.05〜0.2 M の濃度で用いられることが多い．代表的なものとして，アンモニア・塩化アンモニウム溶液，酢酸・酢酸ナトリウム溶液，クエン酸・クエン酸カリウムなどがある．

## 2.3　酸化還元滴定

　酸化還元滴定は酸化還元反応を利用して滴定，定量する方法である．酸化とは古くは酸素と化合することであり，還元とは酸素を抜き取られることをいった．今日では，"酸化は原子，分子，イオンが電子 (e) を失うことであり，還元は電子を得ること"と定義されている．

　　　　　酸化剤 ＋ $ne$ ⇌ 還元剤

このように酸化還元反応は電子の授受を伴う反応である．したがって酸化還元平衡は，電池（ガルバニセル）の起電力を用いて取り扱う．

### a．ネルンストの式

　水溶液中で次式にしたがって酸化還元反応が起こり，化合物 A と B より生成物 C と D が生成する場合

$$aA + bB \rightleftarrows cC + dD$$

[電位] 　$$E = E^0 - \frac{2.3\,RT}{nF} \log \frac{[C]^c[D]^d}{[A]^a[B]^b} \tag{2.13}$$

で与えられる．この式はネルンスト（Nernst）の式とよばれる．ここ

で $E^0$ は標準電位，$R$ は気体定数，$T$ は絶対温度，$n$ は酸化還元にかかわる電子の数，$F$ はファラデー（Faraday）定数である．常温（298 K）では式（2.13）は

$$E = E^0 - \frac{0.059}{n} \log \frac{[\mathrm{C}]^c [\mathrm{D}]^d}{[\mathrm{A}]^a [\mathrm{B}]^b} \tag{2.14}$$

となる．各酸化反応の標準電位は標準水素電極の電位を基準に定められる．電池は水溶液（電解質），陽極および陰極から構成されるが，陽極または陰極で起こる酸化還元反応は半電池とよばれる．この半電池の絶対電位を測ることはできないが，基準となる標準水素電極に対する電位は計測できる．標準水素電極の単極反応は

$$2\mathrm{H}^+ + 2\mathrm{e} \rightleftharpoons \mathrm{H}_2$$

となり，このときの標準電極電位 $E^0$ を 0 とする．

### b. 標準電位と参照電極

標準水素電極に対する代表的な酸化還元反応の標準電位を表 2.4 に示した．酸化還元反応における半電池の電位を測るための参照電極としては標準水素電極以外にカロメル電極，銀-塩化銀電極などがある．

カロメル電極：飽和カロメル電極の単極電位 $E = 0.2458\,\mathrm{V}\,(298\,\mathrm{K})$．
カロメル電極（1 M KCl 溶液）の単極電位 $E = 0.2847\,\mathrm{V}\,(298\,\mathrm{K})$．
銀-塩化銀電極：単極電位　$E = 0.2221\,\mathrm{V}\,(298\,\mathrm{K})$．

**半電池**（half cell）
単一の電極と電解質溶液とからなる系．表 2.4 の酸化還元反応は半電池で表してある．

表 2.4　標 準 電 位

| 酸化還元反応 | $E^0$ | 酸化還元反応 | $E^0$ |
|---|---|---|---|
| $\mathrm{F}_2 + 2\mathrm{e} \rightleftharpoons 2\mathrm{F}^-$ | 2.87 | $\mathrm{Cu}^{2+} + 2\mathrm{e} \rightleftharpoons \mathrm{Cu}$ | 0.34 |
| $\mathrm{MnO}_4^- + 4\mathrm{H}^+ + 3\mathrm{e} \rightleftharpoons \mathrm{MnO}_2 + 2\mathrm{H}_2\mathrm{O}$ | 1.70 | $\mathrm{Hg}_2\mathrm{Cl}_2 + 2\mathrm{e} \rightleftharpoons 2\mathrm{Hg} + 2\mathrm{Cl}^-$ | 0.28 |
| $\mathrm{Ce}^{4+} + \mathrm{e} \rightleftharpoons \mathrm{Ce}^{3+}$ | 1.61 | $\mathrm{AgCl} + \mathrm{e} \rightleftharpoons \mathrm{Ag} + \mathrm{Cl}^-$ | 0.22 |
| $\mathrm{MnO}_4^- + 8\mathrm{H}^+ + 5\mathrm{e} \rightleftharpoons \mathrm{Mn}^{2+} + 4\mathrm{H}_2\mathrm{O}$ | 1.51 | $\mathrm{Sn}^{4+} + 2\mathrm{e} \rightleftharpoons \mathrm{Sn}^{2+}$ | 0.15 |
| $\mathrm{Cl}_2 + 2\mathrm{e} \rightleftharpoons 2\mathrm{Cl}^-$ | 1.36 | $\mathrm{Sn}^{2+} + 2\mathrm{e} \rightleftharpoons \mathrm{Sn}$ | $-0.14$ |
| $\mathrm{Cr}_2\mathrm{O}_7^{2-} + 14\mathrm{H}^+ + 6\mathrm{e} \rightleftharpoons 2\mathrm{Cr}^{3+} + 7\mathrm{H}_2\mathrm{O}$ | 1.33 | $\mathrm{Fe}^{2+} + 2\mathrm{e} \rightleftharpoons \mathrm{Fe}$ | $-0.44$ |
| $2\mathrm{Hg}^{2+} + 2\mathrm{e} \rightleftharpoons \mathrm{Hg}_2^{2+}$ | 0.92 | $\mathrm{Cr}^{3+} + 3\mathrm{e} \rightleftharpoons \mathrm{Cr}$ | $-0.74$ |
| $\mathrm{Ag}^+ + \mathrm{e} \rightleftharpoons \mathrm{Ag}$ | 0.80 | $\mathrm{H}_2\mathrm{O} + \mathrm{e} \rightleftharpoons 1/2\,\mathrm{H}_2 + \mathrm{OH}^-$ | $-0.83$ |
| $\mathrm{Hg}_2^{2+} + 2\mathrm{e} \rightleftharpoons 2\mathrm{Hg}$ | 0.79 | $\mathrm{Na}^+ + \mathrm{e} \rightleftharpoons \mathrm{Na}$ | $-2.71$ |

【例題 2.5】 0.100 M 鉄（II）硫酸溶液 50.0 ml を 0.100 M 硫酸セリウム（IV）で滴定するとき，滴定前の電位，滴定液を 25.0 ml，50.0 ml，60.0 ml 加えたときの電位を求めよ．ただし，硫酸溶液中のそれぞれの見掛け電位は以下のようである．

$$\mathrm{Fe}^{3+} + \mathrm{e} \rightleftharpoons \mathrm{Fe}^{2+} \quad E = 0.68\,\mathrm{V}$$
$$\mathrm{Ce}^{4+} + \mathrm{e} \rightleftharpoons \mathrm{Ce}^{3+} \quad E = 1.44\,\mathrm{V}$$

**見掛け電位**
電解質，イオン強度錯化現象などにより実際の標準電位は，真の標準電位と異なる場合がある．この実際の標準電位を見掛け電位とよぶ．

[解答]
(a) 滴定前の電位：電位の式は

$$E = 0.70 - 0.059 \log \frac{[Fe^{2+}]}{[Fe^{3+}]}$$

となる．滴定前では，鉄イオンはほとんどが $Fe^{2+}$ の形で存在している．したがって，$[Fe^{3+}] \fallingdotseq 0$ となり，計算ができない．しかし，空気酸化により $Fe^{2+}$ の1万分の1が $Fe^{3+}$ に変わっていると仮定すると，$[Fe^{2+}]/[Fe^{3+}] = 10\,000$ となり，

$$E = 0.68 - 0.059 \times 4 = 0.44, \quad E = 0.44\,\mathrm{V}.$$

(b) 滴定液を 25.0 ml 加えたときの電位：$[Fe^{2+}] = [Fe^{3+}]$ である．

したがって，$E = 0.70 - 0.059 \times 0 = 0.68, \quad E = 0.68\,\mathrm{V}.$

(c) 50.0 ml 加えたときの電位：当量点である．鉄イオンに関する電位の式は

$$E_1 = 0.68 - 0.059 \log \frac{[Fe^{2+}]}{[Fe^{3+}]}$$

セリウムイオンに関する電位の式は

$$E_2 = 1.44 - 0.059 \log \frac{[Ce^{3+}]}{[Ce^{4+}]}$$

当量点では $E_1 = E_2$ である．上記2式を加算すると，

$$2E = 0.68 + 1.44 - 0.059 \log \frac{[Fe^{2+}]}{[Fe^{3+}]} - 0.059 \log \frac{[Ce^{3+}]}{[Ce^{4+}]}$$

$$2E = 2.12 - 0.059 \log \frac{[Fe^{2+}][Ce^{3+}]}{[Fe^{3+}][Ce^{4+}]}$$

ところが，当量点では $[Fe^{3+}] = [Ce^{3+}]$, $[Fe^{2+}] = [Ce^{4+}]$ である．

したがって，$2E = 2.12 - 0.059 \times 0 = 2.12, \quad E = 1.06\,\mathrm{V}.$

(d) 60 ml 加えたときの電位：$Fe^{2+}$ はほとんど $Fe^{3+}$ に変わっている．したがって，鉄イオン系から電位を求めることは困難である．そこでセリウムイオン系から求める．

$$E_2 = 1.44 - 0.059 \log \frac{[Ce^{3+}]}{[Ce^{4+}]}$$

$$[Ce^{3+}] = \frac{0.100 \times 50.0}{50.0 + 60.0} = \frac{5.00}{110.0}$$

$$[Ce^{4+}] = \frac{0.100 \times 60.0 - 0.100 \times 50.0}{50.0 + 60.0} = \frac{1.00}{110.0}$$

$$\frac{[Ce^{3+}]}{[Ce^{4+}]} = \frac{5.00}{1.00} = 5.00$$

したがって，$E_2 = 1.44 - 0.059 \log 5 = 1.40, \quad E = 1.40\,\mathrm{V}.$

## 2.4 沈殿滴定

沈殿反応は，昔から沈殿分離，金属・化合物精製に幅広く利用されてきた．分析化学ではおもに重量分析および沈殿滴定に利用されている．重量分析法は，かつては分析化学において有用な手法であったが，優れたさまざまな分離法，定量法が開発されるにつれ，使われる頻度は少なくなったが，絶対分析法としての価値は高く，その技術は簡便な沈殿滴定法に伝達されている．

### a. 溶解平衡

沈殿反応を利用する沈殿滴定においては，まず水溶液中における溶解平衡を考える必要がある．水に対する沈殿の溶解性を表す平衡定数として溶解度積 $K_{sp}$ が用いられる．

目的イオンを $A^+$，沈殿試薬を $B^-$ とするとき，溶液中では

$$A^+ + B^- \rightleftharpoons AB \text{（固体）}$$

の沈殿反応が進み，その平衡定数 $K$ は

$$K = \frac{[AB]}{[A^+][B^-]} \tag{2.15}$$

で表される．生成物 AB は沈殿で固体であるので，$[AB]=1$ である．したがって，式 (2.15) は $[A^+][B^-]=1/K$ となり，溶解度積 $K_{sp}$ は

$$K_{sp} = [A^+][B^-] \tag{2.16}$$

と定義される．沈殿 $A_aB_b$ が水溶液中で次のように解離する場合

$$A_aB_b \rightleftharpoons aA^{b+} + bB^{a+}$$

溶解度積 $K_{sp}$ は

$$K_{sp} = [A^{b+}]^a [B^{a+}]^b \tag{2.17}$$

となる．沈殿物の溶解度積は溶解度から求められる．

---

**【例題 2.6】** 難溶解性化合物 $A_2B_3$（分子量＝200）を水に溶かした．一定時間撹拌した後，放置し，飽和したところで，この物質の溶解度を測定したところ 溶液 100 ml あたり 0.020 mg であった．溶解度積 $K_{sp}$ を求めよ．

**[解答]** この化合物のモル濃度は

$$0.000020 \times \frac{1000/100}{200} = 1.0 \times 10^{-6}$$

化合物 1 モルから $A^{3+}$ が 2 モル，$B^{2-}$ が 3 モル生じるので

$$[A^{3+}] = 2 \times 1.0 \times 10^{-6}, \quad [B^{2-}] = 3 \times 1.0 \times 10^{-6}$$
$$K_{sp} = [A^{3+}]^2 [B^{2-}]^3 = (2 \times 1.0 \times 10^{-6})^2 (3 \times 1.0 \times 10^{-6})^3$$
$$= 1.1 \times 10^{-28}$$

表 2.5 溶解度積

| 化合物 | 溶解度積 $K_{sp}$ | 化合物 | 溶解度積 $K_{sp}$ |
|---|---|---|---|
| AgBr | $4 \times 10^{-13}$ | $CaSO_4$ | $6 \times 10^{-5}$ |
| AgCl | $1 \times 10^{-10}$ | CdS | $5 \times 10^{-27}$ |
| $Ag_2CrO_4$ | $2 \times 10^{-12}$ | CuS | $4 \times 10^{-38}$ |
| AgI | $1 \times 10^{-16}$ | $Fe(OH)_3$ | $1 \times 10^{-36}$ |
| $Ag_2C_2O_4$ | $5 \times 10^{-12}$ | $Fe(OH)_2$ | $2 \times 10^{-14}$ |
| $Ag_2S$ | $1 \times 10^{-48}$ | FeS | $4 \times 10^{-19}$ |
| $Al(OH)_3$ | $5 \times 10^{-33}$ | $Mg(OH)_2$ | $1 \times 10^{-11}$ |
| $BaCO_3$ | $7 \times 10^{-9}$ | MnS | $1 \times 10^{-16}$ |
| $BaSO_4$ | $1 \times 10^{-10}$ | $PbCl_2$ | $1 \times 10^{-4}$ |
| $CaCO_3$ | $5 \times 10^{-9}$ | $PbSO_4$ | $2 \times 10^{-8}$ |
| $CaF_2$ | $4 \times 10^{-11}$ | ZnS | $1 \times 10^{-24}$ |

代表的な沈殿の溶解度積を表2.5に示した．

化合物の溶解度は

　　硫化物：Mn＞Fe＞Zn＞Ni＞Cd＞Pb＞Cu＞Ag＞Hg(II)

　　炭酸塩：Mg＞Zn＞Ba＞Ca＞Sr＞Ag＞Pb＞Cd

　　硫化物：Mg＞Ba，Fe＞Sr＞Cu＞Cd＞Zn＞Ca＞Ag

である．左側の金属ほど溶解度が大きい．

### b. 沈 殿 滴 定

沈殿滴定は次のような手順を経る．

① 試料溶液

② 指示薬の添加

③ 沈殿試薬による滴定

④ 終点決定（変色）

⑤ 定量

沈殿滴定は適用が他の方法に比べ限られる．代表的のものとしてはハロゲン化物イオンを硝酸銀溶液で滴定する方法がある．指示薬としてクロム酸塩を用いる方法をモール（Mohr）法という．ハロゲン化物の溶解度よりもクロム酸銀（赤褐色）の溶解度が大きいことを利用して終点を決める．すなわち，分析対象であるハロゲン化物イオンがハロゲン化銀として沈殿した後，過剰に加えられた銀イオンは赤色のクロム酸銀の沈殿を生成しはじめ，黄色から赤褐色に変わった点を終点とする．

ほかにフォルハルト（Volhard）法がある．この方法は，ハロゲン化物イオンをふくむ溶液に過剰の硝酸銀を加えておき，過剰の銀イオンをチオシアン酸イオン溶液で滴定する方法である．この際に用いられる指示薬は鉄(III)イオン溶液である．終点に達すると赤色の$FeSCN^{2+}$が生じそれと分かる．この方法は鉄(III)が指示薬であるため水酸化鉄

の沈殿生成をさけるために硝酸酸性で行う．

また，エオシン，フルオレセインなどの有機指示薬を用いる方法もある．これらは吸着指示薬とよばれている．当量点前後の沈殿の表面電荷の違いにより，目的元素の沈殿表面にこれらの有色有機物が選択的に吸着し，顕著に色変化する現象を利用した方法である．

沈殿滴定する場合には固体の溶解度を利用しているためにさまざまな因子が影響する．すなわち温度，溶媒，共通イオン，異種イオン，pH，加水分解効果，錯体生成などが顕著に影響する．したがって，これらの因子に充分注意を払って滴定する必要がある．共通イオンおよび異種イオンの影響は特に無視できない．たとえば，塩化銀の沈殿が生じている水溶液に硝酸ナトリウムを加えると，水に溶けている $Ag^+$，$Cl^-$ の濃度は減少し AgCl の沈殿が増加する．これは関係ない $NO_3^-$，$Na^+$ イオンが静電的に $Ag^+$，$Cl^-$ と相互作用を起こし，$Ag^+$ と $Cl^-$ を封じ込めるために AgCl の沈殿が生じる．これはイオン強度が対象イオンの溶解性を下げるためである．理想溶液では溶解濃度はモル濃度で表すことができるが，実際には，高濃度の溶液では濃度に代わる活量（$a$）の概念が導入される．

$$a = \gamma M$$

ここで，$\gamma$ は活量係数とよばれる．溶質が理想状態に近ければ $\gamma = 1$ になる．濃度が希薄になればなるほど $\gamma$ は 1 に近くなる．活量係数の理論的な取り扱いは Debye と Hückel によって提唱された．

$$-\log \gamma_i = \frac{1}{2} Z_i^2 \sqrt{\mu} \tag{2.18}$$

ここで，$Z_i$ は i イオンの電荷，$\mu$ は溶液のイオン強度である．

$$\mu = \frac{1}{2} \sum (C_i Z_i^2)$$

$C_i$ は各イオンのモル濃度を表す．

指示薬の代わりに電流を測定し，終点を決める方法もある（電流滴定法）．この方法はポーラログラフィーを用いて行い，指示薬添加法に比べ感度は高い．滴下水銀電極と参照電極を試料溶液に差し込み，電位を目的元素（金属）の還元電位以上にセットして，電位を走査して電流を測定する．目的元素の濃度をポーラログラムの拡散電流から求める．滴下液と目的元素のポーラログラム波の高さの関係をプロットして滴定曲線を描き，電流値が残余電流と同じになった点を終点とする（4.10 節 c. 参照）．

**【例題 2.7】** 0.100 M 食塩溶液 50.0 ml を，クロム酸ナトリウムを指示薬として用い，0.100 M 硝酸銀溶液で滴定した．滴定前の pCl（$-\log[Cl^-]$），滴定液を 25.0 ml, 50.0 ml, 60.0 ml 加えたときの pCl を求めよ．

[解答]

(a) 滴定前の pCl：

$$pCl = -\log[Cl^-] = -\log(0.100) = 1.000$$

(b) 滴定液を 25.0 ml 加えたときの pCl：

$$[Cl^-] = \frac{0.100 \times 50.0 - 0.100 \times 25.0}{50.0 + 25.0} = 3.33 \times 10^{-2}$$

$$pCl = -\log[Cl^-] = -\log(3.33 \times 10^{-2}) = 1.477$$

(c) 50.0 ml 加えたときの pCl：当量点である．

$$Ag^+ + Cl^- \longrightarrow AgCl(固体)$$

$K_{sp} = [Ag^+][Cl^-] = 1 \times 10^{-10}$, $[Ag^+] = [Cl^-]$ なので

$$[Cl^-]^2 = 1 \times 10^{-10}, \quad [Cl^-] = 1 \times 10^{-5}$$

$$pCl = -\log[Cl^-] = -\log(1 \times 10^{-5}) = 5.00$$

(d) 60.0 ml 加えたときの pCl：銀イオンが過剰なので

$$[Ag^+] = \frac{0.100 \times 60.0 - 0.100 \times 50.0}{60.0 + 50.0} = 9.09 \times 10^{-3}$$

これを，$K_{sp} = [Ag^+][Cl^-] = 1 \times 10^{-10}$ に代入すると

$$[Cl^-] = \frac{1 \times 10^{-10}}{[Ag^+]} = \frac{1 \times 10^{-10}}{9.09 \times 10^{-3}} = 1.1 \times 10^{-8}$$

$$pCl = -\log[Cl^-] = -\log(1.1 \times 10^{-8}) = 7.96$$

## 2.5 錯形成滴定

錯形成反応は滴定分析，重量分析，吸光光度法，金属イオン分離法など幅広く応用されている．中心となる金属陽イオンが，O, N, S などの元素を含む分子，イオンまたはハロゲン化物イオンから電子対を受け取り配位化合物を生成することを錯生成といい，この化合物を錯体という．この中心金属に結合している分子，イオンまたはハロゲン化物イオンを配位子（ligand）とよぶ．中心金属に配位している化学結合の数を配位数（coordination number）といい，金属イオンと二つの配位結合を形成することができる配位子を二座配位子という．この例としては銅(II)-エチレンジアミン（$NH_2-CH_2-CH_2-NH_2$, en）錯体がある．同じ配位子でも電子対供与原子を一つしかもたない

$NH_3$, $CN^-$, $H_2O$, ハロゲン化物イオンなどは単座配位子である。中心金属に，同一配位子分子中の二つ以上の官能基が結合し，つくられた複素環のことをキレート環（chelate ring）という。生成した錯体をキレート（chelate）とよび，配位有機分子をキレート試薬（chelate reagent）という。

錯形成反応の身近な例としては，小・中学校の理科の実験でも行う銅溶液とアンモニアの混合実験がある。塩化銅（$CuCl_2$）を溶かした水溶液に少量のアンモニアを加えると，最初淡青色のコロイド状沈殿が生成するが，さらにアンモニアを徐々に加えていくとやがて透明な深青色に変わる。これは当初生成した水和イオン $Cu(H_2O)_4^{2+}$ もしくは $Cu(OH)_2$ が，過剰なアンモニアにより水に可溶な錯体 $Cu(NH_3)_4^{2+}$ に変化したからである。

### a. 錯形成平衡

錯形成反応は次のような一般式で表すことができる。中心金属 M(II) に 4 個の単座配位子 L が結合し，錯体を生成する場合はまず

$$M^{2+} + L \rightleftharpoons ML^{2+}$$

が生成する。その安定度定数 $K_1$ は次式で表される。

$$K_1 = \frac{[ML^{2+}]}{[M^{2+}][L]} \tag{2.19}$$

以下逐次，次のように反応が進行する。

$$ML^{2+} + L \rightleftharpoons ML_2^{2+} \quad K_2 = \frac{[ML_2^{2+}]}{[ML^{2+}][L]} \tag{2.20}$$

$$ML_2^{2+} + L \rightleftharpoons ML_3^{2+} \quad K_3 = \frac{[ML_3^{2+}]}{[ML_2^{2+}][L]} \tag{2.21}$$

$$ML_3^{2+} + L \rightleftharpoons ML_4^{2+} \quad K_4 = \frac{[ML_4^{2+}]}{[ML_3^{2+}][L]} \tag{2.22}$$

この場合の $K_1$, $K_2$, $K_3$, $K_4$ を逐次安定度定数とよぶ。この全反応は

$$M^{2+} + 4L \rightleftharpoons ML_4^{2+}$$

安定度定数 $K$ は

$$K = \frac{[ML_4^{2+}]}{[M^{2+}][L]^4} = K_1 \cdot K_2 \cdot K_3 \cdot K_4 \tag{2.23}$$

となる。$M^{2+}$ が $Cu^{2+}$ の場合には $K_1=1.9\times10^4$, $K_2=3.6\times10^3$, $K_3=7.9\times10^2$, $K_4=1.5\times10^2$ であり，$K=K_1 \cdot K_2 \cdot K_3 \cdot K_4=8.1\times10^{12}$ となり，安定度定数は十分大きく，滴定分析が可能である。金属 M(II) を含んでいるすべての化学種の全濃度を $C$ とすると，

$$C = [M^{2+}] + [ML^{2+}] + [ML_2^{2+}] + [ML_3^{2+}] + [ML_4^{2+}] \tag{2.24}$$

となる。ここで濃度分率 $\alpha$ を導入する。各化学種の分率を

$$\alpha_1 = \frac{[M^{2+}]}{C}, \quad \alpha_2 = \frac{[ML^{2+}]}{C}, \quad \alpha_3 = \frac{[ML_2^{2+}]}{C},$$

$$\alpha_4 = \frac{[ML_3^{2+}]}{C}, \quad \alpha_5 = \frac{[ML_4^{2+}]}{C}$$

とおく．まず $\alpha_1$ を求める．

式 (2.19) より，

$$[ML^{2+}] = K_1[M^{2+}][L] \tag{2.19}'$$

式 (2.20) に (2.19)′ を代入した式

$$[ML_2^{2+}] = K_1 \cdot K_2[M^{2+}][L]^2 \tag{2.20}'$$

式 (2.21) に (2.20)′ を代入した式

$$[ML_3^{2+}] = K_1 \cdot K_2 \cdot K_3[M^{2+}][L]^3 \tag{2.21}'$$

式 (2.22) に (2.21)′ を代入した式

$$[ML_4^{2+}] = K_1 \cdot K_2 \cdot K_3 \cdot K_4[M^{2+}][L]^4 \tag{2.22}'$$

が得られ，式 (2.19)′, (2.20)′, (2.21)′, (2.22)′ を式 (2.24) に代入すると

$$C = [M^{2+}] + K_1[M^{2+}][L] + K_1 \cdot K_2[M^{2+}][L]^2 + K_1 \cdot K_2 \cdot K_3[M^{2+}][L]^3 + K_1 \cdot K_2 \cdot K_3 \cdot K_4[M^{2+}][L]^4$$

となる．

$$\frac{C}{[M^{2+}]} = (1 + K_1[L] + K_1 \cdot K_2[L]^2 + K_1 \cdot K_2 \cdot K_3[L]^3 + K_1 \cdot K_2 \cdot K_3 \cdot K_4[L]^4)$$

$$\alpha_1 = \frac{[M^{2+}]}{C}$$
$$= \frac{1}{1 + K_1[L] + K_1 \cdot K_2[L]^2 + K_1 \cdot K_2 \cdot K_3[L]^3 + K_1 \cdot K_2 \cdot K_3 \cdot K_4[L]^4}$$

同様に計算して

$$\alpha_2 = \frac{[ML^{2+}]}{C}$$
$$= \frac{K_1[L]}{1 + K_1[L] + K_1 \cdot K_2[L]^2 + K_1 \cdot K_2 \cdot K_3[L]^3 + K_1 \cdot K_2 \cdot K_3 \cdot K_4[L]^4}$$

$$\alpha_3 = \frac{[ML_2^{2+}]}{C}$$
$$= \frac{K_1 \cdot K_2[L]^2}{1 + K_1[L] + K_1 \cdot K_2[L]^2 + K_1 \cdot K_2 \cdot K_3[L]^3 + K_1 \cdot K_2 \cdot K_3 \cdot K_4[L]^4}$$

$$\alpha_4 = \frac{[ML_3^{2+}]}{C}$$
$$= \frac{K_1 \cdot K_2 \cdot K_3[L]^3}{1 + K_1[L] + K_1 \cdot K_2[L]^2 + K_1 \cdot K_2 \cdot K_3[L]^3 + K_1 \cdot K_2 \cdot K_3 \cdot K_4[L]^4}$$

$$\alpha_5 = \frac{[ML_4^{2+}]}{C}$$
$$= \frac{K_1 \cdot K_2 \cdot K_3 K_3[L]^4}{1 + K_1[L] + K_1 \cdot K_2[L]^2 + K_1 \cdot K_2 \cdot K_3[L]^3 + K_1 \cdot K_2 \cdot K_3 \cdot K_4[L]^4}$$

錯化していない金属イオンのモル分率は $\alpha_1$ であり，この金属イオンの濃度は配位子の濃度のみに依存する．

---

**【例題 2.8】** 硝酸銀 5.0 mmol（ミリモル）が 100 m$l$ のアンモニア溶液に溶けている．平衡時において，錯化されていないアンモニア（$NH_3$）の濃度が 0.10 M のとき，各イオンの分率 $\alpha_1$, $\alpha_2$, $\alpha_3$ を求めよ．ただし，銀アンミン錯体の安定度定数 $K_1 = 2.3 \times 10^3$, $K_2 = 6.0 \times 10^3$ である．

**[解答]** 反応式は次のようである．

$$Ag^+ + NH_3 \rightleftharpoons AgNH_3^+ \qquad K_1 = \frac{[AgNH_3^+]}{[Ag^+][NH_3]}$$

$$AgNH_3^+ + NH_3 \rightleftharpoons Ag(NH_3)_2^+ \qquad K_2 = \frac{[Ag(NH_3)_2^+]}{[AgNH_3^+][NH_3]}$$

$$y = 1 + K_1[NH_3] + K_1 \cdot K_2[NH_3]^2$$
$$= 1 + 2.3 \times 10^3 \times 0.10 + 2.3 \times 10^3 \times 6.0 \times 10^3 \times 0.10^2 = 1.38 \times 10^5$$

$$\alpha_1 = [Ag^+]/C = 1/y = 7.2 \times 10^{-6}$$

同様に

$$\alpha_2 = [AgNH_3^+]/C = K_1[NH_3]/y = 2.3 \times 10^3 \times 0.10/y$$
$$= 1.7 \times 10^{-3}$$

$$\alpha_3 = [Ag(NH_3)_2^+]/C = K_1 \cdot K_2[NH_3]^2/y$$
$$= 2.3 \times 10^3 \times 6.0 \times 10^3 \times 0.10^2/y = 1.0$$

つまり，この条件下では銀イオンのほとんどは $Ag(NH_3)_2^+$ の形で存在している．

---

### b. EDTA（エチレンジアミン四酢酸）滴定

EDTA は多くの金属と安定な可溶性錯体を生成する極めて優れた錯化剤である．EDTA は $(HOOCCH_2)_2NCH_2CH_2N(CH_2COOH)_2$ の構造をもつ四塩基酸であり，金属イオンと 1 : 1 の錯体をつくる．

水溶液中で EDTA は以下のように解離する．ここで便宜上 Y = EDTA とおく．

$$H_4Y \rightleftharpoons H^+ + H_3Y^- \qquad K_1 = \frac{[H^+][H_3Y^-]}{[H_4Y]} \qquad (2.25)$$

$$H_3Y^- \rightleftharpoons H^+ + H_2Y^{2-} \qquad K_2 = \frac{[H^+][H_2Y^{2-}]}{[H_3Y^-]} \qquad (2.26)$$

$$H_2Y^{2-} \rightleftharpoons H^+ + HY^{3-} \qquad K_3 = \frac{[H^+][HY^{3-}]}{[H_2Y^{2-}]} \qquad (2.27)$$

$$HY^{3-} \rightleftharpoons H^+ + Y^{4-} \qquad K_4 = \frac{[H^+][Y^{4-}]}{[HY^{3-}]} \qquad (2.28)$$

解離定数は $K_1=1.02\times10^{-2}$, $K_2=2.14\times10^{-3}$, $K_3=6.92\times10^{-7}$, $K_4=5.50\times10^{-11}$ である．いま，錯体をつくっていない全 EDTA の濃度を $C_y$ とすると

$$C_y=[H_4Y]+[H_3Y^-]+[H_2Y^{2-}]+[HY^{3-}]+[Y^{4-}]$$

となる．ここでモル分率 $\beta$ を導入する．各分子種の分率は

$$\beta_1=\frac{[H_4Y]}{C_y},\quad \beta_2=\frac{[H_3Y^-]}{C_y},\quad \beta_3=\frac{[H_2Y^{2-}]}{C_y},$$

$$\beta_4=\frac{[HY^{3-}]}{C_y},\quad \beta_5=\frac{[Y^{4-}]}{C_y}$$

となる．$Y^{4-}$ のモル分率について解くと

$$\beta_5=\frac{[Y^{4-}]}{C_y}$$
$$=\frac{K_1\cdot K_2\cdot K_3\cdot K_4}{[H^+]^4+K_1[H^+]^3+K_1\cdot K_2[H^+]^2+K_1\cdot K_2\cdot K_3[H^+]+K_1\cdot K_2\cdot K_3\cdot K_4}$$
(2.29)

これからもわかるとおり，EDTA 分子種のモル分率は pH に依存する．二価の金属イオン $M^{2+}$ と EDTA の反応を考えると

$$M^{2+}+Y^{4-}\rightleftharpoons MY^{2-}$$

この反応の安定度定数は $K=\dfrac{[MY^{2-}]}{[M^{2+}][Y^{4-}]}$ となり，これに式 (2.29) を代入すると

$$K\cdot\beta_5=\frac{[MY^{2-}]}{[M^{2+}]\cdot C_y}=K_{\text{eff}} \tag{2.30}$$

となる．$K_{\text{eff}}$ を有効安定度定数とよんでいる．

---

**【例題 2.9】** 0.10 M マグネシウム溶液 50 ml（pH 10 に緩衝されている）を，0.10 M EDTA 溶液で滴定した．滴定前の pMg（$-\log[M^{2+}]$），滴定液を 25 ml，50 ml，60 ml 加えたときの pMg を求めよ．ただし，Mg-EDTA 錯体の安定度定数 $K=4.9\times10^8$，pH 10 における $\beta_5=0.35$ である．

［解答］

(a) 滴定前の pMg：pMg $=-\log[Mg^{2+}]=-\log(0.10)=1.00$

(b) 滴定液を 25.0 ml 加えたときの pMg：EDTA はすべて錯体を生成しているから，

$$[Mg^{2+}]=\frac{0.10\times50-0.10\times25}{50+25}=3.3\times10^{-2}$$

$$pMg=-\log[Mg^{2+}]=-\log(3.3\times10^{-2})=1.48$$

(c) 50.0 ml 加えたときの pMg：当量点である．Mg はほぼすべて $MgY^{2-}$ の分子種で存在している．

$$MgY^{2-} \rightleftarrows Mg^{2+} + Y^{4-}$$

$MgY^{2-}$ は上式により解離するので，錯体をつくっていない全 EDTA の濃度 $C_y$ は $[Mg^{2+}]$ に等しくなる．つまり $[Mg^{2+}] = C_y$ となる．

$$[MgY^{2-}] = \frac{0.10 \times 50}{50+50} = 5.0 \times 10^{-2}$$

$$K_{eff} = K \cdot \beta_5 = \frac{[MgY^{2-}]}{[Mg^{2+}] \cdot C_y} = \frac{[MgY^{2-}]}{[Mg^{2+}]^2}$$

$$K \cdot \beta_5 = 4.9 \times 10^8 \times 0.35 = 1.7 \times 10^8$$

$$[Mg^{2+}]^2 = \frac{5.0 \times 10^{-2}}{1.7 \times 10^8} = 2.9 \times 10^{-10}$$

$$[Mg^{2+}] = 1.7 \times 10^{-5}$$

$$pMg = -\log[Mg^{2+}] = -\log(1.7 \times 10^{-5}) = 4.77$$

(d) 60 ml 加えたときの pMg：EDTA が過剰なので

$$C_y = \frac{0.10 \times 60 - 0.10 \times 50}{60+50} = 9.09 \times 10^{-3}$$

$$[MgY^{2-}] = \frac{0.10 \times 50}{60+50} = 4.5 \times 10^{-2}$$

これを，$K_{eff} = 1.7 \times 10^8 = \dfrac{[MgY^{2-}]}{[Mg^{2+}] \cdot C_y}$ に代入すると

$$[Mg^{2+}] = \frac{4.5 \times 10^{-2}}{1.7 \times 10^8 \times 9.09 \times 10^{-3}} = 2.9 \times 10^{-8}, \quad pMg = 7.54$$

EDTA 滴定は水の硬度測定に適応されている．試料水を $NH_3$-$NH_4Cl$ 緩衝溶液により pH 10 に保ち，指示薬としてエリオクロームブラック T を用いて EDTA 溶液を滴定する．赤紫色から青色に変色する点が終点である．水の硬度は Ca と Mg の合量を $CaCO_3$ に換算して水 1 $l$ あたりの mg で表示する．通常の水の硬度は 40～100 である．

**水の硬度**
水中のカルシウムイオンおよびマグネシウムイオンの溶存量を示す尺度．水 1 $l$ あたり $CaCO_3$ 179 mg 以下を軟水，357 mg 以上を硬水とよぶ．

## 演習問題（2 章）

**2.1** ある測定を繰り返したところ偶然誤差により測定値はばらついたが，特別な異常値は認められなかった．このとき複数個の測定値の平均値を利用し，そのばらつきの程度を直接のデータを用いる場合の 1/4 に低減するには少なくとも何個の測定値の平均をとればよいか．

**2.2** ある溶液の規定度として，0.1029, 0.1060, 0.1036, 0.1032, 0.1018, 0.1034 が得られた．
 (a) Q テストによっていずれかを棄却することができるか．
 (b) 規定度の最終報告値はいくつか．ただし，$Q_{0.90}$ 値：$n=5$ のとき 0.64，$n=6$ のとき

0.56 である．

**2.3** 次の文章の（　）内に数字を入れよ．
測定値が平均値＋（標準偏差の2倍）の範囲にはいる確率は約（　）で，平均して（　）回に1回の割合でこの範囲の外にでる．

**2.4** 統計的計算を行って，小数点以下3桁までの測定値から平方和を計算するとき，小数点以下何桁まで計算するのが適切であるか．

**2.5** 試料中の鉄は標準過マンガン酸カリウム（$KMnO_4$）溶液で滴定することにより定量される．滴定液の体積の1/2が試料1.000g中のFeOのパーセントに等しくなるようにするには過マンガン酸イオンの規定度をいくつにしたらよいか？ただし，反応は$MnO_4^-/Mn^{2+}$，$Fe^{2+}/Fe^{3+}$，分子量はFeO＝71.846とする．

**2.6** 赤鉄鉱（ヘマタイト，$\alpha\text{-}Fe_2O_3$）とアルミナ（$Al_2O_3$）だけからなる鉄鉱石（試料）1.5432gがある．この試料を水素気流中で加熱したら，$Al_2O_3$は変化せず，$Fe_2O_3$はFeに還元され，生成した試料の重量は1.2678gであった．当初の鉄鉱石中のアルミニウム（Al）の含量（重量％）を計算せよ．ただし，原子量はFe＝55.847，Al＝26.9815，O＝15.9994である．

**2.7** ここに密度1.80 g ml$^{-1}$で重量パーセント90.0％の硫酸がある．この硫酸1.00 $l$中の$H_2SO_4$の重さは何グラムか？　また，この硫酸のモル濃度と規定度を求めよ．ただし，各元素の原子量はH＝1.00，S＝32.0，O＝16.0である．

**2.8** ある試料0.9250gに含まれる$Na_2O$と$K_2O$をNaClとKClとに変換した．変換後の試料の重量は0.6065gであった．さらにこの二つの塩化物を$Na_2SO_4$と$K_2SO_4$とに変換処理した．処理後の重さは0.7190gであった．もとの試料に含まれていた$Na_2O$，$K_2O$のパーセントを求めよ．ただし，原子量はNa＝22.9898，K＝39.102，O＝15.9994，Cl＝35.453，S＝32.064とする．

**2.9** 弱塩基BOHを塩酸で滴定したときの当量点のpHを計算するための次の式
$$pH = \frac{1}{2}(pK_w - pK_b - \log[B^+])$$
を誘導せよ．ただし，$K_b$は弱塩基BOHの解離定数である．

**2.10** 0.010 Mの二塩基酸$H_2A$（第一解離定数$K_{a1}=1.0\times10^{-4}$，第二解離定数$K_{a2}=1.0\times10^{-8}$）の第二当量点におけるpHを求めよ．

**2.11** (a) 0.10 M酢酸ナトリウム水溶液のpHを求めよ．ただし，酢酸の解離定数$K_a=1.8\times10^{-5}$とする．(b) pHが2.00と4.00の強電解質溶液を同体積混合したときに得られるpHはいくらか？

**2.12** 2.00 Mの塩酸500 m$l$と2.00 Mの酢酸ナトリウム500 m$l$を混合した．平衡に達したときの[$H^+$]，[$CH_3COO^-$]，[$CH_3COOH$]の各濃度を求めよ．ただし，酢酸の解離定数は$K_a=1.8\times10^{-5}$である．

**2.13** 0.500 MのHF溶液がある．この溶液の解離度を2倍にするためには何倍に希釈すればよいか？ただし，HFの解離定数は$K_a=6.00\times10^{-4}$である．

**2.14** ある化学者が酢酸とシアン化水素を適量とり，純水を加えて1.00 $l$の混合溶液を調製し

た．それぞれの濃度が 0.50 M であるとき，この溶液の最終的な $H^+$ と $OH^-$ の濃度を計算せよ．ただし，酢酸の解離定数 $K_a=1.8\times 10^{-5}$，シアン化水素の解離定数 $K_a=4.0\times 10^{-10}$，$K_w=1.0\times 10^{-14}$ である．

**2.15** 塩 NaHB の溶液中の最も正確な水素イオン濃度を表す次の式を導け．

$$[H^+]^2 = \frac{K_{a1}\cdot K_{a2}[HB^-]+K_{a1}\cdot K_w}{K_{a1}+[HB^-]}$$

ただし，$K_{a1}$，$K_{a2}$ は酸 $H_2B$ の第一解離定数，第二解離定数である．

**2.16** 二つの弱酸 HX（解離定数 $K_{a1}$）と HY（解離定数 $K_{a2}$）の混合酸の第一当量点に置ける正確な pH を表す次の式を導け．

$$pH = \frac{1}{2}(pK_{a1}+pK_{a2}) - \frac{1}{2}\log\left(\frac{[HY]}{[X^-]}\right)$$

ただし，$K_{a1} \ll K_{a2}$ で $K_{a1}$ と $K_{a2}$ は 4 桁以上離れているものとする．

**2.17** 炭酸水素ナトリウムと炭酸ナトリウムだけを含む試料 0.4110 g を水に溶解して 50.00 ml とし，指示薬としてメチルオレンジを用いて塩酸標準溶液で滴定したところ，塩基としてのこの溶液の規定度は 0.120 であった．もし指示薬としてフェノールフタレインを用いたとすればこの溶液は何規定ということになるか？ ただし，分子量は $NaHCO_3=84.007$，$Na_2CO_3=105.989$，$HCO_3^-$ の解離定数 $K_{a2}=4.4\times 10^{-10}$，$H_2CO_3$ の解離定数 $K_{a1}=4.6\times 10^{-7}$ である．

**2.18** 水酸化ナトリウムと炭酸ナトリウムだけを含む試料 0.2660 g を 0.1000 M 塩酸で滴定したところ，フェノールフタレイン終点まで 50.00 ml を要した．メチルオレンジ終点までにはさらに何 ml 必要か．ただし，分子量は $NaOH=39.997$，$NaHCO_3=84.007$，$Na_2CO_3=105.989$，$HCO_3^-$ の解離定数 $K_{a2}=4.4\times 10^{-10}$，$H_2CO_3$ の解離定数 $K_{a1}=4.6\times 10^{-7}$ である．

**2.19** 0.400 M $FeSO_4$ の酸性溶液（0.10 M 硫酸酸性）25.0 ml を酸化するのに 0.200 M $KMnO_4$ 溶液が何 ml 必要か？ ただし，原子量は $Fe=55.85$，$S=32.06$，$O=15.999$，$K=39.10$，$Mn=54.94$ である．

**2.20** 次の反応の平衡定数を求めよ．ただし 25°C において，銅および亜鉛の標準単極電位は標準水素電極に対し，それぞれ 0.34 V および -0.76 V である．

$$Cu^{2+}(aq) + Zn(s) \longrightarrow Cu(s) + Zn^{2+}(aq)$$

**2.21** 表面を塩化銀の皮膜でおおった銀電極を 0.100 M 塩化カリウム水溶液に浸したとき，その電位はいくらか．ただし，25°C において AgCl の $K_{sp}=1.00\times 10^{-10}$，$Ag^+ + e \rightarrow Ag$，$E°=0.800$ V である．

**2.22** 水銀と飽和カロメル電極（$E=0.2458$ V）を挿入した，0.12 M $Hg^{2+}$ の 20 ml と 0.10 M EDTA(Y) の 80 ml を混合した溶液がある．この溶液の pH が 4.00 のとき，電位は 0.22 V であり，カロメル電極が負であった．$HgY^{2-}$ 錯体の $K$ 値を計算せよ．ただし，溶液の温度は 25°C とし，$Hg^{2+} + 2e \rightarrow Hg$，$E^0=0.79$ V，$\beta_5(pH=4)=3.3\times 10^{-9}$ とする．

**2.23** 過マンガン酸水溶液の酸化力の pH による変化は $MnO_4^-/Mn^{2+}$（$E^0=1.50$ V）系において $[MnO_4^-]:[Mn^{2+}]=100:1$ のとき，pH=0.00；$E=1.52$ V，pH=2.00；$E=1.33$ V，pH=

4.00；$E=1.14$ V である．この溶液中で塩素イオンの酸化反応を予測したい．この酸化反応が行われるpH範囲はいくらか？ 反応条件は25℃，$Cl_2+2e \rightarrow 2Cl^-$，$E^0=1.36$ V である．

**2.24** Ag｜$Ag^+$(0.010 M)‖$H^+$(1.0 M)｜$H_2$(1 atm)，Pt
 (a) この電池の電位を計算せよ．
 (b) 左側の電極に遊離アンモニア濃度が1.0 Mになるよう加えた．このときの電位を求めよ．ただし，$Ag^+ + e \rightarrow Ag$；$E°=0.80$ V，$Ag(NH_3)_2^+ \rightleftharpoons Ag^+ + 2NH_3$の安定度定数 $K=7.0\times10^{-8}$ である．

**2.25** 10.0 mmol の鉄(II)塩を50 ml の硫酸の溶液に溶かし，0.100 N の硫酸セリウム(IV)溶液で滴定した．(a)〜(c)のそれぞれの場合における電位を求めよ．ただし，硫酸溶液中の$Fe^{3+}/Fe^{2+}$系の見掛け標準電位は0.68 V，また，$Ce^{4+}/Ce^{3+}$系の見掛け標準電位は1.44 V である．
 (a) 10 ml の硫酸セリウム(IV)溶液を加えた場合の電位
 (b) 当量点での電位
 (c) 60 ml の硫酸セリウム(IV)溶液を加えた場合の電位

**2.26** $NaNO_3$(0.0100 M)と$Mg(NO_3)_2$(0.0200 M)を含む溶液のイオン強度を計算せよ．

**2.27** 塩化銀の溶解度は25℃で水100 g に対し$1.83\times10^{-4}$ g であった．溶解度積はいくらか？ ただし，AgClの式量は143.3とする．

**2.28** (a) クロム酸銀の溶解度積は25℃で$2.4\times10^{-12}$ である．クロム酸銀の純水中の溶解度はいくつか？ モル濃度で表せ．(b) $Cu^{2+}$のみを金属イオンとして含む酸性溶液のpHを調整して7.00とし，生じた沈殿を完全沪過して得た処理液に残存する$Cu^{2+}$の濃度は何 mg $l^{-1}$ になるか？ ただし，銅の水酸化物の$K_{sp}=6.0\times10^{-20}$，銅の原子量=64 とする．

**2.29** 塩化銀の溶解度積は$1.0\times10^{-10}$ である．銀電極を1.0 Mの塩酸溶液に入れたときの電位を求めよ．ただし，$Ag^+ + e \rightarrow Ag$，$E^0=0.800$ V である．

**2.30** ある金属硫化物MS（分子量233）10.0 g を500 ml の水に溶かしたとき，この硫化物の何 mg が溶解するか？ ただしこの硫化物の溶解度積は$1.00\times10^{-10}$ である．

**2.31** 0.01 M アンモニア水溶液と0.10 M 塩化アンモニウム水溶液をそれぞれ同容積混合した．この混合溶液のpHはいくつか？ ただし，アンモニアの解離定数$K_b=1.8\times10^{-5}$ である．

**2.32** 塩化銀0.0100 mol をすべて溶かすためには1.00 M アンモニア溶液が何 ml 必要であるか？ ただし，塩化銀の$K_{sp}=1.00\times10^{-10}$，$Ag^+ + NH_3 \rightarrow Ag(NH_3)^+$の安定度定数$K_1=2.29\times10^3$，$Ag(NH_3)^+ + NH_3 \rightarrow Ag(NH_3)_2^+$の安定度定数$K_2=5.99\times10^3$ である．

**2.33** 0.0500 M の$NH_3$溶液がある．この溶液のpHは11.000である．この溶液中で何パーセントの$NH_3$が解離しているか？ ただし，$NH_3$の解離定数は$K_b=1.76\times10^{-5}$ である．

**2.34** EDTAのモル分率$[Y^{4-}]/C_y$を水素イオン濃度と$K_1$，$K_2$，$K_3$，$K_4$で表せ．ただし，酸EDTA($H_4Y$)の四つの解離定数は$K_1$，$K_2$，$K_3$，$K_4$であり，$C_y$は錯体をつくっていないEDTAの全濃度とする．

# 3 簡易環境化学物質分析法

　測定したい物質を，感度・精度よく分析するためには，複雑な工程が必要である．正確な量の試料採取，夾雑物や水分を除くための前処理操作，速やかな分析操作に加えて，標準物質を使った分析機器の検量と，きめ細かな校正作業も欠かせない．このような公定法にしたがった分析方法は，感度・精度が高い反面，結果を得るまでに時間がかかり，また特別な知識や技術が必要とされる．また，時間・労力・費用の面から，公定法を用いて多くの測定点・測定回数をとることは現実にそぐわない．

　簡易分析法は，特別な知識や技術を必要とせず，オンサイト（現場）で直ちに測定値を得ることができる．精度や感度よりも早急な濃度測定を必要とする場合や，計測所が設置されていない地域での詳細な環境分析に適している．幸いなことに近年，分析機器の高感度化が進む一方で，誰でも容易に測定できる分析技術も開発されてきている．分析化学における"簡易性"は，"感度"および"選択性"と並んで重要かつもっとも実用に即した要件であり，操作の容易さ，分析に要する時間，試薬や機器の価格およびランニングコスト，廃棄物を含めた安全性・可搬性など，多様な要素を含んでいる．

　現在，簡易分析の領域は多岐にわたり，機器分析および前処理法を含めて簡易化される傾向にあり，装置の小型化や可搬性を追求する現場分析の進展も目覚ましい．さらに，簡便な目視テストによる水質分析などのキットも開発されてきている．このキットは，測定項目が限られ，精度は悪いが，目的によってはその精度で十分な場合もあり，方法が簡便で，測定機器もほとんど不要である．しかも，短時間で結果が得られるので，現地でだいたいの値を知るには非常に有用である．

　本章では，現在汎用されている小型で比較的安価な簡易分析器具を使った分析方法を説明する．

## 3.1　簡易環境分析

### a．大気環境の簡易分析

　大気中化学物質の分析は，捕集工程と測定操作の作業に大きく分け

ることができる．現在のところ簡易化されているのは捕集行程の部分がほとんどであり，多くの簡易分析法は，捕集したのちに分析測定機器を用いて定量するものが多い．これらの捕集するための道具は，小型・軽量で可搬性に富み，安価な点が特徴である．

　捕集方法は，アクティブサンプリング法とパッシブサンプリング法に大別することができる．アクティブサンプリング法は，エアーポンプなどの動力を用いて気体を吸引するため，サンプリング時間が短時間でよい，測定感度が高いなどの利点がある．しかし，サンプリング用器具のほかに，ポンプと電源が必要であること，ポンプの騒音がするという短所もある．一方，パッシブサンプリング法は，気体の分子拡散を利用して捕集するもので，動力を要しない，アクティブ法に比べて安価であるという点で優れている．しかし，測定可能な濃度まで捕集する必要があるため，短時間に多数回のサンプリングができないこと，アクティブ法に比べて，やや感度が落ちることが指摘されている．

**（1）古典的な簡易分析法（二酸化鉛法）**　　大気中化学物質の簡易分析法の先駆的な研究は，二酸化硫黄（$SO_2$）分析を目的とした二酸化鉛法があげられる．二酸化鉛とトラガントゴムから構成される溶液を塗布して円筒に貼り付けて，分子拡散により試料を捕集するパッシブサンプリング法である．捕集は，10日から1ヶ月程度かかる．大気暴露後は，水溶液への固液抽出を経て，泸過による夾雑物の除去作業ののち，$SO_2$と二酸化鉛の反応によって生成した硫酸鉛にクロラニル酸バリウムを加えて反応させ，遊離したクロラニル酸イオンを吸光法により定量する．ただし二酸化鉛は有害物質であるため，現在は捕集剤として使われることは少なく，現在では，炭酸ナトリウムやトリエタノールアミンなど有害性の低いアルカリ性溶液を用いる分析法が多用されている．

**（2）検知管法**　　検知管法は，現在用いられている簡易分析法の中でも代表的な方法である．アクティブサンプリング法に基づいており，気体の採取方法や感度・精度について，日本工業規格（JIS）により規定されている．

　ガラス管などの透明な管に，シリカゲルやアルミナなどの担体がつめられており，各種の試薬が含浸させてある．これにエアーポンプやガス採取器を用いて気体試料を通気すると，捕集された目的物質と呈色試薬が反応するので，変化した色の長さから濃度を読みとる．捕集時間は数分と短く，呈色反応の時間も短いため，捕集から濃度を読みとるまでの作業を短時間に行える．

　精度・安定性を保つために，検知管内に，目的物質と呈色反応する試薬，対象とする物質を測定可能な物質へ変化させる試薬，干渉物質を除

ベンゼン，アンモニア，トリクロロエチレン，テトラクロロエチレンなどを短時間に分析できる検知管が市販されている．

去する試薬，酸化剤，除湿剤などが加えられている．しかし，捕集時や反応時の環境によって測定値に影響を受けるものもあり，これについては，データシートを参考に補正する必要がある．

エアーポンプは小型の専用ポンプが市販されており，持ち運びも容易である．ガス採取器には，シリンダー内部をピストンによって減圧にして気体を吸引する真空方式のもの，シリンダー内部に気体を採取しておいてからピストンにより押し出す送入方式もの，蛇腹を圧縮して蛇腹内を減圧にして気体を吸引する蛇腹形のものがある．これらは正確な量の気体を採取するために，気密性が高く保たれるようにつくられている．

**（3）パッシブサンプラーによる簡易分析法**　パッシブサンプラーは，器具の形状から，シリカゲルなどの固相に吸着させるチューブ型と，沪紙などの捕集材に反応液を含浸させ，吸収させる平面型（柳沢式フィルターバッジ）に分類される．目的物質の捕集には，分子拡散を利用する．フィックの拡散に関する法則に基づいて捕集することにより，エアーポンプやバッグを用いた捕集量に対応する空気の流入量を得ることができる．

（ⅰ）チューブ型パッシブサンプラー：チューブ型のパッシブサンプラーには，管内にあらかじめ呈色試薬が加えられていて，検知管と同じように色の変化した長さにより濃度を直読できるものが市販されている．ただし，パッシブサンプリング法なので，大気試料の捕集には，1時間から10時間程度が必要である．

アセトアルデヒド，テトラクロロエチレン，トリクロロエチレン，ホルムアルデヒドなどの市販品が購入できる．

（ⅱ）平面型パッシブサンプラー：平面型パッシブサンプラーは，数枚の沪紙からなる拡散層と，吸収層から構成されており，大気と接触する吸収層の面積が大きいことが特徴である．市販品は，30から60分捕集した後に，沪紙を取り出し，分析機器により定量するものが多い．測定できる物質は，$NO_2$，$SO_2$などがある．

（ⅲ）構造と捕集原理：図3.1に大気中の化学物質がパッシブサンプラーへ吸収される過程を示す．パッシブサンプラーは，バッジケース，沪紙からなる拡散層と吸収層により構成される．

大気中の化学物質がパッシブサンプラーへ吸収される過程は，拡散に関するフィック（Fick）の法則とヘンリー（Henry）の法則から導かれる式により，化学工学理論で説明することができる．フィックの法則は以下のように示される．

$$N = K(C_g^\infty - C_g^0) \tag{3.1}$$

$N$は単位体積の断面を単位時間あたりに通過する物質量，$C_g^\infty$，$C_g^0$は気相中の物質濃度（右上添字は拡散層表面からの距離），$K$は定数である．

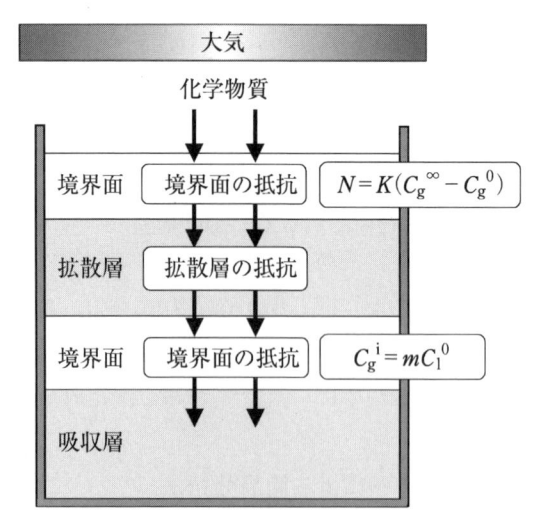

[図: パッシブサンプラーの構造。上から「大気」→「境界面（境界面の抵抗）$N = K(C_g^\infty - C_g^0)$」→「拡散層（拡散層の抵抗）」→「境界面（境界面の抵抗）$C_g^i = mC_l^0$」→「吸収層」へと化学物質が移動する模式図]

**図 3.1** パッシブサンプラーにおける環境化学物質の吸収過程

また気液界面に関するヘンリーの法則から導かれる式は以下のように示される．

$$C_g^i = mC_l^0 \tag{3.2}$$

$C_g^i$ は気相中の物質濃度，$C_l^0$ は液相中の物質濃度，$m$ は定数である．

式 (3.1) は，気相中において化学物質は濃度の高い方から低い方へと分子拡散移動することを示しており，式 (3.2) は，液相界面と気相界面における物質の濃度は比例関係にあることを示している．つまり，拡散層が大気と接している面では濃度勾配が存在するためにフィックの法則が成立し，化学物質は大気中から濃度の低い拡散層内へと移動する．拡散層を通過した化学物質は，吸収沪紙に到達し，気相から液相へと吸収移動する．

また，大気中の化学物質を捕集するときには，温度，湿度，風速の影響によって測定値が変化する．パッシブサンプラーは空気中の微量成分を分子拡散現象によって捕集しているために，周囲の風速の影響を考慮する必要がある．そのために，拡散層と吸収層に抵抗をもたせ，風速から受ける面密度差の影響を受けないように工夫されている．

大気中の化学物質がパッシブサンプラー内の吸収沪紙に捕集されるまでには，三つの抵抗が存在する．大気中では物質は乱れによってよく混合されているので濃度勾配はないが，大気と拡散層が接する表面では境界が存在するので濃度勾配が生じる．これが境界面の抵抗である．また拡散層内では空気の乱れがないために濃度勾配が存在する．これが拡散層による抵抗である．さらに，化学物質が吸収液に捕集される際にも濃度勾配が生じ，ここでも抵抗が存在する．パッシブサンプラーに化学物質が捕集されるときの抵抗は，上にあげた三つの抵抗の和に

よって表すことができる．

　パッシブサンプラーでは，外気の風速の変動によって捕集量が変化することを防ぐために，拡散層による抵抗と吸収時の抵抗を十分大きくすることで，拡散層の近傍で生じる境界面の抵抗の影響，つまり風速の影響を抑えている．拡散層を無限に厚くすれば，理論上風速の影響をまったく受けないことになるが，風速の影響が小さくなると同時に到達できる物質量も小さくなり，測定感度が低下してしまう．したがって，拡散層の沪紙の厚さは風速の影響をできる限り除去し，しかも微量な大気中化学物質物質を感度よく測定できる値がとられている．

　パッシブサンプラーは，分子拡散により化学物質を捕集するため，生活環境中でどのくらいの濃度の化学物質にさらされているかという個人暴露量の測定に適している．平面型 $NO_2$ パッシブサンプラーを用い，徳島市において個人暴露量と大気中 $NO_2$ 濃度を計測した（図3.2）．その結果，大気中 $NO_2$ 濃度と個人暴露量には相関が得られず，居住空間の気密性の高まりと共に，室内 $NO_2$ 汚染が進んでいることが考察できる．

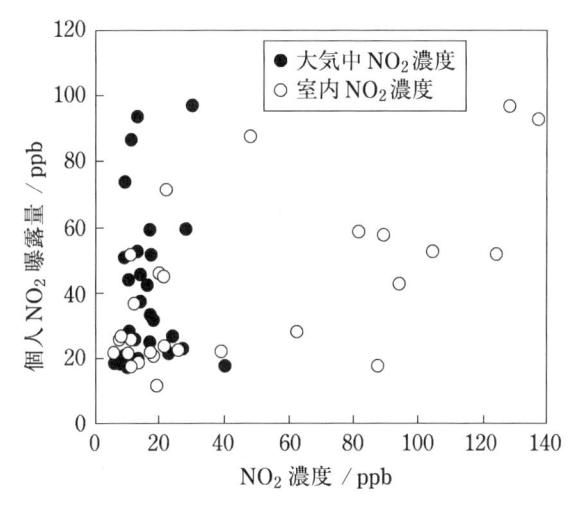

図 3.2　$NO_2$ に関する大気・室内濃度と個人暴露量の関係

## b．水環境の簡易分析

　現在市販されている水の簡易分析器具は，大気の簡易分析器具に比べて少ないといえる．その理由は，測定が必要とされる物質は，第一に人体への健康影響が大きいものであるが，飲用される上水道は処理場で管理されていて，分析する必要性が低いからである．しかし，水道局の管理から離れたマンションなどの受水槽内の汚染チェック，家庭に配管された水道水の残留塩素濃度チェックなどには，簡便に取り扱える簡易分析が適している．その他，簡易分析法は，環境水の汚染状況の

把握，事業所などから出る汚水の濃度測定，事故や災害時の汚染源の特定・汚染状況の把握のために用いられる．

#### c．マイクロチップを用いた簡易環境計測

マイクロチップは半導体技術を利用して数 cm のガラスやプラスチック基板に流路などを作製したものである．液液，気液間での混合・濃縮・抽出・ガス吸収などの様々な機能を組み込むことにより，試料の捕集や実験室で行っていた前処理などの作業をマイクロチップですべて行うことができる．これに検出器などを組み込んで装置をシステム化すると，装置全体も小型になり，可搬性の高い分析装置として利用できる．

また，数十から数百 μm の狭い流路で化学反応をさせるために，反応によってはビーカー内で行った場合より短時間で反応が完結する．そのため，これまで長い分析時間が必要であった物質を，短時間で分析することも可能である．

ここでは，著者らが作製したマイクロチップを，環境分析に応用した例を紹介する．図 3.3 (a) は大気中の $NO_2$ を測定するためのマイクロチップ，図 3.3 (b) は水中の亜硝酸イオン測定用のマイクロチップである．これに，試料や反応試薬を送液し，反応後に蛍光検出する．

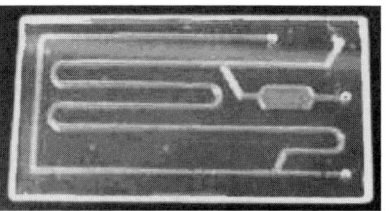

　　　　(a) 大気環境計測用　　　　　　　(b) 水環境計測用

図 3.3　マイクロチップ型測定器

**（1）大気環境計測マイクロチップ**　大気環境計測マイクロチップは，①サンプリング部に埋め込んだ多孔質ガラスを介して気体を捕集し，②蛍光試薬と反応させ，③蛍光測定を行う三つの機能を集積している．

サンプリング部には多孔質ガラスを埋め込んでおり，その下に形成したマイクロチャネル内を吸収液が流れるようになっている．大気中のガス状物質は，多孔質ガラス内を分子拡散により移動したのち，吸収液内に取り込まれる．ガス状物質は，パッシブサンプラーと同様にフィックの法則にしたがって多孔質ガラスに移動し，さらに，多孔質ガラス内で形成される気/液界面をヘンリーの法則にしたがって移動する．$NO_2$ は，吸収液であるトリエタノールアミン（TEA）水溶液に溶解し，亜硝酸

イオン（$NO_2^-$）になる．TEA 水溶液中の $NO_2^-$ は，もうひとつの流路から導入された蛍光試薬である 2,3-ジアミノナフタレン（DAN）と反応して蛍光を発する．これを紫外 LED と光電子増倍管により検出する．定量範囲は，大気中 $NO_2$ に換算して，およそ 10〜150 ppb (v/v) である．

**LED**（light emitting diode）
電流を流すと発光する半導体素子の一種．

**（2）水環境計測マイクロチップ** 水環境計測マイクロチップは，大気環境計測マイクロチップのガス吸収部分がなく，より感度を高く分析するために，pH 調製溶液を導入するチャネルを付け加えたものである．$NO_2^-$ と DAN が酸性条件下で反応して生成される 1-(H)-ナフトトリアゾール（NTA）は，アルカリ性条件で強い蛍光を発する．TEA 水溶液に緩衝作用があるため，チャネル内の pH は酸性から中性へと変化するが，より効果的にアルカリ性条件にするため，他のチャネルから緩衝液を加える構造になっている．

水環境計測マイクロチップによる蛍光法と公定法（吸光光度法）による $NO_2^-$ 測定の比較を行った．試料は，相模川および多摩川より採取した．図 3.4 より，マイクロチップを用いた蛍光法と公定法との相関が得られていることがわかる．

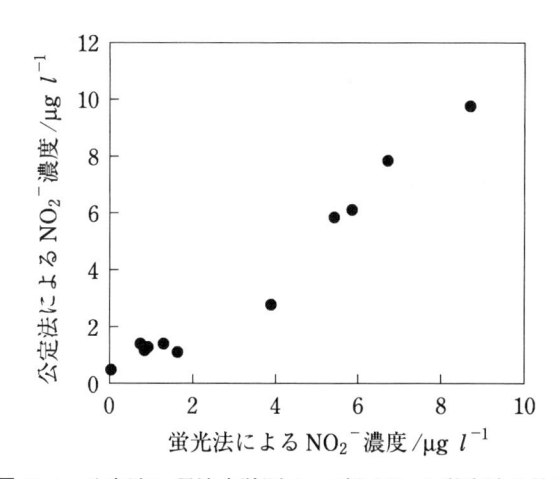

図 3.4 公定法と環境水計測チップを用いた蛍光法の比較

## 3.2 簡易無機化学物質分析法

本節では，重金属元素などの無機分野における市販されている簡易分析キットのうち，試験紙法，比色法，検知管法について述べる．

### a. 試験紙法

目的物質と反応して発色する試薬を染み込ませた試験紙が，プラスチック板の先端に貼付されている．pH 試験紙が貼付されているものもある．試験紙をあらかじめ pH を調節した試料水に浸し，変色の度合い

**マスキング剤**
分析する際に，分析対象物質の定量を妨害する物質が共存するとき，他の物質（マスキング剤）を加えてその妨害を除く．

を添付されている標準変色表と比較し濃度を判定する．妨害物質は比較的少ないが，試料によっては，マスキング剤が必要な場合がある．また，試料水への浸漬時間や発色時間などに注意する必要がある．

　一般的な金属イオンの検出感度は 1～10 ppm 程度と低く，排水基準値付近の濃度では検出できないため使用目的を考慮する必要がある．また，精度は他の方法に比べて悪い．一方，亜硝酸やアンモニウム測定用試験紙のように，吸光光度法に匹敵する感度を有しているものもある．測定そのものはもっとも簡単であり，安価（1 回あたりの測定費用は 30～100 円程度）である．

**緩衝剤**
試料溶液に酸または塩基を加えたり，うすめたりしたときに pH があまり大きく変化しないように加える薬剤．

### b. 比 色 法

　比色法を用いたパックテスト（図 3.5）やシンプルパック（図 3.6）は，現在最も広く使われている簡易分析法であり，測定できる種類も多い．
　ポリエチレン製のチューブの中に発色試薬・緩衝剤・マスキング剤

①チューブ先端のラインを引き抜く
②中の空気を追い出す
③小穴を検水の中に入れて，半分くらい検水を吸い込む
④指定時間後に標準色表の色と比色する

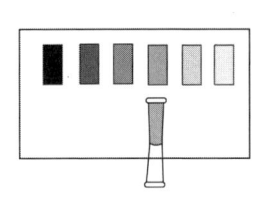

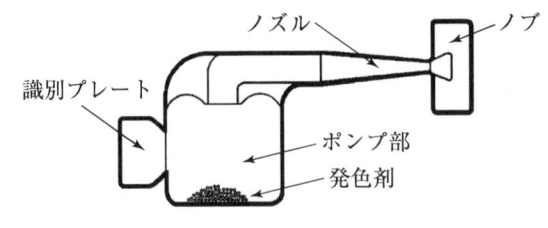

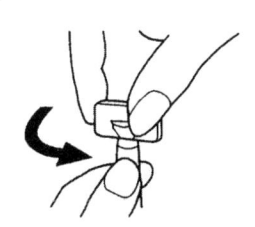

図 3.5　パックテスト

①ノズル部を指でささえながら，ノブをねじって切り取る
②ポンプ部を指で押して，容器内の空気を追い出す
③ノズルを検水の中に入れて，検水をポンプ部に吸入する
④中の発色剤と検水を振り混ぜ，指定時間後に標準カラーチャートの色と比色する

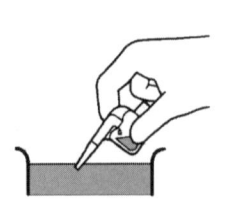

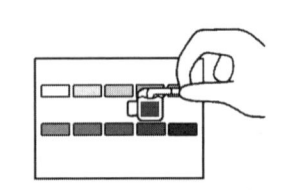

図 3.6　シンプルパック

等が封入されており，使用時にチューブに穴をあけ，チューブ内にpHを調整した試料水を吸い込んで振ったのち，10秒から10分反応させることで，試料水を発色させ，発色の強さや色合いを添付されている標準色と目視比較し，定量する．この方法は，密封された容器を使うことで，誰でも安全にかつ簡単に取り扱うことができるのが特徴である．検出感度は試験紙に比べ1桁以上よいにもかかわらず，1回あたりの測定費用と同等か，やや高い（80～150円）程度である．

もう一つの比色法として，試験管に試料水を採り，発色試薬を加え発色させ，標準色と目視比較定量する方法がある．添加する発色剤などは，錠剤を添加するか試薬溶液を指定量滴下すればよいように工夫されている．検出感度はパックテストなどと同等であるが，測定費用はやや高い（300～600円）．さらに最近では，乾電池駆動で持ち運び可能な光度計を使用し，より高感度および高精度に測定できる方法も開発されている．

#### c. 検知管法

ガラス管の中に検知剤などを詰め，綿栓で固定し，両端を熔封したものである（図3.7）．使用時に両端を切り取り，試料水中に検知管の一端を浸し，他端に取り付けたゴム球で試料水を吸い上げる．濃度は，検知剤の発色帯または退色帯の長さを添付されている濃度表と比較することで得られる．検出感度は比色法と同等であるが，緩衝剤・マスキング剤などが同封されており，試料水の簡単な前処理をすることで精度を高めている．そのため，1回あたりの測定費用は500～750円と，パックテストなどに比べて高価である．

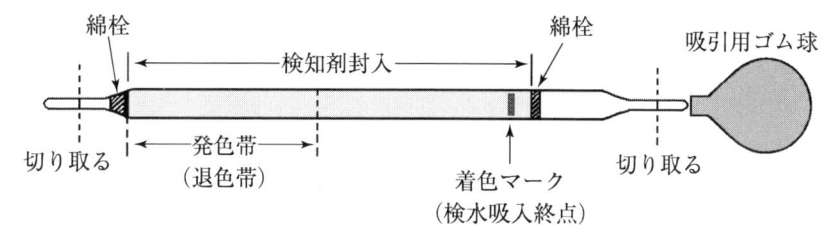

図 3.7 検知管

#### d. 簡易水質分析キット

現在市販されているおもな簡易水質分析キットを表3.1に示す．これらの簡易分析法は妨害物質の影響は少なくなるようにつくられているが，試料水によっては前処理が必要な場合もあり，添付されている使用説明書をよく読み使用しないと，実際とはかけ離れた結果が得られることもあるので，十分注意が必要である．また多くのキットに使用期限と保存方法が定められており，それらを守ることも重要である．

表 3.1 おもな市販キット

| | 対象物質 | 名称（会社名，測定形式，測定範囲） |
|---|---|---|
| 1 | カドミウム | ヨシテスト水質検査器（吉富製薬，検知管，0.1〜5 ppm） |
| 2 | シアン | メルコクァント（メルク，試験紙，1〜30 ppm）<br>イオン試験紙（アドバンテック東洋，試験紙，10〜1000 ppm）<br>簡易水質検査パックテスト（共立理化学研究所，比色，0.02〜2 ppm）<br>簡易水質検査シンプルパック（柴田科学，比色，0.02〜2 ppm）<br>ポナールキット（同仁化学研究所，比色，0.05〜10 ppm）<br>ヨシテスト水質検査器（吉富製薬，検知管，0.05〜50 ppm）<br>検知管（光明理化学工業，検知管，0.2〜5 ppm） |
| 3 | 鉛 | メルコクァント（メルク，試験紙，20〜500 ppm）<br>ヨシテスト水質検査器（吉富製薬，検知管，0.5〜10 ppm） |
| 4 | 六価クロム | メルコクァント（メルク，試験紙，3〜100 ppm）<br>イオン試験紙（アドバンテック東洋，試験紙，0.5〜200 ppm）<br>簡易水質検査パックテスト（共立理化学研究所，比色，0.05〜2 ppm）<br>簡易水質検査シンプルパック（柴田科学，比色，0.02〜2 ppm）<br>ポナールキット（同仁化学研究所，比色，0.1〜2 ppm）<br>ヨシテスト水質検査器（吉富製薬，検知管，0.2〜25 ppm） |
| 5 | 砒素 | メルコクァント（メルク，試験紙，0.1〜3 ppm）<br>簡易水質検査パックテスト（共立理化学研究所，比色，0.2〜10 ppm）<br>ヨシテスト水質検査器（吉富製薬，検知管，0.5〜10 ppm） |
| 6 | 水銀 | ヨシテスト水質検査器（吉富製薬，検知管，0.05〜5 ppm） |
| 7 | ほう素 | 簡易水質検査パックテスト（共立理化学研究所，比色，0.5〜10 ppm） |
| 8 | ふっ素 | ヨシテスト水質検査器（吉富製薬，検知管，1〜100 ppm）<br>簡易水質検査パックテスト（共立理化学研究所，比色，0.5〜5 ppm）<br>簡易水質検査シンプルパック（柴田科学，比色，0.5〜5 ppm）<br>ポナールキット（同仁化学研究所，比色，0.1〜0.5 ppm） |
| 9 | アンモニア性窒素 | アクアチェック（バイエルメディカル，試験紙，0.15〜10 ppm）<br>メルコクァント（メルク，試験紙，8〜300 ppm）<br>簡易水質検査パックテスト（共立理化学研究所，比色，0.08〜4 ppm）<br>簡易水質検査シンプルパック（柴田科学，比色，0.4〜8 ppm） |
| 10 | 硝酸性窒素 | アクアチェック（バイエルメディカル，試験紙，1〜50 ppm）<br>メルコクァント（メルク，試験紙，2〜100 ppm）<br>簡易水質検査パックテスト（共立理化学研究所，比色，0.23〜10 ppm） |
| 11 | 亜硝酸性窒素 | メルコクァント（メルク，試験紙，0.03〜1 ppm）<br>亜硝酸テスター（柴田科学，試験紙，0.15〜3 ppm）<br>簡易水質検査パックテスト（共立理化学研究所，比色，0.006〜0.3 ppm）<br>簡易水質検査シンプルパック（柴田科学，比色，0.006〜0.3 ppm） |
| 12 | 銅 | アクアチェック（バイエルメディカル，試験紙，0.2〜3 ppm）<br>メルコクァント（メルク，試験紙，10〜300 ppm）<br>イオン試験紙（アドバンテック東洋，試験紙，2〜50 ppm）<br>簡易水質検査パックテスト（共立理化学研究所，比色，0.5〜10 ppm）<br>簡易水質検査シンプルパック（柴田科学，比色，0.5〜10 ppm）<br>ポナールキット（同仁化学研究所，比色，0.3〜15 ppm）<br>ヨシテスト水質検査器（吉富製薬，検知管，0.5〜100 ppm）<br>検知管（光明理化学工業，検知管，1〜100 ppm） |

表 3.1 おもな市販キット（つづき）

| 対象物質 | 名称（会社名，測定形式，測定範囲） |
|---|---|
| 13　亜　鉛 | メルコクァント（メルク，試験紙，10～250 ppm）<br>簡易水質検査パックテスト（共立理化学研究所，比色，0.5～10 ppm）<br>ヨシテスト水質検査器（吉富製薬，検知管，0.5～20 ppm） |
| 14　鉄 | アクアチェック（バイエルメディカル，試験紙，0.15～5 ppm）<br>メルコクァント（メルク，試験紙 3～500 ppm）<br>イオン試験紙（アドバンテック東洋，試験紙，5～1000 ppm）<br>簡易水質検査パックテスト（共立理化学研究所，比色，0.1～10 ppm）<br>簡易水質検査シンプルパック（柴田科学，比色，0.3～10 ppm）<br>ポナールキット（同仁化学研究所，比色，0.3～20 ppm）<br>ヨシテスト水質検査器（吉富製薬，検知管，0.5～40 ppm）<br>検知管（光明理化学工業，検知管，50～400 ppm） |
| 15　マンガン | メルコクァント（メルク，試験紙，5～500 ppm）<br>簡易水質検査パックテスト（共立理化学研究所，比色，0.5～20 ppm）<br>簡易水質検査シンプルパック（柴田科学，比色，0.5～20 ppm）<br>ヨシテスト水質検査器（吉富製薬，検知管，0.5～20 ppm） |
| 16　りん酸 | アクアチェック（バイエルメディカル，試験紙，1～10 ppm）<br>メルコクァント（メルク，試験紙，0～500 ppm）<br>簡易水質検査シンプルパック（柴田科学，比色，0.2～10 ppm）<br>簡易水質検査パックテスト（共立理化学研究所，比色，0.05～10 ppm） |
| 17　ニッケル | メルコクァント（メルク，試験紙，10～900 ppm）<br>イオン試験紙（アドバンテック東洋，試験紙，10～1000 ppm）<br>簡易水質検査パックテスト（共立理化学研究所，比色，0.5～10 ppm）<br>ポナールキット（同仁化学研究所，比色，0.2～10 ppm）<br>ヨシテスト水質検査器（吉富製薬，検知管，0.2～10 ppm） |
| 18　銀 | 簡易水質検査パックテスト（共立理化学研究所，比色，0.3～5 ppm） |
| 19　アルミニウム | メルコクァント（メルク，試験紙，10～250 ppm）<br>イオン試験紙（アドバンテック東洋，試験紙，2～100 ppm）<br>簡易水質検査パックテスト（共立理化学研究所，比色，0.05～1 ppm） |

## 3.3 簡易有機化学物質分析法

ここでは，市販されている有機化学物質分析の簡易分析法を説明する．表3.2に簡易有機化学物質の分析リストをのせた．

**a．パックテストによる簡易分析法**

パックテストは，水試料をもっとも簡便に定量できる器具の一つである．あらかじめ呈色試薬がビニールに入れられており，試料水中の目的物質と試薬が反応することによって変化した色の長さを読みとり，濃度を判断する．試料水をビニールに吸い込んでから濃度を判断するまでの時間は，物質によって異なるが，約5分程度である．市販されているパックテストには，微量金属や塩素などをはじめ，ホルムアルデヒドやフェノールなど対象物質ごとの製品や，総有機物質を定量する

COD (chemical oxygen demand；化学的酸素要求量) 測定用が市販されている．ホルムアルデヒドの検出範囲は，0.1～2 mg $l^{-1}$，フェノールの検出範囲は，0.2～10 mg $l^{-1}$ である．COD は，濃度範囲によって 8 mg $l^{-1}$ 以下，100 mg $l^{-1}$ 以下，250 mg $l^{-1}$ 以下の製品がそれぞれ購入できる．

表 3.2 簡易分析器具の種類

| 対象物質 | 簡易分析器具* | 測定方法 | 捕集時間の目安 | 感度 | 精度 |
|---|---|---|---|---|---|
| 一酸化炭素 | チューブ型 | 比色法 | 24 時間 | 0.4 ppm | 目盛り範囲の 1/3 以下で±35%，1/3 以上で±25% |
| 二酸化炭素 | チューブ型 | 比色法 | 10 時間 | 0.02% | 目盛り範囲の 1/3 以下で±35%，1/3 以上で±25% |
| 二酸化窒素 | 平面型 | 吸光光度法 | 1 時間 | 66 ppb | ±30% 以内（風速 0～4 m/s, 湿度 40～80%) |
|  | チューブ型 | 吸光光度法 | 24 時間 | 2 ppb | ±10% 以内（恒温・恒湿条件下） |
|  | チューブ型 | 吸光光度法 | 1ヶ月程度 | 1 ppb | ±10% 以内（恒温・恒湿条件下） |
|  | チューブ型 | 比色法 | 24 時間 | 10 ppb | 目盛り範囲の 1/3 以下で±35%，1/3 以上で±25% |
| 二酸化硫黄 | 平面型 | イオンクロマトグラフィー | 1 週間 | 30～40 ppb | ±20% 以内（風速 0～2 m/s, 湿度 30～80%) |
| ベンゼン | 検知管 | 比色法 | — | 250 μg m$^{-3}$ | 目盛り範囲の 1/3 以下で±35%，1/3 以上で±25% |
| アンモニア | チューブ型 | 比色法 | 10 時間 | 0.1 ppm | 目盛り範囲の 1/3 以下で±35%，1/3 以上で±25% |
| トリクロロエチレン | 検知管 | 比色法 | — | 20 μg m$^{-3}$ | 目盛り範囲の 1/3 以下で±35%，1/3 以上で±25% |
|  | チューブ型 | 比色法 | 1～8 時間 | 1.5 ppm | 目盛り範囲の 1/3 以下で±35%，1/3 以上で±25% |
| テトラクロロエチレン | 検知管 | 比色法 | — | 20 μg m$^{-3}$ | 目盛り範囲の 1/3 以下で±35%，1/3 以上で±25% |
|  | チューブ型 | 比色法 | 1～8 時間 | 3 ppm | 目盛り範囲の 1/3 以下で±35%，1/3 以上で±25% |
| イソプレン | チューブ型 | 比色法 | 1～8 時間 | 2.6 ppm | 目盛り範囲の 1/3 以下で±35%，1/3 以上で±25% |
| エチルベンゼン | チューブ型 | 比色法 | 1～10 時間 | 2 ppm | 目盛り範囲の 1/3 以下で±35%，1/3 以上で±25% |
| ホルムアルデヒド | チューブ型 | 液体クロマトグラフィー | 24 時間 | 2 ppb | ±3% 以内（恒温・恒湿条件下） |
|  | チューブ型 | 吸光光度法 | 24 時間 | 4 ppb | ±4% 以内（恒温・恒湿条件下） |
|  | チューブ型 | 比色法 | 1～10 時間 | 0.1 ppm | 目盛り範囲の 1/3 以下で±35%，1/3 以上で±25% |
| トルエン | チューブ型 | 比色法 | 1～10 時間 | 2 ppm | 目盛り範囲の 1/3 以下で±35%，1/3 以上で±25% |
|  | チューブ型 | GC/MS | 1～4 時間 | 0.15 ppb | — |

\* チューブ型，平面型とあるのは，それぞれチューブ型パッシブサンプラー，平面型パッシブサンプラーである．
[表の作成にあたって，ガステック，グリーンブルー，光明理化学工業，柴田科学，シグマアルドリッチジャパン，東洋濾紙の協力を得た]

## b. 検知管法

検知管は，おもに気体の分析に利用されるが，試料水を瓶に入れ，揮発する有機物質を捕集することで水試料の簡易分析にも用いることができる．密栓された瓶に試料水を入れ，自然に揮発する気体を採取するヘッドスペース法や，試料水中に窒素ガスを吹き込み，揮発を促して採取するパージトラップ法を用いる（図3.8）．

(a) ヘッドスペース-検知管法　　(b) ヘッドスペース-SPME法

(c) パージトラップ-検知管法　　(d) パージトラップ-SPME法

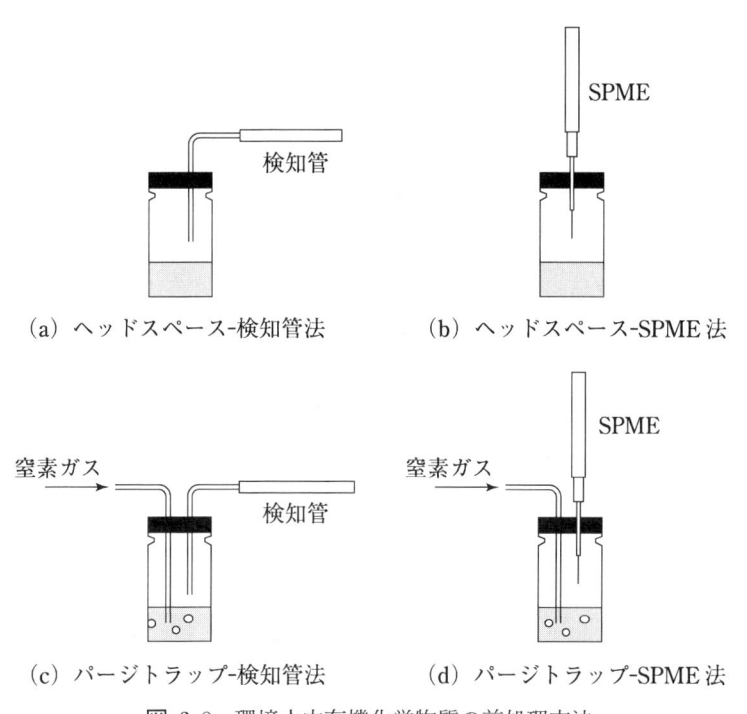

図 3.8　環境水中有機化学物質の前処理方法

## c. 固相マイクロ抽出（SPME）法

環境水中の有機物質分析には，試料を前処理したのちに液体クロマトグラフィーやガスクロマトグラフィーで分離・検出する方法が一般的に用いられる．前処理操作は，溶媒抽出法やパージトラップ法，ヘッドスペース法などを用いる．

固相マイクロ抽出法は，J. Pawliszynらが開発した，簡易な試料抽出方法である．簡易で再現性が高く，公的機関でも多用されている．

本体はシリンジのような形態をしており，先端に取り付けられた高分子のファイバーにより抽出する．試料をセプタム付きバイアルや真空採取瓶に入れ，ファイバーを浸すことで分配係数にしたがった抽出が行われる．またヘッドスペースからの吸着も可能である．抽出時間は試料によって異なるが，約10分程度で完了する．

固相マイクロ抽出法とガスクロマトグラフィーを用いて環境中の

フェノール類を抽出した時の回収率の実験例を表3.3に示す．

表 3.3 ヘッドスペース-SPME法によるフェノール類の回収率

|  | 回収率(%) | 相対標準偏差(%)($n=3$) |
| --- | --- | --- |
| $p\text{-}t\text{-}$ブチルフェノール | 93.0 | 1.4 |
| 2,4-ジクロロフェノール | 103.3 | 0.6 |
| 4-$n$-ペンチルフェノール | 102.3 | 0.5 |
| 4-$n$-ヘキシルフェノール | 94.5 | 1.1 |
| $p\text{-}t\text{-}$オクチルフェノール | 105.0 | 0.3 |
| 4-$n$-ヘプチルフェノール | 103.8 | 0.8 |
| 4-$n$-ノニルフェノール | 98.7 | 1.3 |
| 4-$n$-オクチルフェノール | 96.3 | 1.5 |
| ペンタクロロフェノール | 108.8 | 0.9 |
| ビスフェノールA | 104.9 | 1.8 |

## 演習問題（3章）

3.1 "光化学オキシダント"について述べよ．

3.2 "浮遊粒子状物質（suspended particle matters；SPM）"を定義し，その害を述べよ．

3.3 "pH"とは何か．また通常の河川水の値は？

3.4 "生物化学的酸素要求量（biochemical oxygen demand；BOD）"を説明せよ．

3.5 "溶存酸素量（dissolved oxygen；DO）"を説明せよ．

# 4 機器分析法

## 4.1 機器分析概論

　四元素説の物質変換の思想に基づいた錬金術の時代は1000年近く続き多くの人達が夢を求めて試行錯誤の実験を繰り返した．そのなかで，混合と分離のまさに分析化学の技術が酷使され，またいろいろな化学反応が見出された．しかし化学が理論と実験の裏付けにより確立された第一歩は17世紀のボイルの法則の発見であろう．そして18世紀後半から19世紀前半に化学の基礎が確立され近代科学に繋がった．その頃の化学では製造化学と分析化学が中心であった．物質の化学組成を定性的に求める定性分析（qualitative analysis）と，成分含有量を定量する定量分析（quantitative analysis）により，総合的に化学構造に関する情報を提供する役割が分析化学である．

**ボイルの法則**
ボイルは錬金術の思想から抜けだし，実験をとおして真理に迫った．空気ポンプによる圧力計で一定量の気体の圧力と体積は反比例することを見いだした．

　分析の手法としては化学分析（chemical analysis）と物理分析（physical analysis）に大別される．化学分析の多くは溶液内化学反応を利用する．金属イオンや陰イオンの系統的定性分析，ペーパークロマトグラフィーや薄層クロマトグラフィーによるRf値の測定と同定，重量分析，有機試薬による沈殿分別，中和滴定，キレート滴定などによる容量分析，ガス分析など様々であるが，これらの分析法は簡単な装置・器具で行われ，試薬も一般的なものでよい．

　一方，物質と電磁波の相互作用に伴う光を利用する分析法，酸化・還元など電気化学的性質を利用する電気化学分析法，移動相と固定相との物質の吸着・分配差を用いるクロマトグラフィーは機器分析法（instrumental analysis）である．

最近の機器は高機能をもっているので，利用の仕方しだいで目的以上の情報が得られる．

　機器分析法は種々の情報を提供できることから現在の物質化学の追及には欠かすことができない．新素材の開発，新しい機能をもつ材料，新薬の開発，生命の維持，地球規模にひろがっている環境汚染など様々な形で問い掛けられる問題に対応できる分析技術は著しく発展している．分析化学には図4.1に示すように四つの柱が考えられる．それぞれ分析に携わる立場によりベクトルの大きさは異なるが，いずれの柱も

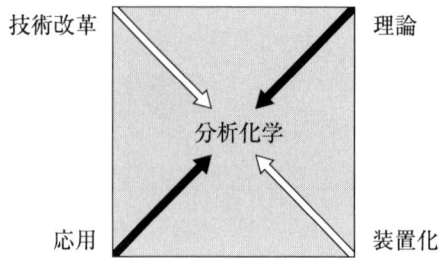

図 4.1 分析化学の四本の柱

軽視はできない．

この章では発光・吸光を利用する分析法，クロマトグラフィー，電磁波分析法，電気化学分析法，熱分析法などの簡単な原理，装置の基本構造，応用例などを取り上げる．しかし，これらの機器は手分析に比べ高い性能を有しているため，利用者の知識と高度の技術が要求される．誤った操作でとんでもないデータを提供すれば分析化学そのものが否定されることになる．ノイズやバックグラウンドとシグナルとの判別が適切に処理されなければならない．とくにいずれの装置もコンピュータで操作・制御されて，ブラックボックス化されているので，装置の基本構成を十分に理解していなければならない．また，試料を直接機器にかけ測定することは少ない．測定の前に溶解，分解，分離，濃縮，希釈などの前処理が必要である．いくら高価な機器を用いてもこの段階での試料処理，溶液調製を怠れば分析する意義さえも失われる．化学，chemistry を無視した分析化学はありえないと考えて欲しい．

環境化学，生化学や半導体材料の分野では ppb, ppt のレベルでの議論がされている．このレベルでは機器の精度と性能に依存しても目的を達成できない．そこには豊富な化学および分析化学の知識と高度の技術が要求される．後述するが，分析値の信頼性が評価され，分析技術は国際競争の時代を迎えようとしている．これに耐えられる，そしてより信頼性の高いデータを提供できるようグローバルな視点にたって分析化学を考えよう．

## 4.2 機器分析装置の基礎電子回路

現在，エレクトロニクスとコンピュータは，計測システム構成上不可欠な部品あるいはサブシステムである．市販されている機器分析装置は，エレクトロニクスやコンピュータを利用したスマートな分析機器となっている．エレクトロニクスの特徴には，増幅，信号加工，信号伝搬，信号の記憶・記録・表示などの容易さがあげられる．

### a. 計測エレクトロニクス系の信号の流れ

もっとも一般的な計測エレクトロニクス系を図4.2に示す．センサー素子からアナログ信号が出力され，一連のアナログエレクトロニクス系で加工・伝搬され，最終的にコンピュータに入り，ディジタルエレクトロニクスによる演算加工と表示・記録が行われる．計測の基本は，測定対象からできるだけ正しい情報を限られた時間内にできるだけ多く取得することである．

### b. 信号とノイズ

図4.2において，センサーには目的信号と同じ種類の雑音（たとえば，熱・光など）が入り，目的信号とともに電気信号に変えられる．さらに，センサー内部からも電気的雑音が発生する．センサーの出力側には，このような電気雑音が目的信号と交じり合って生じ，それに続く増幅器（アンプ；amplifier）により，それぞれ同倍率の増幅を受ける．一般的に，目的とする信号に雑音が混じる程度を，目的信号レベルと雑音信号レベルの比で表してSN比とよぶ．実際の測定では，アンプ系から雑音が発生するため，次々と増幅器を通るに従い，SN比は低下していく．したがって，適切な増幅器の選択は非常に重要である．

### c. アナログとディジタル

ペンレコーダーが描く連続波形はアナログ量といい，プリンターで打ち出す数値など，数えることのできる量をディジタル量という．計測技術は，センサーからの電流や電圧などの変化を利用して計測することから発展してきたため，本来はアナログ量の計測，すなわちアナログ計測であった．しかし，近年発展が著しいコンピュータは，まぎれもなくディジタル量を扱うので，アナログ計測をコンピュータと結合するためには，アナログ量をディジタル量に変換する必要がある．AD変換

**フィルター**(filter)
いろいろな周波数成分をもつ信号入力に対して，特定の周波数範囲のものだけを容易に通し，ほかのものは通過しにくいようにした装置．ある周波数以上を通す高域通過フィルター(high-pass filter)，ある周波数以下を通す低域通過フィルター(low-pass filter)，二つの周波数の間だけを通す帯域通過フィルター(band-pass filter)などがある．

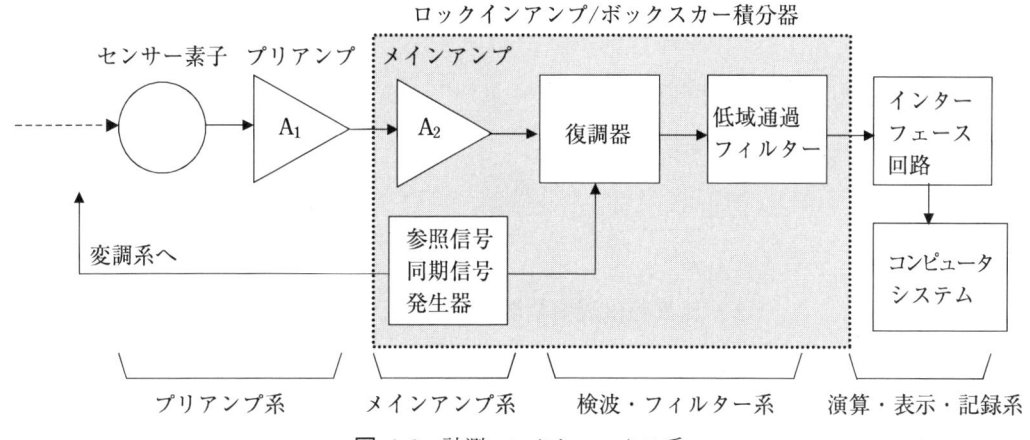

図 4.2 計測エレクトロニクス系

**演算増幅器**(operational amplifier, OPアンプと略す)
1960年代にアナログコンピュータのための演算素子として開発され,その後,集積回路化が進み,安価でしかも極めて用途の広いアナログ素子として,市販の測定機器の重要な構成要素となっている.

器は,アナログ信号とディジタル信号の頭文字をとった変換器で,アナログ信号をディジタル信号に変換するもので,コンピュータのインターフェースによく用いられている.

**d. 増幅回路**

**(1) 反転直流増幅器** 交流信号のみでなく,ゆっくり変化する準直流電圧の増幅を考えてみよう.増幅器の記号は一般的に三角形で示し,2個の入力端子,出力端子と増幅器を稼働させるための正負電源電圧端子がある.図4.3にもっとも基本的な反転増幅器の例を示す.

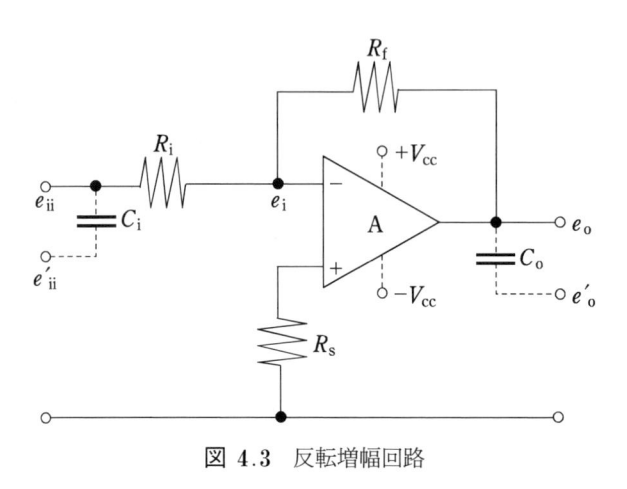

図 4.3 反転増幅回路

回路図では,破線で示した電源電圧端子を省略する場合が多い.反転増幅されるため,入力に正電圧が入ると出力は負の向きに増幅される.+,−入力端子の差の電圧 $e_i$ が $-A$ 倍(増幅率)となって出力端子より検出される.入力信号 $e_{ii}$ から,入力抵抗 $R_i$ を通して流れ込む電流 $I_i$ は帰還抵抗 $R_f$ を通り出力端子に出る.したがって,

$$i_i = \frac{e_{ii} - e_i}{R_i} = \frac{e_i - e_o}{R_f} \tag{4.1}$$

$$e_o = -Ae_i \tag{4.2}$$

$A$ は非常に大きいため,$e_i \fallingdotseq 0$ とみなすと,

$$e_o = -\frac{R_f}{R_i} e_i \tag{4.3}$$

となり,回路全体としては,$-(R_f/R_i)$ 倍の反転増幅器になっていることがわかる.

**(2) 比反転直流増幅器** 比反転増幅器は,出力信号が入力信号に対して正負反転しない場合であり,その回路図を図4.4に示す.ここでは,

$$e_o = \frac{R_i + R_f}{R_i} e_{ii} \tag{4.4}$$

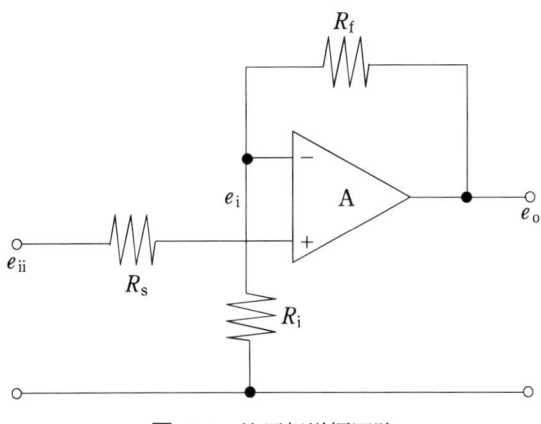

図 4.4 比反転増幅回路

となり，比反転で $(R_i+R_f)/R_i$ 倍の増幅器となる．

**（3）交流増幅器**　低周波数の交流信号を増幅するためには，直流成分の増幅は不要であり，かえって邪魔になる．したがって，直流増幅器にコンデンサー $C_i$，$C_o$ を加え，直流成分を除けば，交流増幅器が得られる．その例を図4.3に破線で示す．

**（4）電流入力増幅器**　電流入力増幅器は図4.5のような回路である．出力電圧/入力電流比 $(E/I)$ は，

$$\frac{E}{I} = -I_{in}R_f \tag{4.5}$$

で表される．

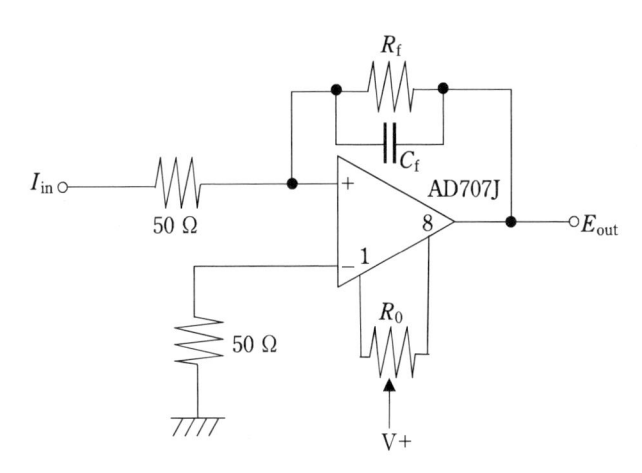

図 4.5 電流入力増幅器

### e. 演算回路

**（1）積分回路**　演算回路の一種である積分回路は，図4.6のように表される．電流を積分したものが電荷 $Q$ であり，コンデンサー $C$ との間には，$Q=CV$ の関係があるので，一般的に

**積分器の応用**

積分器の応用としては，時間に比例した電圧信号をつくり出し，オシロスコープや $X$-$Y$ レコーダーの横軸を時間的に掃引したり，試料に加える電圧を時間的に変化させることに用いる．一般的な積分器の用途としては，系を流れる電流が時間的に変化する際，これを積分器に入力することにより，ある時間内に系を流れた電荷の測定に用いる．その他，積分演算による関数変換機能を利用して，種々の信号の波形変換にも用いられる．

$$V = \frac{Q}{C} = \int \frac{i\mathrm{d}t}{C} \tag{4.6}$$

である．したがって，この回路では，

$$e_\mathrm{o} = -\frac{1}{C}\int i_\mathrm{i}\mathrm{d}t = -\frac{1}{CR_\mathrm{i}}\int e_\mathrm{i} dt \tag{4.7}$$

となり，$e_\mathrm{i}$ を積分する．

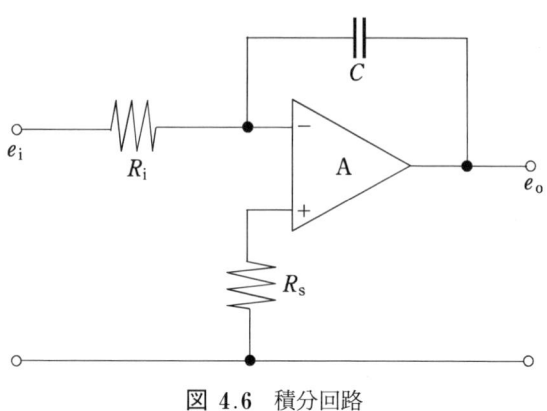

図 4.6 積分回路

**微分器の応用**
微分器の応用としては，$e_\mathrm{i}$ が一定のとき，$e_\mathrm{o}=0$ となることから，時間的に変化する交流成分を直流成分から分離して検出するために用いられる．また，微分演算機能による波形変換にも用いられ，たとえば，時間的に S 字状に変化する信号を微分して，変曲点をピークとして検出することができる．また，ステップ状の電圧変化を鋭いパルス波形に変換し，カウンターによる計数測定を行う場合もある．

**（2）微分回路** 微分回路の例を図 4.7 に示す．一般的に，$Q=CV$ であるので，$e_\mathrm{i}$ から流れ込む電流 $i_\mathrm{i}$ は，

$$i_\mathrm{i} = \frac{\mathrm{d}Q}{\mathrm{d}t} = C\frac{\mathrm{d}e_\mathrm{i}}{\mathrm{d}t} \tag{4.8}$$

であり，$i_\mathrm{i} = -e_\mathrm{o}/R_\mathrm{f}$ の関係より，

$$e_\mathrm{o} = -R_\mathrm{f}i_\mathrm{i} = -CR_\mathrm{f}\frac{\mathrm{d}e_\mathrm{i}}{\mathrm{d}t} \tag{4.9}$$

となり，$e_\mathrm{i}$ の微分値が得られる．

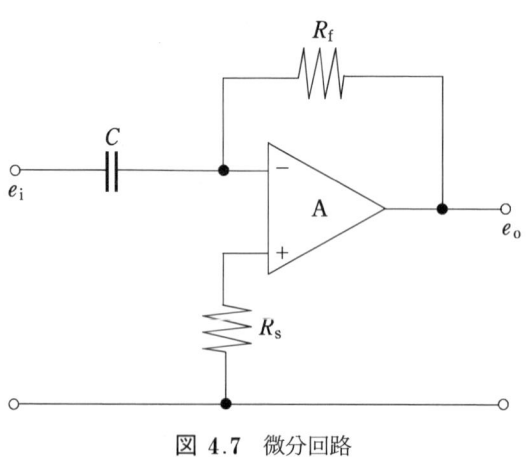

図 4.7 微分回路

## 4.3 吸光光度法

にわか雨が降っているところで虹をよくみかける．これは，雨滴によって太陽光が七色に分光されたことによる．万有引力の法則を思いついたI. Newtonは，太陽光がプリズムで7色の帯（スペクトル）に分光できることを発見した（1675年ごろ）．同じイギリス人のリーズ大学のJ. Griffisは，1976年に図4.8に示した円を10色の扇形に分割したカラーサークルを考案した．

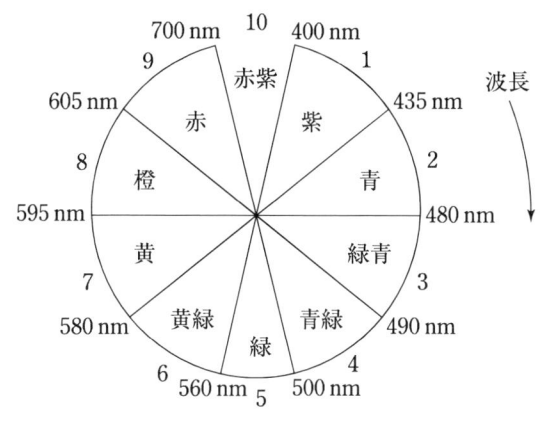

図 4.8 カラーサークルの概念図

人が色を感じる光の波長は，およそ400～700 nm（nはナノと発音し$10^{-9}$の大きさを意味している）である．1～9すべての色を混ぜると白色になる．また，向かい合う色は補色という．酸化剤である過マンガン酸カリウム溶液は500～560 nmの緑色の光を吸収しているので，溶液の色は，その補色の赤紫を呈している．

水溶液中の分析対象成分と発色試薬とを反応させ，成分濃度を求める比色分析は古くから知られており，簡易分析法として野外測定に広く用いられている．その後，光電光度計，分光光度計が開発され，特定の波長で着色溶液の光の吸収の度合を測定して，精度よく成分濃度を求めることのできる吸光光度法へと発展した．

#### a．光吸収の原理

この吸光光度法の原理を図4.9の概略図に従って，以下に簡単に説明する．着色溶液が吸収セルの中に入っている．この液層の長さは$l$である．溶液中の着色成分（濃度を$c$とする）が吸収する単色光（光の強度は$I_0$）が，溶液を通過すると，着色成分に光が吸収されて，光の強度$I$は減少する．

**物の色**
われわれが物を見て色を感じているのは，その物が吸収した光の補色を見ていることになる．したがって実際に見ている色は，その物の発する色ではないのである．

吸収セル

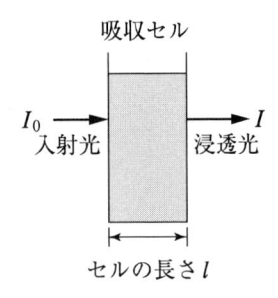

$I_0$ → 入射光 ／ $I$ → 浸透光

セルの長さ $l$

**図 4.9** 溶液による光の吸収の概略図

この場合，$I/I_0$ を透過度と定義し，透過率 $T$ は次式で表される．

$$T(\%) = \frac{I}{I_0} \times 100 \tag{4.10}$$

また，吸光度 $A$ は，次式で定義される．

$$A = -\log \frac{I}{I_0} \tag{4.11}$$

ドイツ人の Lambert（ランベルト）は，溶液層の長さと光の吸収の関係を示した法則を発表した（1768年）．このランベルトの法則は，吸光度が液層の長さに比例することを表す．

$$A = k_1 l \quad (k_1 \text{ は比例定数}) \tag{4.12}$$

また，Beer（ベール）は着色成分の濃度と光の吸収の関係を発表した（1859年）．このベールの法則は，次式のように吸光度が濃度に比例することを表す．

$$A = k_2 c \quad (k_2 \text{ は比例定数}) \tag{4.13}$$

式 (4.12)，(4.13) を結びつけると，次式のランベルト-ベールの法則が導かれる．

$$A = \varepsilon l c \tag{4.14}$$

ここで，$\varepsilon$ は比例定数であり，濃度 $c$ がモル濃度の場合，モル吸光係数とよぶ．吸光度は，液層の長さ，着色成分の濃度のおのおのの一次に比例する．したがって，一定の長さのセルに溶液を入れて吸光度を測れば，吸光度は濃度に一次で比例することになる．一方，溶液中の濃度が一定であっても，セルを長くすれば吸光度は直線的に大きくなり，感度を増大させることができる．

---

【例題 4.1】水溶液中に $1.00 \times 10^{-3}$ mol $l^{-1}$ の濃度で溶存する分析対象物質 X と発色試薬を反応させると，550 nm に極大吸収がある赤色の溶液が得られた．550 nm における吸光度は，0.753 であった．また，X が溶存しない蒸留水と発色試薬を混合した場合の吸光度は 0.003 であった．赤色の着色物質のモル吸光係数を求めよ．ただし，測定セルの光路長は 5 cm である．

[解答] 式 (4.14) よりモル吸光係数を算出する．蒸留水を用いた吸光度の空試験値 0.003 を，0.753 から差し引く必要がある．また，セル長さ 5 を式 (4.14) に代入すると，

$$0.753 - 0.003 = \varepsilon \times 5 \times 1.00 \times 10^{-3}$$

$$\varepsilon = 1.50 \times 10^2 \, (l \, mol^{-1} \, cm^{-1})$$

【例題 4.2】水溶液中の分析対象物質 X と発色試薬を反応させる

と，800 nm に極大吸収がある青色の溶液が得られた．X の溶液濃度が $1.00 \times 10^{-3}$ mol $l^{-1}$ の場合の，800 nm における吸光度は，0.126 であった．また，X が溶存しない蒸留水と発色試薬を混合した場合の吸光度は 0.006 であった．ただし，測定セルの光路長は 1 cm である．

(1) 青色の着色物質のモル吸光係数を求めよ．
(2) 吸光度が 0.366 の場合，水溶液中の X のモル濃度を求めよ．

[解答]
(1) 式 (4.14) よりモル吸光係数を算出する．蒸留水を用いた吸光度の空試験値（ブランク値とよぶ場合もある）0.006 は，試薬などに含まれている不純物に起因したりするものであるから，あらかじめ差し引く必要がある．式 (4.14) に代入すると，

$$0.126 - 0.006 = \varepsilon \times 1.00 \times 10^{-3} \times 1$$
$$\varepsilon = 1.20 \times 10^2 \, (l \, mol^{-1} \, cm^{-1})$$

(2) 式 (4.14) に吸光度と (1) で得られたモル吸光係数とを代入する．

$$0.366 - 0.006 = 1.20 \times 10^2 \times c \times 1$$
$$c = 3.00 \times 10^{-3} \, (mol \, l^{-1})$$

### b. 発 色 反 応

定量したい目的物質を種々の化学反応を用いて着色させて測定する発色反応が開発されてきた．ここでは，それらの発色反応について紹介する．

**（1）酸化還元反応**　水道水中には殺菌剤として酸化剤の次亜塩素酸が含まれている．これは，水道水の浄水過程で塩素が原水に注入された場合，次の反応で次亜塩素酸に変化するためである．

$$Cl_2 + H_2O \longrightarrow HClO + HCl \tag{4.15}$$

水道水中で生成した次亜塩素酸は，無色である．そこで発色剤であるジフェニル-$p$-フェニレンジアミン（DPD）を水道水に添加すると，DPD が酸化されてピンク色のイミン体になり，この溶液の吸光度（515 nm）を測定する．ちなみに水道水中の有効塩素としては 0.1 mg $l^{-1}$ 以上の濃度になるように義務づけられている．

**（2）錯体形成反応**　ある種の金属イオンは分子やイオンと配位結合をして錯体を形成する．銅 (II) イオンを含む水溶液は青色を呈しているが，ここに過剰のアンモニア水を加えると濃青色（630 nm）に変わる．これは銅 (II) アンミン錯体が生成したためである．

**オゾンはおいしい水をつくる**

最近，おいしく安全な水道水を供給するため一部の地域では，塩素の一部をオゾンに変えて殺菌剤として用いている．このオゾンは，非常に強い酸化力があるので，水中の着色物質や臭気物質を分解し，きれいで，おいしい水を調製する．

$$\text{Cu}^{2+} + 4\,\text{NH}_3 \longrightarrow \text{Cu(NH}_3)_4^{2+} \tag{4.16}$$

このように錯体の生成によって，先に記した式 (4.14) のモル吸光係数が増大し，低濃度の銅 (II) を定量することができる．

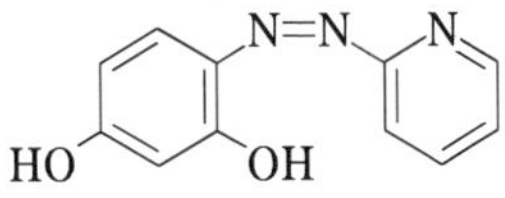

金属イオンと錯形成する分子として有機色素を用いることによって，非常に大きくモル吸光係数を増大させることができる．代表的な有機色素としては，1,10-フェナントロリン (phen)，アルセナゾ，4-(2-ピリジルアゾ) レゾルシン (PAR：図 4.10) などがある．これらの色素と金属との有機錯体は，n-ヘキサンなどの非水溶媒に抽出でき，試料水中の共存物質の妨害を除くことができる．また，試料水と非水溶媒の体積比を大きくして，抽出比を増大させることによる濃縮効果によって，感度が増大し，極微量の金属イオンを定量することが可能になる．

図 4.10 PAR の分子構造

**（3）着色物質合成反応** 自動車の排気ガス中の $\text{NO}_2$ は，大気中の光化学オキシダントの原因物質として規制されている．この $\text{NO}_2$ の測定法として，大気中の $\text{NO}_2$ を発色液に吸収させて，生成した赤色の着色物質の吸光度を測定するザルツマン法がある．この反応は，水中で生成した亜硝酸が発色剤と次式のように反応し，アゾ色素を生成するジアゾ化反応を応用したものである．

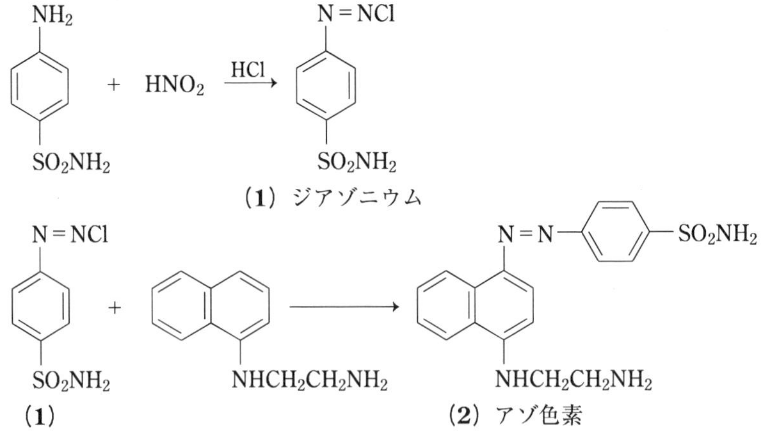

図 4.11 着色物質合成反応の一例

$\text{NO}_2$ は水中で一部，亜硝酸イオンに変わり試薬のスルファニルアミドと反応してジアゾニウムを生成する（図 4.11 (**1**)）．ジアゾニウムは他の試薬のナフチルエチレンジアミンと反応して，赤色のアゾ色素を生成する（**2**）．この赤色の溶液の吸光度 (540 nm) を測定して，大気中の $\text{NO}_2$ の濃度を算出する．

**（4）置換反応** 水中の硫酸イオンの定量法として，難溶性の硫酸バリウムの生成反応を利用する方法がある．硫酸イオンを含む試料水に，クロラニル酸バリウムのアルコール溶液を添加すると，硫酸バリウ

ムの沈殿が生成し，クロラニル酸イオン（CHR）が遊離する．次式において，硫酸バリウムの溶解度が極めて小さく，しかも，この反応は化学量論的に進む．沪過して，沪液中のクロラニル酸イオンの紫色溶液の吸光度（530 nm）を測定して，試料中の硫酸イオンを高感度に定量できる．

$$SO_4^{2-} + BaCHR \longrightarrow BaSO_4^{2-} + CHR^{2-} \quad (4.19)$$

これまでに紹介した吸光光度法は，いずれも目に見える可視光（波長は約 400〜700 nm）の吸収を利用したものである．必ずしも，この領域の光の吸収に限る必要はない．たとえば，クロラニル酸イオンの吸収（530 nm）による硫酸イオンの定量の場合，紫外光領域（波長は約 200〜400 nm）でのクロラニル酸の紫外吸収（330 nm）を利用して，定量することも可能である．一般的に紫外部の光吸収のモル吸光係数は，可視部の場合より大きいので，より低濃度まで定量できる．この際，図 4.9 に示したセルの材質としては紫外線を吸収しない石英セルを用いる必要がある．

様々な反応を利用した吸光光度法を紹介したが，要は，目的物質の定量に利用できる安定な着色物質を選択的に生成する反応を見つけることである．

## 4.4 蛍光光度法と化学発光光度法

溶液中の分析目的成分が光を吸収後，放射される光を蛍光とよぶ．この蛍光強度を測定し，目的成分を定量する方法が，蛍光光度法である．また，目的成分と，ある化学物質と反応させ，その際，発光があれば，この現象を化学発光とよぶ．この発光強度から目的成分を定量する方法が，化学発光光度法である．どこまで低濃度の成分が検出できるかを一般的に比較すれば，吸光光度法＜蛍光光度法＜化学発光光度法の順に感度がよくなる．

### a．蛍光光度法

分子は，図 4.12 に示すように通常は基底状態にある．光が吸収されると励起状態（一重項状態）に遷移する．この励起状態の分子は，光を出して基底状態に戻る．この放射光が蛍光で，励起光より長波長側にある．また，励起一重項状態から励起三重項状態に無放射で遷移したの

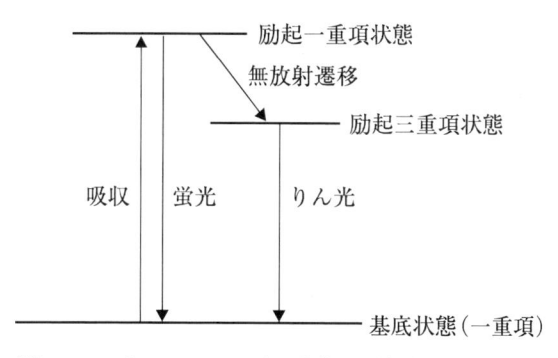

図 4.12 分子のエネルギー準位と遷移過程の概略図

ち，光を放射して基底状態に戻る場合があり，この時の放射光をりん光という．光を吸収してから蛍光が生じるまでの時間は，通常 $10^{-8} \sim 10^{-4}$ 秒で，りん光の場合はそれより遅く $10^{-4} \sim 10$ 秒以上にまでなる．

蛍光光度法の概略図を図 4.13 に示した．励起光の光源としては，200〜700 nm の波長域で連続スペクトルを放射するキセノンランプが通常用いられる．試料溶液を入れるセルとしては，励起光および蛍光の吸収のない四面が透明な石英セルが用いられる．蛍光は，360 度均等に出るが，励起光の影響の少ない，励起光の入射に対して 90 度の方向の放射光を光電子増倍管で測定する．

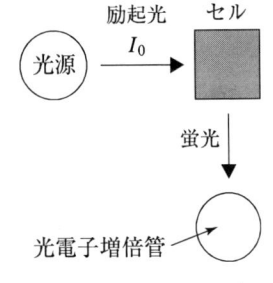

図 4.13 蛍光測定の概略平面図

試料水中の蛍光物質濃度を $c$，セル長さを $l$，励起光の強度を $I_0$，透過光の強度を $I$，モル吸光係数を $\varepsilon$ とすると式 (4.14) より次式が誘導される．

$$I = I_0 e^{-\varepsilon lc} \tag{4.19}$$

吸収された光強度は次式で表される．

$$I_0 - I = I_0(1 - e^{-\varepsilon lc}) \tag{4.20}$$

蛍光強度 $F$ は，蛍光物質濃度が低い場合 $\varepsilon lc \ll 1$ であるので，次式で表される．ここで蛍光物質の量子収率 $\Phi$，比例定数 $k$ としている．

$$F = \Phi k I_0 \varepsilon lc \tag{4.21}$$

この式より蛍光強度は励起光強度が一定であれば蛍光物質濃度に比例することになる．

---

【例題 4.3】蛍光強度の式 (4.21) がどのように導かれるか示せ．

[解答] 蛍光強度は，蛍光物質に吸収された光量に比例するため，式 (4.20) より次式が誘導される．

$$F = \Phi k I_0 (1 - e^{-\varepsilon lc})$$

蛍光物質濃度が低い場合 $\varepsilon lc \ll 1$ であるので，上式から式 (4.21) が誘導される．

---

### b. 蛍 光 反 応

**（1）蛍光物質生成反応** アミノ酸のような第一級アミン (**1**) が $o$-フタルアルデヒドと（図 4.14）のように反応して蛍光誘導体のイソインドール体 (**2**) を生成する．

図 4.14 蛍光物質生成反応

この反応生成物（2）は，励起波長 370 nm，蛍光波長 486 nm において強い蛍光を発する．この反応を利用して $10^{-7} \sim 10^{-8}$ M レベルの極微量のアミノ酸を分析することができる．

**（2）錯体生成反応**　環境水中のカルシウムイオンは，水利用の観点からその濃度を知ることは重要である．カルシウムの濃度の高い水は硬水として，洗剤の主成分である陰イオン界面活性剤と反応するため泡立ちが悪くなり，洗浄効果が低下する．このカルシウムイオンと選択的に反応する試薬として，Quin 2 がある（図 4.15）．カルシウムイオンは Quin 2 と反応して，錯体を生成し蛍光を発する．励起波長は 339 nm，蛍光波長は 492 nm に存在し，数 $\mu g \, l^{-1}$ 濃度のカルシウムイオンを定量できる．

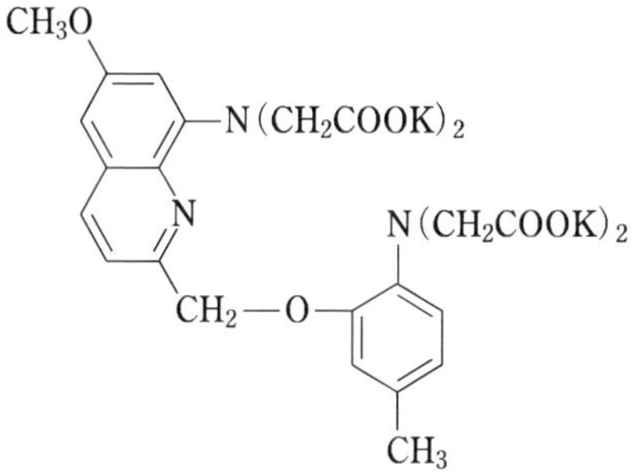

図 4.15　Quin 2 の構造式

**c．化学発光光度法**

化学発光光度法は，最近，注目されている分析方法である．分析目的成分と試薬が化学反応する時に発光する現象を化学発光という．暗所で反応させれば，化学発光の光量を増幅しやすいので，感度は非常によい．われわれになじみのある化学発光分析法としては，血痕の識別法がある．この方法は，ルミノールが血液と接触した際に青白い化学発光を生じることを利用したものである．アルカリ性でルミノールが空気中の酸素で酸化される際に血液中の鉄が触媒となり発光する．

ルミノールの化学発光以外によく知られた反応としては，大気汚染物質の一酸化窒素（NO）とオゾン（$O_3$）の化学発光反応がある．この化学発光反応を次式に示す．

$$\mathrm{NO} + \mathrm{O_3} \longrightarrow \mathrm{NO_2^*} \tag{4.22}$$

$$\mathrm{NO_2^*} \longrightarrow \mathrm{NO_2} + h\nu \tag{4.23}$$

NO とオゾンは化学量論的に反応し，励起状態の $\mathrm{NO_2^*}$ を生成する．この化学種は非常に短寿命のため，直ちに光を放って基底状態の $\mathrm{NO_2}$ に戻る．この光量を測って，NO 濃度を求める．測定原理の概略図を図 4.16 に示す．通常は，光量の測定は光電子増倍管で行う．暗闇の中での

**蛍の光**
初夏の夜空に飛ぶ蛍の光の源は，蛍光反応によるのではなく，生体内で生じている化学発光反応（次項 c）による．

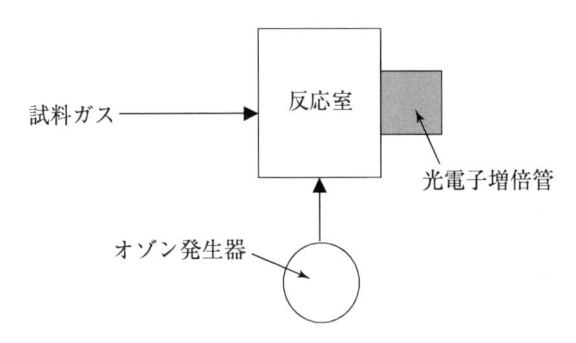

図 4.16 気相 NO の化学発光測定の概略図

**化学発光を用いる定量法は非常に高感度であるので今後，一層の発展が期待されている．**

発光を検出するため，増幅が容易で，数 ppb の濃度の NO を定量できる高感度な方法である．

## 4.5 ガスクロマトグラフィー

クロマトグラフィー (chromatography) とは，固定相 (stationary phase) と移動相 (mobile phase) から構成されるカラムや薄層を用いて，数種類の化合物の混合物を分離する手法のことである．ガスクロマトグラフィー (gas chromatography；GC) とは，クロマトグラフィーの中で気体を移動相として用いるものを指す．分析機器の中でも非常に高い分離能と感度を有し，迅速かつ簡便な分析が可能なため，気体から熱的に安定な揮発性物質まで様々な化学物質の分離分析に広く用いられている．

### a．試料成分分離の原理

ガスクロマトグラフィーでは，固体または液体を固定相としたカラム内に移動相であるキャリヤーガスを一定流量で流し，ここに一定量の混合ガス試料を導入する．試料成分は，固定相と移動相への分配を繰り返しながらカラム中を移動するが，各成分により分配の割合（分配係数）が異なるのでカラム中の移動速度に差を生じ，各成分が分離される（図 4.17）．このようにして得られた溶離曲線をクロマトグラム (chromatogram) とよび，クロマトグラムを得るための装置をガスクロマトグラフ (gas chromatograph) とよぶ．

**クロマトグラフィーの歴史**
1906 年ロシアのツェット（クロマトグラフィーの祖とよばれている）は炭酸カルシウムカラムに石油エーテルに溶解した植物色素を入れ，上から溶媒を流すことで植物色素の分離に成功した．この手法を着色画法（クロマトグラフィー，chromatography）とよび，現在もこの名称が用いられている．

カラム内の試料成分は，固定相中に分配されている間は移動せず，移動相中にある場合は移動相と同じ速度で移動する．固定相中および移動相中の成分濃度をそれぞれ $C_S$, $C_M$ とすると分配係数 $K$ (partition coefficient) は，

$$K = \frac{C_S}{C_M} \tag{4.24}$$

で表わされる．固定相と移動相の体積がそれぞれ $V_S$ と $V_M$ のカラムを

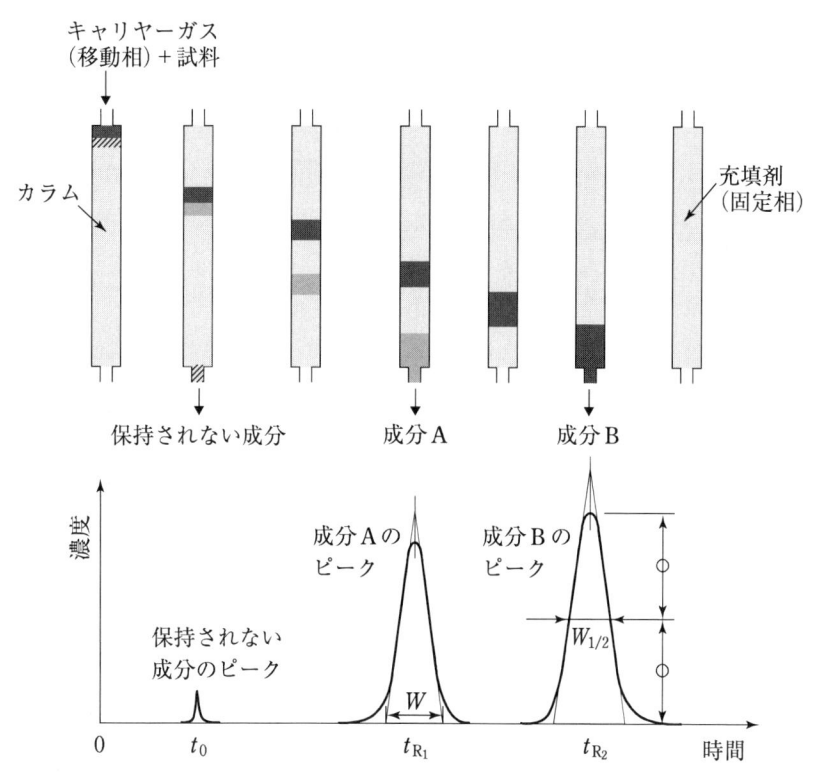

**図 4.17** ガスクロマトグラフィーによる試料成分の分離とクロマトグラム

考えると，両相に分配される試料成分量の比 $k'$ （容量比；capacity factor）は，

$$k' = \frac{C_S V_S}{C_M V_M} = \frac{K V_S}{V_M} \tag{4.25}$$

となる．

試料成分のうち $C_M V_M$ が移動相中にあり $C_S V_S$ が固定相中にあるが，試料成分は常に移動相と固定相の間を行き来している（動的平衡）．動的平衡が瞬時に成り立つ理想的な条件下では，試料成分の 1 分子に注目すると，分子はカラムに滞留する時間のうち $C_M V_M/(C_M V_M + C_S V_S)$ の割合だけ移動相中に滞留することがわかる．したがって，移動相の流速を $v$ とすると，試料成分は

$$v \frac{C_M V_M}{C_M V_M + C_S V_S} = \frac{v}{1+k'} \tag{4.26}$$

の速度でカラム内を移動する．試料成分が長さ $L$ のカラムを通過するのに必要な時間 $t_R$（保持時間；retention time）は，

$$t_R = \frac{L(1+k')}{v} = \frac{L(1+KV_S/V_M)}{v} \tag{4.27}$$

と表される．固定相に対する親和性の弱い成分ほど $K$ が小さいのでカ

ラム中を早く移動することができ，この性質を利用して $K$ の異なる試料成分を分離することができる．

カラムの分離効率（性能）は，溶出してくる試料成分のピークの広がりによって判定できるが，その尺度として理論段数 $N$（number of theoretical plate）が用いられる．

$$N = 16\left(\frac{t_R}{W}\right)^2 = 5.54\left(\frac{t_R}{W_{1/2}}\right)^2 \tag{4.28}$$

ここで，図 4.17 に示すように $W$ はベースラインでのピーク幅であり，$W_{1/2}$ はピーク高さの半分の高さにおけるピーク幅で半値幅とよばれる．$N$ が大きいほどピーク幅が狭くカラム性能が高いと結論できる．カラム長さを考慮に入れたカラムの性能の尺度としては，理論段高さ $H$ (high equivalent to a theoretical plate；HETP) が用いられ，これは一理論段の長さ（$H = L/N$）で定義される．

**修正理論段高さ**
固定相粒子の直径を $d_p$ とすると，修正理論段高さ $h$ は理論段高さ $H$ を用いて $h = H/d_p$ で表される．修正理論段高さは理論段数 1 段あたりの固定相粒子数に対応しており，$h$ が 2 以下であるなら優秀なカラムといえる．

#### b. 定性および定量分析

ガスクロマトグラフィーでは，保持時間 $t_R$ の違いにより試料物質を同定する．$t_R$ はガスクロマトグラフの条件が同じ場合，物質の分配係数 $K$ に依存し，物質に固有の値となるので，$t_R$ により試料成分の同定が可能となる．一方，分離された試料成分の定量分析は，通常，検出された成分ピークの面積を測定することにより行う．検出器の感度（各成分の単位量あたりのピーク面積）は試料成分により異なり，検出器の操作条件によっても変化するので，測定条件下での検量線を作成する必要がある．すなわち，濃度が既知の試料成分をガスクロマトグラフで検出し，ピーク面積と試料成分の濃度の関係をあらかじめ求めておくことが必要である．

#### c. システム構成

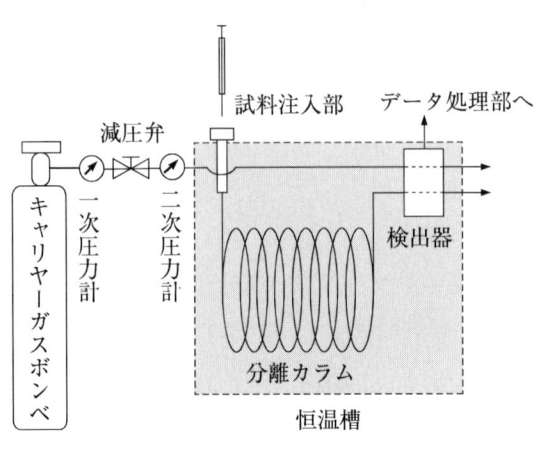

図 4.18 にガスクロマトグラフの構成を示す．ボンベから供給された

図 4.18 ガスクロマトグラフの構成

キャリヤーガスは適当な圧力と流速に調製され，試料注入部に導入される．試料は系外からマイクロシリンジなどによって注入され気化した後，恒温槽で一定温度に保持されたカラムに送られる．カラムで分離された成分はカラム出口から溶出して検出器に入りクロマトグラムとして記録される．

**（1）キャリヤーガス**　　化学的に不活性で熱的にも安定なヘリウム，窒素，アルゴンなどが通常用いられる．このように液体に比べ粘性の低い気体を移動相として用いるので長いカラムを用いることができ，非常に高い分離能を得ることができる．また，ガスクロマトグラフィーでは，移動相および試料成分とも気体であるため，固定相，移動相における試料成分の拡散速度が大きく，迅速な分析が可能となる．

**（2）試料注入部**　　気体および液体試料をシリンジによりセプタムを通して注入する方法が一般的である．試料は加熱された気化室で気化されるが，蒸気幅の広がりによる分離能の低下を防ぐため試料の注入量を少なくする必要がある．このように，試料の気化が必要なため難揮発性化合物や熱的に不安定な化合物は原則として分析できない．

**（3）カラム**　　長さ1～3m，内径2～4mm程度の金属またはガラス管内に120～500μmの粒径の吸着剤もしくは液相を塗布した担体を充塡したカラム（充塡カラム）がよく用いられる．さらに高い分離能を得るためには，内径0.1～1mmの毛細管の内壁に直接固定相液体を塗布したキャピラリーカラムが用いられる．キャピラリーカラムはガスの透過性がよいためカラムを長くすることができ，理論段数を高くすることができる．このため，非常に高い分離能が得られるが，試料注入量は充塡カラムの場合に比べ微量（1μg程度）である必要があり，特別な試料導入装置が必要である．

**（4）検出器**　　熱伝導度検出器（thermal conductivity detector；TCD）および水素炎イオン化検出器（flame ionization detector；FID）がよく用いられる．

TCDはもっとも一般的な検出器で，$H_2$やHeの熱伝導度が著しく大きいことを利用しており，図4.19に示すようにホイートストンブリッジ回路が用いられている．フィラメント（$R_1$, $R_2$）には一定の電流が流されており，ある平衡温度に維持されている．Heなどのキャリヤーガスが$R_1$, $R_2$上に流れているときは，Heの熱伝導度がよいので検出器内の温度は高くならないが，キャリヤーガスとともに熱伝導度の低い有機化合物等のガスが$R_1$上に導入されると，$R_1$の温度が上昇し$R_1$の抵抗値が変化する．この変化をGにおける電位差として検出する．したがって，TCDはキャリヤーガスと異なる熱伝導度を示す気体すべて

**キャリヤーガスおよび化合物の熱伝導度**

($\mathrm{cal\,cm^{-1}\,s^{-1}\,deg^{-1}}$)($\times 10^5$)，373K

キャリヤーガス：

| | |
|---|---|
| アルゴン | 5.2 |
| 窒素 | 7.5 |
| ヘリウム | 41.6 |
| 水素 | 53.4 |

化合物：

| | |
|---|---|
| エタン | 7.3 |
| アセトン | 4.0 |
| ベンゼン | 4.1 |
| エタノール | 5.3 |

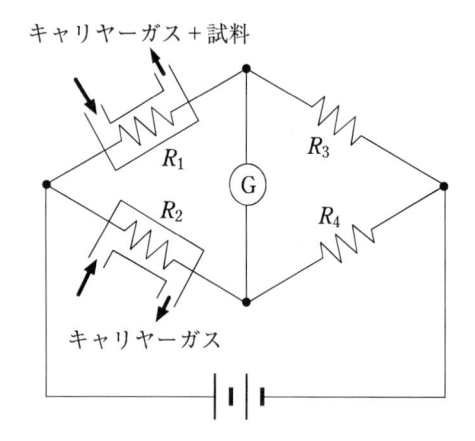

図 4.19 熱伝導度検出器のホイートストンブリッジ回路

を検出することができる．このように TCD は万能型検出器であるが，感度は他の検出器より低い．

FID では，図 4.20 に示すように，カラムからの可燃性の溶出成分は水素フレーム中で燃焼，イオン化し，電圧をかけた電極間に流れるイオン電流として検出される．FID は水素炎でイオン化できない無機化合物は検出できないが，ほとんどの有機物に対しほぼ炭素数に比例した応答を示すので，有機化合物の分離定量によく用いられる．

**FID で検出できない物質**
不活性ガス，水素，酸素，窒素，アンモニア，窒素酸化物($NO, NO_2, N_2O$)，水，一酸化炭素，二酸化炭素，蟻酸，ホルムアルデヒド，など．

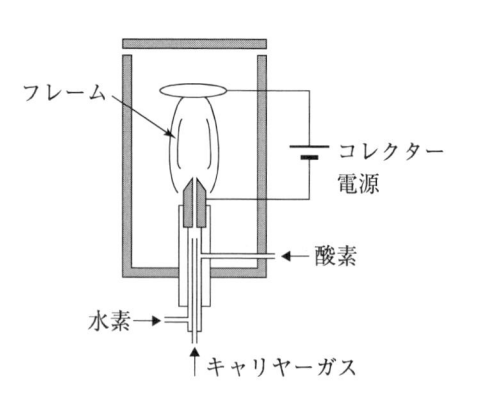

図 4.20 水素炎イオン化検出器

---

【例題 4.4】成分 A をガスクロマトグラフで分析した際，成分 A の保持時間は 2.2 分であり，固体層に保持されない成分のピークは試料注入後 0.2 分に検出された．また，カラム中の固定相の体積は移動相の体積の 1.2 倍であった．この分析条件における試料成分の分配係数はいくらか．

[解答] $t_R = L(1+k')/v$ は $KV_S/V_M = (v/L)t_R - 1$ と変形できる．題意より $L/v = 0.2$ min，$V_S/V_M = 1.2$，$t_R = 2.2$ min であるからこれらを代入して分配係数 $K = 8.3$ を得る．

> **【例題 4.5】** 成分 B をガスクロマトグラフで分析したところ，保持時間は 6 分，ベースラインでのピーク幅が 5 mm であった．成分 B に関するカラムの理論段高さを求めよ．なお，カラムの長さは 3 m，記録紙の送り速度は 1 cm min$^{-1}$ である．
>
> **［解答］** 理論段高さ $H$ は，$H = L/N = L/[16(t_R/W)^2]$ で与えられる．$t_R = 6$ min，$W = 5$ mm $/10$ mm min$^{-1} = 0.5$ min，$L = 3\,000$ mm を代入して，$H = 1.3$ mm を得る．

## 4.6 液体クロマトグラフィー

液体クロマトグラフィー（liquid chromatography；LC）は，固体または液体を固定相とし混合試料成分を液体の移動相で移動させ，各試料成分の吸着力の差や分配係数の差に基づく移動速度の差を利用して混合物を分離する方法である．液体クロマトグラフィーでは試料が気体になる必要がなく，ガスクロマトグラフィーでは困難な沸点が 300 ℃以上の化合物の分離分析に対しても適用できることが利点である．また，ガスクロマトグラフィーでは移動相が気体であり移動相の種類に選択肢が少ないが，液体クロマトグラフィーでは移動相として多種類の溶媒が利用できるうえ，組成を連続的に変化させることが可能なため，最適な分析条件の選択が容易であることも大きな利点となっている．

### a. 液体クロマトグラフィーとその分類

液体クロマトグラフィーは移動相が液体である以外は移動相が気体であるガスクロマトグラフィーと同様の仕組みで機能するため，分離の原理はガスクロマトグラフィーに準ずる．液体クロマトグラフィーは固定相の保持の仕方や形状により主としてカラムクロマトグラフィー（column chromatography），ペーパークロマトグラフィー（paper chromatography）および薄層クロマトグラフィー（thin-layer chromatography）に分類されるが，このうち，カラムクロマトグラフィーは近年迅速化が進展し，高速液体クロマトグラフィー（high performance liquid chromatography；HPLC）として広く用いられている．以下に，実験室において試料成分の分類によく用いられるこれら 3 種類の代表的な液体クロマトグラフィーについて概説する．

### b. 高速液体クロマトグラフィー

液体では，固定相と移動相の間での化学種の吸着や分配が気体に比べてゆっくり進行するので，液体クロマトグラフィーでの混合物の分離分析には数時間から数日までの非常に長い時間を要していた．しか

し，高性能高圧送液ポンプと高機能なカラム充塡材，さらに高精度の検出器の発明とともに高速液体クロマトグラフィーが開発され，複雑な化合物の分離分析も迅速に行えるようになった．

**（1）システム構成** 図 4.21 に高速液体クロマトグラフィーの基本構成を示す．溶離液槽中の移動相液体は高圧送液ポンプにより 30～200 kg cm$^{-2}$ 程度以上に加圧され，試料導入部を経た後分離カラムへと送られる．分離カラムとしては，内径 2～6 mm 長さ 3～25 cm 程度のカラムに 2～10 μm 程度の粒径の充塡剤を充塡したものがよく用いられる．分離された試料は表 4.1 に示す種々の検出器により検出され，データ処理部において記録される．

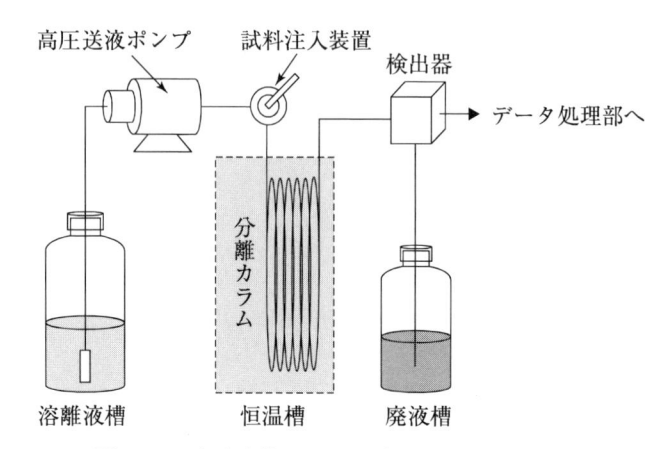

**図 4.21** 高速液体クロマトグラフィーの基本構成

**表 4.1** 液体クロマトグラフィーで用いられる検出器とその特徴

| 検出器 | 特徴など |
|---|---|
| 紫外(可視)分光光度計 | 波長固定型と波長可変型があり，比較的多くの成分に適用できる．感度は中程度．温度・流量変化の影響を受けにくい． |
| 蛍光分光光度計 | 蛍光を発する物質の検出に用いる．選択的かつ高感度．生化学物質に適用性が大きい． |
| 電気伝導度検出器 | イオンに解離している物質を高感度で検出． |
| 示差屈折検出器 | 多くの成分に適用できるが低感度．温度・流量変化の影響を受けやすい． |
| 誘電検出器 | 誘電率の変化による容量変化や振動数変化を検出 |

**（2）高速液体クロマトグラフィーの分類** 高速液体クロマトグラフィーは試料成分の分離の方法により以下の 4 種のクロマトグラフィーに分類される．

（ⅰ）分配クロマトグラフィー (partition chromatography)：移動相に溶けない液状物質を塗布した充塡剤を固定相に用い，固定相と移動相の間の分配係数の差を利用して試料成分を分離する液-液クロマトグ

ラフィーのことを指す．移動相の極性が固定相の極性より小さいとき順相クロマトグラフィーとなり，極性の大きい有機酸混合物などの試料成分の分離を行うことができる．移動相に水など，固定相に塗布した液体より極性の高い溶媒を用いた場合を逆相クロマトグラフィーとよび，極性の小さな炭化水素の分離に用いられる．

（ii）吸着クロマトグラフィー（adsorption chromatography）：固定相にアルミナやシリカゲルなどの固体吸着剤，表面をオクタデシルシランやデシルシランで化学修飾したシリカなどを用いる液-固クロマトグラフィーのことを指す．試料成分は固定相である吸着剤表面への吸着力の差によって分離される．このため，固定相に対する吸着力の大きな試料成分は，遅く溶出することになる．一方，固定相には移動相の吸着も起こっているので，固定相に対する吸着力の強い移動相を使うと試料成分は早く溶出する．

（iii）イオン交換クロマトグラフィー（ion exchange chromatography）：イオン交換体を固定相として用い，移動相中のイオンを可逆的にイオン交換体の対イオンと交換することで陽イオンまたは陰イオンを分離する方法である．移動相としては一般に水系溶媒が用いられ，溶液中で陽イオンもしくは陰イオンとして存在する試料成分の分離に用いられる．金属イオンの分離のほか，タンパク質やアミノ酸などの分離定量まで幅広く利用される．

各種イオン交換体に用いられる交換基の例
強酸性陽イオン交換体
　（交換基）$-SO_3H$
弱酸性陽イオン交換体
　（交換基）$-COOH$
弱塩基性陰イオン交換体
　（交換基）
　　　　$-N^+H(CH_3)_2Cl^-$
強塩基性陰イオン交換体
　（交換基）
　　　　$-N^+(CH_3)_3Cl^-$

（vi）ゲル浸透クロマトグラフィー（gel permeation chromatography）：固定相に多孔質粒子を用い，試料成分は細孔への拡散の難易により分離される．すなわち，分子サイズの大きい成分ほど粒子の細孔内への拡散が難しくなるため早く溶出される一方，細孔内への拡散が容易な成分は細孔内に取り込まれるため，溶出が遅くなる．固定相となるゲルには，多孔性シリカや多孔性ガラスのほか，架橋有機ポリマーゲルなどが用いられる．分子量2000以上の高分子混合物にはこの方法が適している．

ゲル浸透クロマトグラフィー用固定相の例
多孔性シリカ，多孔性ガラス，ポリスチレンゲル，ポリビニルアルコールゲル，ポリヒドロキシエチルメタクリレートゲル

**c．ペーパークロマトグラフィー**

ペーパークロマトグラフィーでは，固定相として沪紙を用いる（図4.22）．1～10μlの試料を滴下した沪紙の下端部を溶媒に浸すと，溶媒は沪紙中を一定速度で上昇する．試料成分は移動相である溶媒と固定相である沪紙との間で分配され，沪紙上に展開し分離される．各成分の展開位置は，沪紙に発色試料を噴霧すると斑点として検出される．斑点の位置はRf値で表され，Rf値は実験条件が一定ならば各物質で固有であるので，各成分の定性分析が可能となる．

$$Rf 値 = \frac{原点から斑点までの距離}{原点から展開液前端までの距離}$$

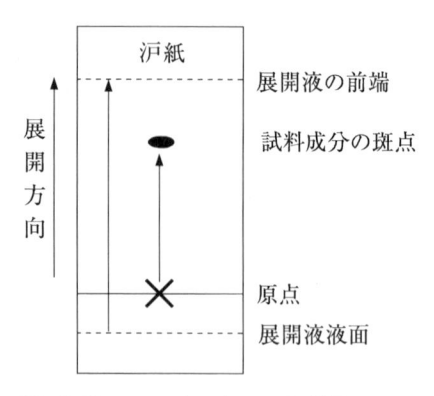

図 4.22 ペーパークロマトグラフィー

　また，広い沪紙上で2方向に展開する二次元展開を用いるとさらに有効な分離が可能となる．ペーパークロマトグラフィーは装置，操作が簡単でかつ迅速に微量成分を分析できることから，有機物や無機イオンの分離分析に広く利用されている．

### d. 薄層クロマトグラフィー

　薄層クロマトグラフィーでは，化学的に不活性なアルミナ，酸化マグネシウム，シリカなどの粉末（粒径：20〜40μm）をガラスやプラスチックなどの板の上に塗布した薄層（厚さ：0.25mm程度）を固定相として用いる．薄層はスラリー状にした粉末を基板上に均一に塗布した後乾燥させて調製する．試料成分の展開の方法はペーパークロマトグラフィーに準ずる．

　試料成分の展開位置の確認は発色試薬の噴霧により行うが，試料成分が有機化合物の場合は濃硫酸を噴霧し，有機化合物を炭化することにより展開位置を確認することができる．また，試料成分が蛍光性の場合，紫外光を照射して蛍光を検出することで展開位置を確認できる．ペーパークロマトグラフィーと同様に Rf 値により各成分の定性分析を行う．

　薄層クロマトグラフィーはペーパークロマトグラフィーに比べて展開時間がはるかに短く，分離能や検出感度も優れている他，固定物質を変化させることで吸着，分配，イオン交換クロマトグラフィーなどとして利用できる多様性を有している．

> **薄層クロマトグラフィーによる定量法**
> 薄層クロマトグラフィーによる定量法には，スポット面積やスポット濃度による定量のほか，スポット部を実際に削り取り分析するなどの方法がある．

---

**【例題 4.6】** 濃度未知のアセトン水溶液 X がある．0.8 ml の溶液 X に 50 ppm のアセトン水溶液を 0.1 ml を加えた溶液 A と，50 ppm のアセトン水溶液を 0.2 ml を加えた溶液 B を調製する．溶液 A および溶液 B の 1 μl を液体クロマトグラフで分析したところ，前者は 4211 カウント，後者は 6302 カウントのアセトンのピーク面積

を与えた．溶液 X のアセトン濃度はいくらか．

[**解答**]　溶液 X，溶液 A，溶液 B のアセトン濃度をそれぞれ $X$，$A$，$B$ ppm とする．

$$A \text{ ppm} = \frac{X \text{ ppm} \times 0.8 \text{ m}l}{(0.8+0.1) \text{ m}l} + \frac{50 \text{ ppm} \times 0.1 \text{ m}l}{(0.8+0.1) \text{ m}l}$$

$$B \text{ ppm} = \frac{X \text{ ppm} \times 0.8 \text{ m}l}{(0.8+0.2) \text{ m}l} + \frac{50 \text{ ppm} \times 0.2 \text{ m}l}{(0.8+0.2) \text{ m}l}$$

クロマトグラフのカウント数は溶液のアセトン濃度に比例するから，

$$A \text{ ppm} : B \text{ ppm} = 4211 : 6302$$

よって，$X = 3.2$ ppm となる．

## 4.7　フローインジェクション分析法

　従来の"分析の仕事"といえば必ず"メスフラスコにホールピペットで試薬を加えて定容する"というイメージがある．もちろんこの基本操作は"分析する"ための初歩的なテクニックであり，ホールピペット，メスピペットによる試薬の分取やメスアップはさほどの技術が要求されるものではない．しかし，試料数が多くなるとこの操作もマイクロピペットや分注器などに頼ることになる．これは労力の削減と個人誤差を防ぐのに都合がよい．いくら機器分析が発達してもこの操作を省くことはできないので"効率と誤差"を考えると実用的である．また"分析の効率化と自動化"ではコンベアー方式などが試みられた．これをさらに自動化した技術がフローインジェクション分析法（flow injection analysis；FIA）である．ここでは FIA の基本と実用例を学ぶ．

### a. FIA の基礎

　基本原理は"内径 0.5 mm のテフロンチューブの中を 0.5～1 m$l$ min$^{-1}$ の速さで連続的に流れている試薬の中に 20～300 μ$l$ の試料を直接注入し，拡散反応を起こさせ，その反応生成物をオンラインで検出するシステム"である．このシステムでは流速 0.8 m$l$ min$^{-1}$ で試薬を 1 時間流しても 48 m$l$ の試薬消費で 50 m$l$ メスフラスコ 1 本分にしかならない．試料の打込み量を 100 μ$l$ とすると 1 m$l$ の試料が 10 回測定できる．これは"捨てる"ことの削減に大きく寄与しており，ゼロエミッション化に近い分析法と考えてよい．また，試料注入から検出までの時間が 3 分を要するとすると 1 時間あたり 40 本の応答シグナルを得ることができる．マニュアルでは手早く操作しても 1 時間に 10 本がやっとである．

ゼロエミッションとは廃棄物の削減・不廃棄を目指すもので，これからの化学の発展に不可欠な事項である．

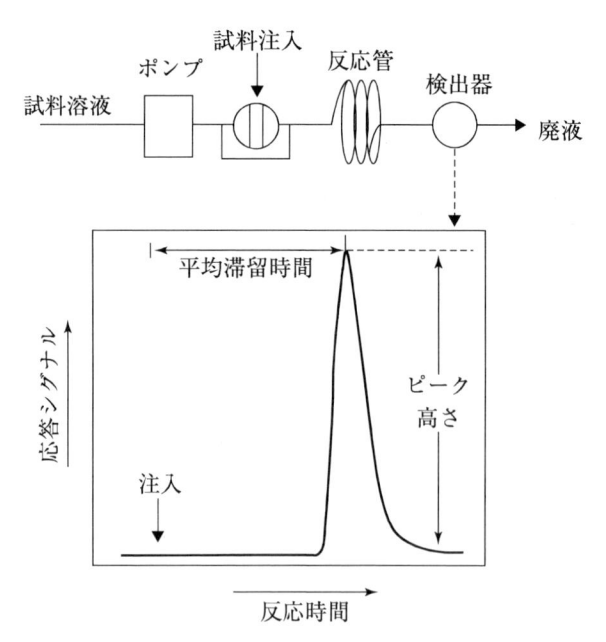

図 4.23 シングル流路と検出シグナル
[高島良正, 与座範政 編, "図説フローインジェクション分析法 基礎と実験", 広川書店 (1989), p.35を一部変更]

また試料注入をオートサンプラーでやれば迅速化と自動化が完璧に推進される. 図 4.23 にもっとも簡単な流路構成と応答シグナルの関係を示す.

FIA法は新しく発展した機器分析法であり, 以下に特徴をあげる.

(1) 迅速分析・多検体分析 (平均 40〜50 試料/h) ができる.
(2) 簡便性と安価 (低圧ポンプ, 検出器, レコーダー, テフロンチューブで組立て可能)
(3) 少試料・少試薬 (試薬濃度は $10^{-4}$〜$10^{-5}$ M, 流速 0.5〜1 m$l$ min$^{-1}$, 試料量 20〜200 μ$l$)
(4) 容易な繰り返し測定 (測定時に異常値の確認と再測定が即実施できる)
(5) 種々の化学反応の導入 (文献に頼らず自分の知っている化学反応が利用できる)
(6) 反応系により検出器を自由に選択
(7) 感度の低い化学系でもシグナルの増幅が可能
(8) 試料注入による個人誤差がない (ピペットを使わず, 打込み量は試料注入ループで制御)
(9) 検出システムが整えば化学の知識がなくても利用が可能 (スキルフリー)
(10) 1〜10 ppm の測定では相対標準偏差 (RSD) は 1% 以下.

(11) 実験環境・実験者を汚染しない

**b. FIA はなぜ迅速なのか**

マニュアル法で分析するとき"反応時間"を十分に取る．これは反応が完結した状態すなわち，化学平衡に到達した時点で測定するためである．また，試薬は大過剰に加えられる．ところが，FIA 法では反応が完結しない過渡的状態で測定することができる．図 4.24 にその様子を示す．

FIA は過渡的状態での検出が可能なので分析速度が速い．

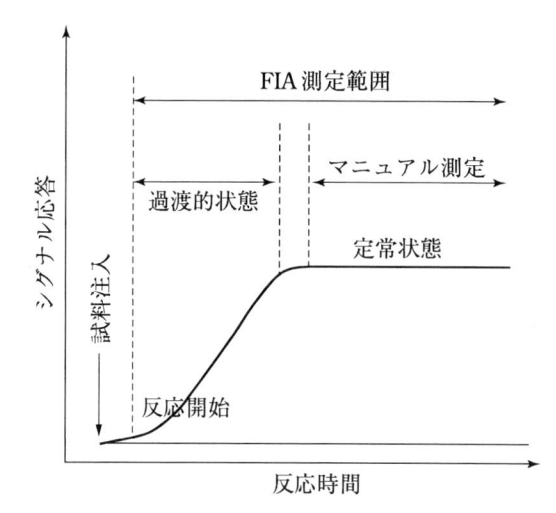

**図 4.24** 反応時間に対するレスポンス強度
［本水昌二，"各種分析手法におけるサンプリング・試料調整法と前処理技術"，技術情報協会 (1993)，p. 557］

すべての反応が物理的に精密に制御されていれば，反応率が 100 % の状態で測定する必要性はなく，どの時点でも測定が可能となる．反応時間が短いとシグナルは当然低くなるが，長いと高いシグナルが得られ感度的には有利となる．"速さか感度か"は自ら選択すればよい．この反応時間は図 4.23 の"試料注入から検出器"までの反応コイルを調節することで容易にコントロールできる．また，フローセルの容量は 8〜18 μl と小さく短時間で検出器を通過する．物理的制御とは"再現性のよい溶液の送液，試料の注入，反応場の一定性"が成り立つことである．送液はプランジャー型低圧無脈流ポンプが市販されており流速の変動は極めて少ない．

**c. FIA システムの組立て**

化学反応が固体を生成する系は FIA には不適当であるが，均一溶液系の化学反応はほとんど FIA に導入でき，そのシステムは容易に組み立てることができる．もっとも一般的なシステムを図 4.25 に示す．

(a)は，たとえば 1,10-フェナントロリン (1,10-phen) を用いて Fe

**図 4.25** FIA に用いられるフローシステム
[酒井忠雄, 第3回 FIA 分析技術講習会テキスト, JAFIA 研究懇談会 (1999)]

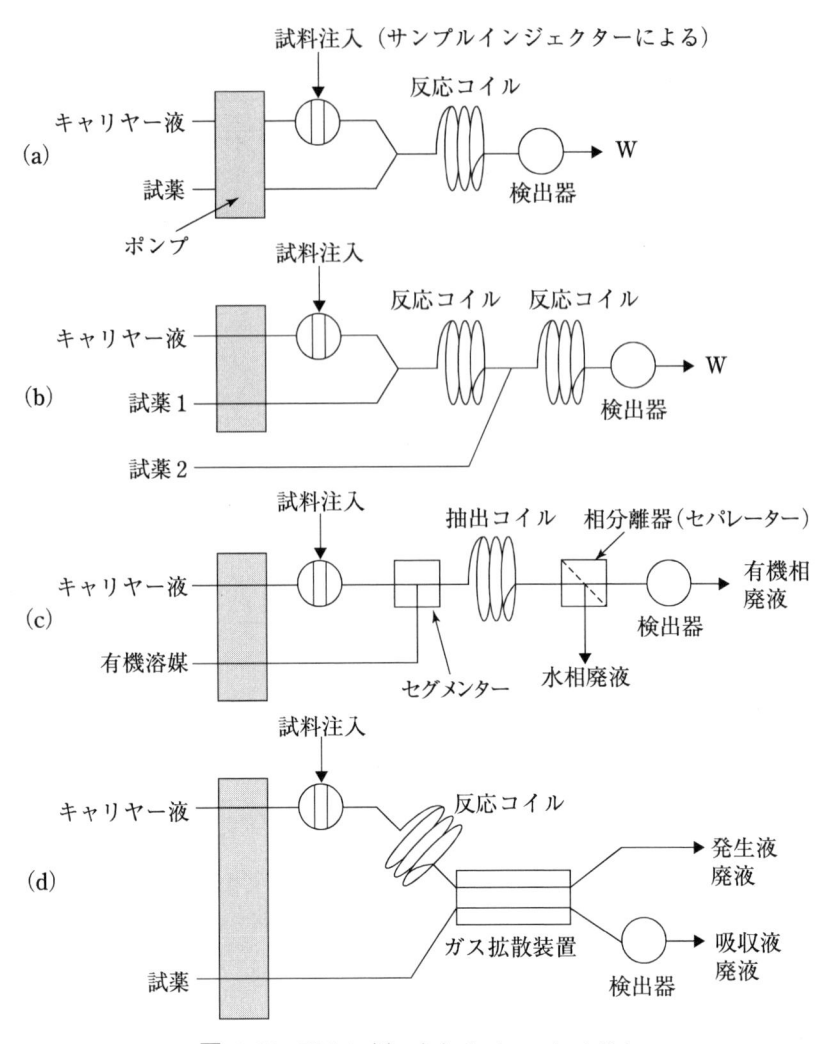

フローシステムの組立てに化学の知識が役立つ.

(II) を分析する場合はキャリヤー液に 0.1 M HCl を, 試薬としてバッファーに溶かした 1,10-phen を送液し, サンプルインジェクターを用いて, Fe (II) が含まれる試料を注入すればよい.

(b) は2種類の反応試薬を必要とする例で, 発色試薬と還元剤 (酸化剤) を用いるときなどはこのシステムでよい.

(c) は溶液抽出をオンラインで行う例で, この場合は有機相と水相を分離回収するための相分離器 (セパレーター) を必要とする.

(d) はガス拡散分離器を装着した例である.

**装 置**

(1) チューブ：PTFE 製の 0.25, 0.5, 1.0 mm のものが一般的である. 0.25 mm のものは背圧コイルとして使われる. コイルはストレートや螺旋状に巻くより2本のガラス棒に8の字型に巻く方がよい. ポン

プは液体クロマトグラフ用のものを利用できるが，高圧ポンプである必要はなくチャネル数の多いペリスタポンプも利用されている．

(2) ラインコネクター：図4.26に示すものがよく使われる．図はピーク製でチューブを差し込み接続するとコネクターの先端がフェラルのように働き，液漏れを防ぐ．

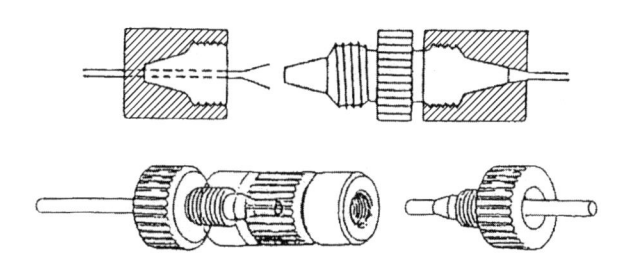

**図 4.26** ラインコネクター
[酒井忠雄，第4回 FIA 分析技術講習会テキスト，JAFIA 研究懇談会 (2001)]

(3) サンプルインジェクター：六方バルブがもっともよく用いられる．試料の注入量は試料注入ループで調節される．たとえば直径が0.5 mmで，長さが10 cmでは20 $\mu l$，30 cmでは59 $\mu l$，50 cmでは98 $\mu l$，100 cmでは100 $\mu l$の容量を打ち込んだことになる．図4.27にインジェクションバルブによる注入の様子を示す．

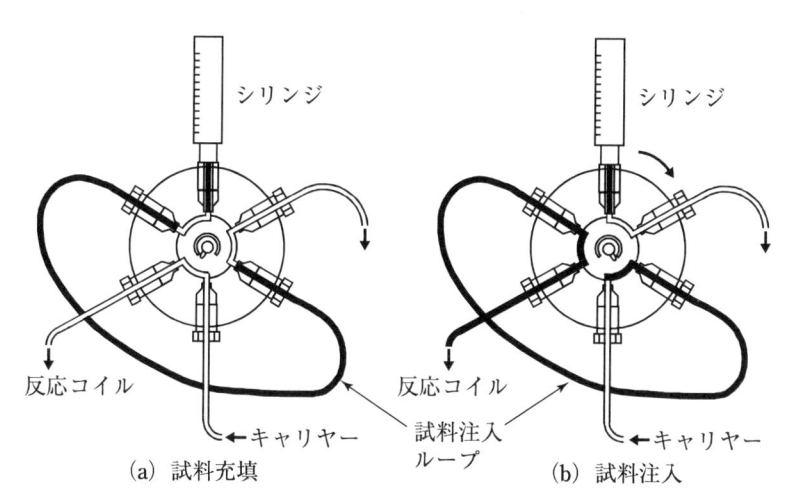

**図 4.27** サンプルインジェクターと溶液の送液ルート
[高島良正，与座範政 編，"図説フローインジェクション分析法 基礎と実験"，広川書店 (1998)，p. 18]

(4) 検出器：分光光度計，蛍光光度計，化学発光，電気化学検出，原子吸光光度計，ICP 発光光度計などほとんどの検出器が適用でき，目的に応じて選べばよい．汎用的には接続が容易な分光光度計，蛍光光度計，電気化学検出器がよく使われる．

**d. FIA の環境試料への適用**

**（1）ガス拡散膜を利用するアンモニアの分析** ガス透過用の材料は PTFE 膜やゴアテックスチューブが用いられ，この原理は $CO_2$, $Cl_2$, $H_2S$ などの分析に利用される．また，As や Sb は $NaBH_4$ などの還元剤を加えると，$AsH_3$, $SbH_3$ が発生するのでキャリヤーガスに乗せ，原子吸光光度計に導くと感度よく分析できる．

アミノ酸のような第一級アミンが $o$-フタルアルデヒドと反応して蛍光誘導体のイソインドール体を生成する．この反応を利用してアミノ酸を分析する．しかし，環境水に利用する場合，環境中に広く存在するアンモニアが妨害する．そこで，この反応を利用し，逆にアンモニアを分析するその方法の概略を図 4.28 に示す．

$NH_4^+$ はアルカリ性では $NH_3$ になるので，ガスとして回収できる．したがって他のイオン成分の妨害を受けずに測定できるメリットがある．

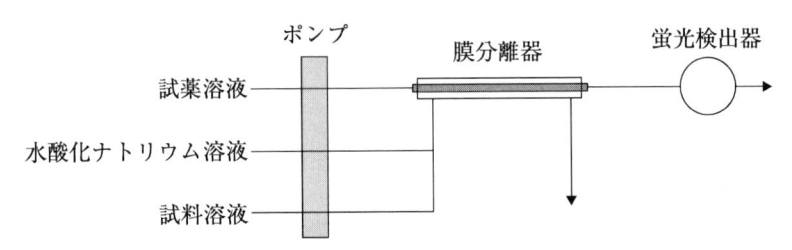

図 4.28 アンモニアの蛍光分析法の概略図

アンモニアを含む試料溶液がポンプで送られて，水酸化ナトリウム溶液と混合され，膜分離器の外管に導入される．膜分離器は二重管構造で，内管は気体透過膜，外管は硬質テフロン管からなっている．溶液中のアンモニアは，pH 9.3 以下ではアンモニウムイオンのイオン体，それ以上のアルカリ性ではアンモニアの分子体として溶存している．混合溶液中ではアンモニアとなり，内管の気体透過膜を通り，内管内を流れる $o$-フタルアルデヒド試薬溶液との反応でイソインドール体となり，蛍光検出される．環境水中のアミノ酸は，イオンであるため気体透過膜を透過できず，この反応を妨害しない．この方法で $0.3\,\mu g\,N\,l^{-1}$（励起波長 370 nm，蛍光波長 486 nm）の水中のアンモニアを高感度で検出できる．

このように，従来からある方法に分離法を系に加えることによって，選択性のある分析法に発展させることができる．

**（2）液液抽出による陰イオン界面活性剤の分析** マニュアル法では分液ロートを用いて有機溶媒と水相とを振とう器で撹拌し，水相中に存在する目的成分を有機相に抽出し，抽出相の成分測定を行う．陰イオン界面活性剤（$AS^-$）は陽イオン染料であるメチレンブルー（$MB^+$）を対イオンとして加えると水相中で（$AS^-$）（$MB^+$）会合体を生成し，ク

ロロホルム相に定量的に移行する．この会合は1：1なのでMB$^+$の吸光度を測定（$\lambda$ 625 nm）すればAS$^-$の濃度が求まる．イオン会合の反応式を下に示す．

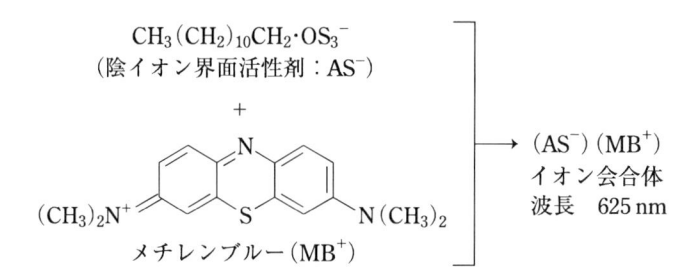

$$\left.\begin{array}{c} CH_3(CH_2)_{10}CH_2 \cdot OS_3^- \\ \text{(陰イオン界面活性剤：AS}^-\text{)} \\ + \\ \text{メチレンブルー（MB}^+\text{)} \end{array}\right\} \rightarrow \begin{array}{c} (AS^-)(MB^+) \\ \text{イオン会合体} \\ \text{波長 625 nm} \end{array}$$

この方法は操作が繁雑で時間を要する．JISでは試料水は100 m$l$であり，3回の抽出操作と有機相の洗浄を行う．溶媒は揮発性のクロロホルムを使用するので実験室および実験者の汚染を考えると好ましくない．しかし，この方法をFIAに導入すればクローズドでの実験が可能となる．抽出をオンラインで行うためのシステムが提唱されているが，（トルエン＋MIBK）の混合溶媒とマラカイトグリーン（MG$^+$）を利用したシステムを図4.29に示す．

オンライン抽出法は妨害物質の除去，溶質の濃縮に有効な方法で，陽イオン界面活性剤や陰イオン界面活性剤の定量に応用できる．

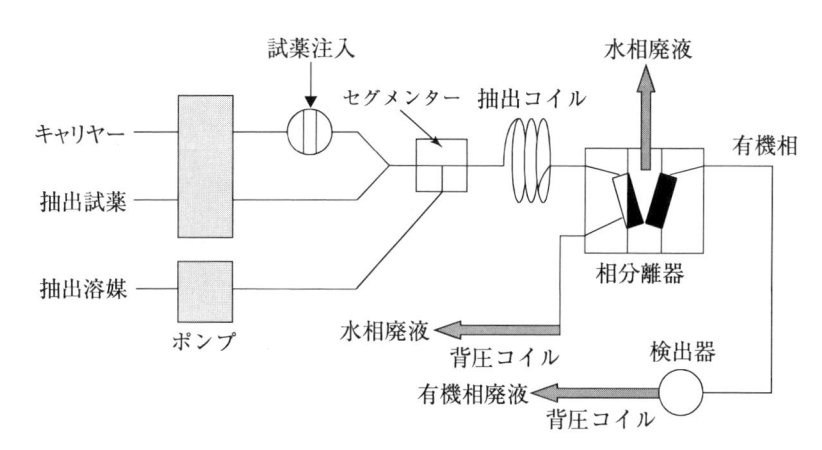

**図 4.29** 溶媒抽出を組み込んだFIAシステム
［T. Sakai, *et al.*, *Talanta*, **45**, 545 (1998)を改変］

MG$^+$溶液を送液し，そこにAS$^-$を含む試料を注入するとイオン会合体が生成する．他のポンプを用い抽出溶媒を送液し，セグメンターで混合すると水相と有機相のセグメントができ，この流れの中で(AS$^-$)(MG$^+$)会合体が有機溶媒相に移動する．有機相のみを相分離器で回収し吸光度を測定すればAS$^-$の濃度が求まる．相分離には通常孔径0.8 μmの疎水性PTFE膜をハサミで形状に合わせて切り取ったものを挟む．

FIA法はJISや感度にこだわらなければ目的に合わせ実験者が理解している化学反応を導入すればよい．たとえば鉄を分析する場合，高感

度試薬として開発されたピリジルアゾ系の発色試薬が最近使われるが，ppmオーダーであれば1,10-phenやTPTZで十分である．また，時々標準溶液を注入し流路や検出器のチェックをすれば安心してデータを提供できる．FIAはさまざまな応用へ展開できる簡便な機器分析法で，安価でゼロエミッション化を考慮した手法として注目されている．

## 4.8 原子吸光分析法

分析しようとする元素が原子の状態で気相中にあるとき，そこに適当な波長（エネルギー）の光を通すと，もしその光がその原子固有のスペクトル線であれば吸収が起こる．この現象を原子吸光（atomic absorption）といい，これを利用するのが原子吸光分析法（atomic absorption spectrometry；AAS）である．原子吸光分析法の特徴は，①一般に非常に高感度である，②共存する他元素（成分）の影響を比較的受けにくい，③溶液分析であるので検量線の作成が容易である，④固体試料でも，ほかの分析法に比べて前処理が簡略である，などがあげられる．しかしながら難点として分析目的元素ごとに光源ランプが必要である．

### a．原子吸光分析の原理

いま，厚さ$l$の原子蒸気層に振動数$\nu$の光が入射して原子吸光が起こる場合を考えると，入射光の強度を$I_\nu^0$とするとき，透過光の強度$I_\nu$は次式で表される．

$$I_\nu = I_\nu^0 \exp(-K_\nu l) \tag{4.29}$$

式（4.29）中の吸光係数$K_\nu$は振動数$\nu$によって変わる．すなわち，原子の吸光線は線幅の広がりを有するので，実際にはその振動数の広がりの範囲で積分した値が観測される．

原子のスペクトル線（発光線，吸光線とも）の線幅の広がりには，自然幅，ドップラー広がり，ローレンツ広がり，ホルツマーク広がり，ゼーマン広がり，シュタルク広がり，自己吸収による広がり，同位体の超微細構造による広がりなどがある．

ここでは吸光線の線幅がドップラー広がり（$\Delta\nu_\mathrm{D}$）のみによって決まるとした場合に，式（4.29）中の$K_\nu$の代わりに吸収波長位置（中心）における極大吸光係数$K_0$で近似すると，

$$K_0 = \frac{2}{\Delta\nu_\mathrm{D}} \sqrt{\frac{\ln 2}{\pi}} \frac{\pi e^2}{mc} N_0 f \tag{4.30}$$

が得られる．ここで，$e$は電子の電荷，$m$は電子の質量，$c$は光速，$N_0$は原子吸光に関与する単位体積あたりの原子数（原子密度），$f$は振動

**線幅の広がり**
自然幅：励起原子の有限の寿命による幅．
ドップラー広がり：原子のランダムな熱運動に伴う広がり．
ローレンツ広がり：他種原子との衝突によって生ずる広がり．
ホルツマーク広がり：同種の原子の衝突または接近によって生ずる広がり
ゼーマン広がり：磁場の影響によって生ずる広がり．
シュタルク広がり：電場の影響によって生ずる広がり．

子強度 (oscillator strength) である．

原子吸光分析で実際に測定される量は吸光度 $A_s$ であり，式 (4.29) を変形すると，

$$A_s = \log\left(\frac{I_\nu^0}{I_\nu}\right) = K_\nu l \ln e \tag{4.31}$$

となり，ここで $K_\nu$ を $K_0$ で近似的に表すと，

$$A_s = 0.4343 K_0 l \tag{4.32}$$

が得られ，式 (4.32) に式 (4.30) を代入すると，次のようになる．

$$A_s = 0.4343 \frac{2}{\Delta\nu_D} \sqrt{\frac{\ln 2}{\pi}} \frac{\pi e^2}{mc} N_0 fl \tag{4.33}$$

式 (4.33) の関係より，吸光度と原子蒸気層中の基底状態の原子数 $N_0$ の間に比例関係があることが示されたことになる．

### b. 原子吸光分析装置

原子吸光分析では，目的元素の原子蒸気をつくり，その蒸気層に目的元素に固有な波長の光を通して吸光度（原子吸光シグナル）を測定する．そのために原子吸光分析装置は一般に，光源部，試料原子化部，分光部，測光部の四つに大別される．図 4.30 に装置の概念図を示す．原子吸光分析では光源部と原子蒸気をつくる試料原子化部にもっとも特色がある．分光部と測光部は普通の可視・紫外分光光度計の場合と同じである．

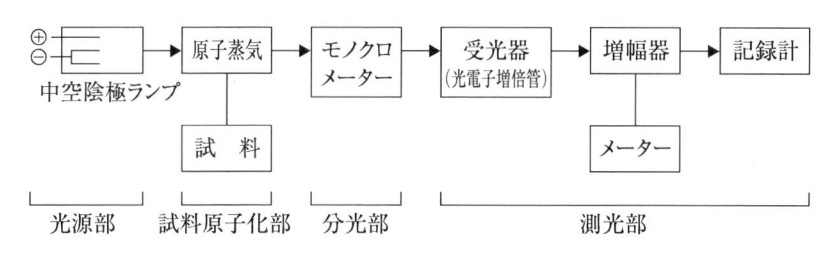

図 4.30 原子吸光分析装置の概略

光源として一般に用いられるのは中空陰極ランプ (hollow cathode lamp, 図 4.30 参照) である．これは通常，各元素に専用のもので，陰極に目的元素が組み込まれており，その元素に固有の波長の光を発する．したがって，分析目的元素に対してそれぞれのランプが必要になる．

試料を原子化して原子蒸気をつくるのに，現在もっとも広く用いられているのは化学炎である．化学炎はバーナーを用いてつくられるが，そのバーナーとしては図 4.31 に示すようなスロットバーナー (slot burner) がよく用いられる．一般には，多くの元素には空気-アセチレン炎（最高温度 2300°C）が用いられ，アルミニウムなどのように炎中で難解離

**振動子強度**
放射遷移を受ける 1 原子あたりの電子の数である．単位時間に電子遷移を受ける原子が光子を吸収したり，放射したりする確率を表す．

化学炎の熱エネルギーによらない原子化方法のうち電気加熱による原子化などの無炎原子化法と溶液噴霧によらない水素化物生成法の利用については後述する．

**噴霧器**(nebulizer)
化学炎中に試料溶液を導入するために，溶液をノズルから吹き出して微細粒子(エアロゾル)をつくる装置である．この噴霧器は，噴霧された試料溶液の微粒子を，さらに細かにする一方，大きい粒子と分離する作用をもつ噴霧室(spray chamber)と併用される(図4.31参照)．

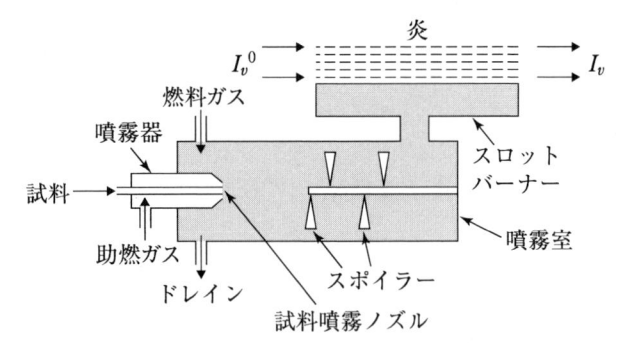

図 4.31 原子吸光分析装置のバーナーシステム

性の化合物（酸化物など）をつくる元素に対しては，その原子化に相当な高温を要するので，比較的温度の高い一酸化二窒素-アセチレン炎（最高温度 2750℃）を用いる．

### c. 干渉現象

原子吸光分析における干渉現象とは，試料が噴霧され，原子化されて原子吸光が起こるまでの諸過程が複雑に作用し，その結果として吸光度（または原子吸光シグナル）の変化をもたらすことをいう．干渉現象を大別すると，化学干渉，物理干渉，分光干渉，イオン化干渉などがあげられる．干渉は，実際に定量操作を行う場合に大きな誤差要因となるので，あらかじめ干渉除去（抑制）の対策を講じなければならない．干渉除去の対策として標準添加法の適用や標準溶液と分析試料溶液の組成などをできるだけ同じにするマトリックスマッチング (matrix matching) 法の利用などがある．

### d. バックグラウンド吸収

化学炎中などで原子を生成する際には，同時に分子種も生成する場合がある．この分子種による吸収がバックグラウンド吸収とよばれ，分光干渉の一種である．この分子種による吸収波長が分析元素の測定波長に重なる場合にはバックグラウンド吸収が起こり，その結果，原子吸光シグナルは見かけ上大きくなり，正の誤差を生ずる．

代表的なバックグラウンド吸収補正法には，非共鳴近接線による方法，連続スペクトル光源による方法，ゼーマン効果による方法，発光線（共鳴線）の自己反転を利用する方法などがあり，市販装置には，連続スペクトル光源による方法あるいはゼーマン効果による方法が組み込まれている．

### e. 無炎原子吸光分析

化学炎によらない無炎原子化の方法には，①還元気化-常温原子化，②熱分解-常温原子化，③還元気化-加熱原子化，④金属抵抗体加熱原子化，⑤炭素抵抗体加熱原子化，⑥高周波誘導加熱原子化，⑦陰極スパッ

タリング法，⑧レーザーやプラズマを用いる方法などがある．

このうち，①と②は常温で気体として存在できる水銀にのみ適用され，この無炎原子化法によって水銀の測定感度が飛躍的に向上した．この場合，溶液中の水銀は塩化第一スズなどの還元剤（水素化ホウ素ナトリウムも用いられる）を加えると，

$$Hg^{2+} + Sn^{2+} \longrightarrow Hg^0 + Sn^{4+} \qquad (4.34)$$

の反応によって水銀蒸気となり，生成した水銀蒸気を石英セルに導き，原子吸光を測定する．現在ではppb～ppt濃度やng～pg絶対量の水銀がこの方法で容易に定量できる．

③はヒ素，セレンなどの水素化物を加熱石英セルに導いて原子化する方法（還元気化法）である．溶液中で還元されて気体状の水素化物を生成し，原子吸光の測定に利用される元素は8種類で，それぞれの水素化物は，$AsH_3$(arsine)，$BiH_3$(bismuthine)，$GeH_4$(germane)，$PbH_4$(plumbane)，$SbH_3$(stibine)，$H_2Se$，$SnH_4$(stannane)，$H_2Te$ である．現在もっとも一般的に利用される還元系は水素化ホウ素ナトリウム（テトラヒドロホウ酸ナトリウム）-酸還元系で，次の反応によって水素化物が生成する．

$$NaBH_4 + 3H_2O + HCl \longrightarrow H_3BO_3 + NaCl + 8H\cdot$$
$$\xrightarrow{M^{x+}} MH_y + H_2 (過剰) \qquad (4.35)$$

ここで，$x=y$ または $x \neq y$ で，Mは目的元素である．この還元系の酸性度は分析元素によって若干異なる．

④と⑤の方法は抵抗発熱体を電気加熱し，そのジュール熱によって，1000～3000℃で原子化を行うことから電熱加熱原子化（electrothermal atomization）ともいう．この抵抗発熱体としては，④ではタンタル，タングステン，モリブデン，白金など，⑤ではグラファイトが用いられる．

ここでは市販装置に利用されている⑤の方法について，少し詳しく述べる．

この方式はグラファイト炉原子吸光分析（graphite furnace atomic absorption spectrometry；GFAAS）とよばれ，図4.32に示すMassman炉アトマイザーが現在の市販装置の原型となっている．グラファイト炉アトマイザーでは，試料溶液の注入から原子の生成するまでの過程を次にあげる

(1) マイクロピペットで5～100 $\mu l$ 量の試料溶液を抵抗体であるグラファイトチューブ（あるいはカップ）内に注入する（図4.32参照）．

(2) 100℃程度の温度で数秒～数十秒間溶液中の溶媒（水）の蒸発を

**水銀の冷原子吸光分析**
(cold vapor atomic absorption spectrometry for mercury)
水銀は室温でも比較的大きな蒸気圧を有する．そのため，原子吸光分析装置の光路中に，化学炎の代わりに石英窓付試料セルを置き，式(4.34)で生成した水銀蒸気を入れて原子吸光シグナルを得ることができる．このような測定はすべて室温で行うことができることから，この名称でよばれている．

**グラファイト炉アトマイザー**（graphite furnace atomizer）
化学炎を用いる原子化は操作が簡便で，経験が比較的乏しい者でも良好な測定値を得ることができるが，原子の生成が不十分で，生成した原子が測定系から速やかに散逸してしまう．また，化学炎中で生成するラジカルが目的元素と化合物を生成し，そのため中性原子が減少する．さらに，噴霧器の噴霧効率も低濃度元素の定量を妨げる．多量の試料溶液を必要とすることも化学炎原子化の欠点である．少ない試料量で，高感度測定ができるアトマイザーとしてグラファイト炉などを電気的に加熱する方式の代表例となるグラファイト炉アトマイザーが開発され，商品化されている（図4.32参照）．

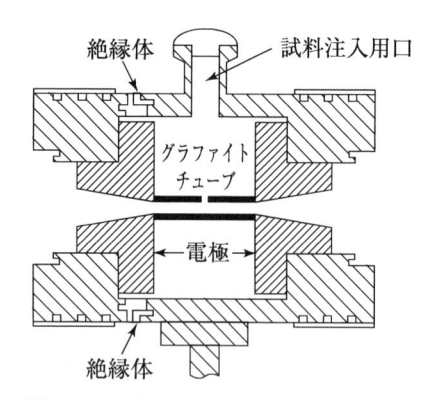

**図 4.32** グラファイト炉アトマイザー

行う．この過程を乾燥（drying）という．

(3) 数百度の温度で一定時間，試料中の有機物または化合物（分子種）を分解する．この過程を灰化（ashing）または炭化（charring）という．

(4) 数秒間に大電流を流し，グラファイトチューブの温度を急激に1000〜3000℃に上げて原子化を行い，このときの瞬間的な原子吸光シグナルを記録する．この最終過程を原子化（atomizing）という．

一般的には，原子化過程の原子吸光シグナルだけを記録する．なお，グラファイト炉原子吸光分析は，高感度，迅速，簡便で，試料が少量でよいなどの特徴がある．

原子吸光分析法は，後述する発光分析法とともに，元素の輝線スペクトルを利用した高選択性・高感度分析法であるが，測定の簡便さの点で原子吸光法がもっとも優れていて，今や原子吸光分析装置は分光光度計なみに広範な分野で利用されており，金属元素分析には不可欠なものとなっている．

## 4.9 原子発光分析法

試料中に含まれる分析対象元素を，アーク放電，スパーク放電あるいは誘導結合プラズマなどによって，蒸発・気化し，励起・発光させ，このときの光を分光器により分光すると，波長の順に配列された原子（発光）スペクトルが得られる．この原子スペクトル線の波長および強度を測定して原子（元素）の種類（定性分析）と濃度（定量分析）を決めることを原子発光分析法（atomic emission spectrometry）という．

### a. 原子発光分析の原理

試料にアークやスパークなどから熱エネルギーを与えると，試料分子が分解して原子になる．原子は，図4.33に示すように，原子核とそれを取り巻くさまざまな軌道上を運動する電子から構成されている．

## 4.9 原子発光分析法

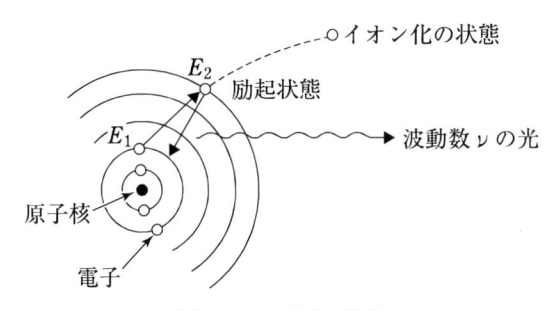

**図 4.33** 原子の発光

この原子が励起されると，最外殻の軌道電子は基底状態（$E_1$ のエネルギー準位）から高いエネルギー準位 $E_2$ の軌道（励起状態）に移る．しかし，この電子は約 $10^{-8}$ 秒後に再び低いエネルギー準位 $E_1$ の軌道に移る．このときに，次の式 (4.36) で示すように，両状態間のエネルギー差に基づく，元素固有の振動数 $\nu$ または波長 $\lambda$ の光が放射され，この光を分光すると，波長順に分かれた原子スペクトル線が観測される．

$$E_2 - E_1 = h\nu = \frac{c}{\lambda} \tag{4.36}$$

ここで，$h$ はプランク定数，$c$ は光速（$3 \times 10^{10}$ cm s$^{-1}$）である．

**共鳴線**(resonance line) 原子やイオンが，外部からの光を吸収し，もとの基底状態に遷移するときに放射するスペクトル線である．

発光分析法では，原子から放射されるスペクトル線を中性原子線とよび，波長表では FeⅠ，MgⅠ などのように元素記号の後に Ⅰ を付け，イオンからのものをイオン線といい，FeⅡ，MgⅡ のように Ⅱ の符号を付けて区別する．

いま，図 4.34 に示す原子のエネルギー準位図において，励起準位 n にある単位体積あたりの原子の数を $N_n$，n 準位から m 準位への自発遷移確率を $A_{nm}$ とすれば，式 (4.36) から，スペクトル線強度 $I_{nm}$ は，

$$I_{nm} = N_n A_{nm} h\nu \tag{4.37}$$

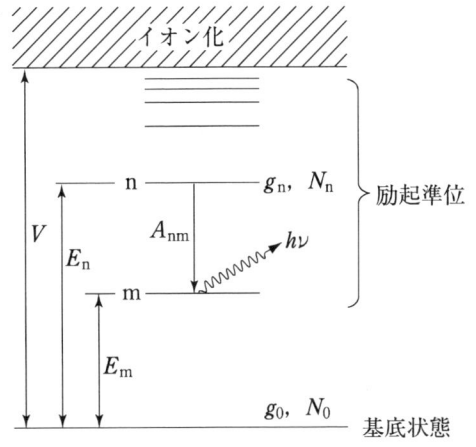

$V$：イオン化エネルギー
$E_n, E_m$：励起エネルギー
$\Delta E = E_n - E_m = h\nu$

**図 4.34** エネルギー準位図

**アーク発光分析法**
発光熱エネルギー源としてアーク放電(100〜300 V，約 100 A cm$^{-2}$)を用いる．

**スパーク発光分析法**
発光熱エネルギー源としてスパーク放電(10〜30 kV，100〜1 000 kA cm$^{-2}$)を用いる．

**プラズマ**(plasma)
プラズマとは，高温において電離した陽イオンとそれとほぼ同数の電子，さらに中性分子や原子からなっており，空間電荷がほとんどゼロの中性電離気体である．したがって，プラズマは，固体，液体，気体とは非常に異なった性質を有することから，物質の"第四の状態"ともよばれ，このようなプラズマ状態は，アーク，スパーク，ICPなどの小規模なものから核融合や MHD 発電などの大規模なもの，さらに自然界におけるオーロラ，電離層，太陽，星間空間など，多くの現象において見られる．

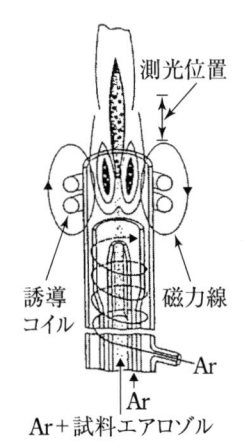

図 4.35 誘導結合プラズマ（ICP）

となる．$A_{nm}$ はだいたい $10^7 \sim 10^8\,\mathrm{s}^{-1}$ である．一方，熱平衡の気相中では，励起状態の原子の数 $N_n$ と基底状態の原子の数 $N_0$ との間には次式のボルツマンの分布則が成り立つ．

$$\frac{N_n}{N_0} = \frac{g_n}{g_0} \exp\left(-\frac{E_n}{kT}\right) \tag{4.38}$$

ここで，$g_n$，$g_0$ はそれぞれ励起状態，基底状態の統計的重率で，$E_n$ は励起エネルギー，$k$ はボルツマン定数，$T$ は気相の絶対温度である．

式 (4.37) と (4.38) から

$$I_{nm} = N_0 \frac{g_n}{g_0} A_{nm} h\nu \exp\left(-\frac{E_n}{kT}\right) \tag{4.39}$$

が得られる．式は (4.39) から，スペクトル線強度は原子数 $N_0$ に比例し，気相温度とともに指数関数的に増大することがわかる．

発光分析法では，熱エネルギーの供給源の相違により，アーク発光分析法やスパーク発光分析法のようによばれるが，ここでは，現在もっとも幅広く活用されている誘導結合プラズマ (inductively coupled plasma；ICP) を励起光源とする ICP 発光分析法について，詳しく述べる．

**b．ICP 発光分光分析法**

ICP では，通常アルゴンをプラズマガスとして用い，点灯されたプラズマは図 4.35 に示すように，中心に低温かつ低電子密度の領域を生ずる"ドーナツ"（トロイダルともいう環状）構造を有する．このような ICP を発生するのに用いるプラズマトーチは，三重管構造の透明石英ガラス管であり，アルゴンガスを 3 流路で流す．プラズマトーチの先端付近の周囲に 2〜4 回巻きつけた誘導コイル（水冷銅管）に高周波電流を流し，テスラーコイルでトーチ内を流れるアルゴンガスの一部を電離し，放電を行うと電子やイオンを発生し，トーチ先端部にプラズマが点灯する．このプラズマ発生の過程は，高周波誘導によるもので，次のように説明される．

まず，誘導コイルを高周波電流が流れると，図 4.36 に示すようにプラズマトーチ管内を通るだ円形閉曲線の磁力線が生じて高周波磁界ができる．電磁誘導によって，この高周波磁界の時間的変化に比例した電界（うず電流）が発生する．テスラーコイルの放電で生じた電子やイオンは，この電界によって加速され，高エネルギーを得る．加速された高エネルギー電子は，周囲のアルゴンガスと衝突を繰り返し，その一部を電離し，新たに電子とアルゴンイオンを生成する．

このように，ひとたび放電が開始されると，電子とアルゴンイオンの増殖効果によってアルゴン原子が急激にイオン化され，プラズマが定

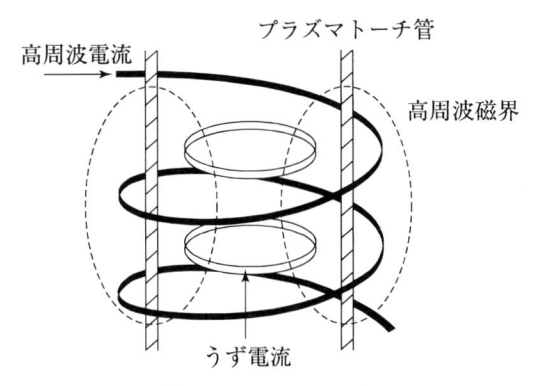

図 4.36 ICP の発生

常的に生成・維持される.

### c. ICP 発光分光分析装置

ICP を励起光源に用いた発光分光分析装置は，高周波電源部，光源部（プラズマトーチ，試料導入部を含む），分光部，測光部（データ処理を含む）などから構成されている．その概略を図 4.37 に示す．

通常 ICP に適用される試料形態は溶液である．溶液の導入にはクロスフロー型ネブライザーや同軸ガラス製ネブライザーが一般的に用いられている．標準的なネブライザーで実際に ICP 中に到達する試料の導入効率は，吸い上げ量 ($0.3〜2\,\mathrm{m}l\,\mathrm{min}^{-1}$) の 2〜5％程度である．

**加熱気化導入法**(electrothermal vaporization method)
グラファイト炉や高融点金属のヒーターに試料液滴数 $10\,\mu l$ をのせ，乾燥後気化して ICP に導く方法である．この ETV 法によれば，目的元素の気化に先立ち，酸や溶媒あるいは揮発性元素を蒸発・除去することができるため，これらに起因するスペクトル干渉から逃れることができる（図 4.32 参照）．

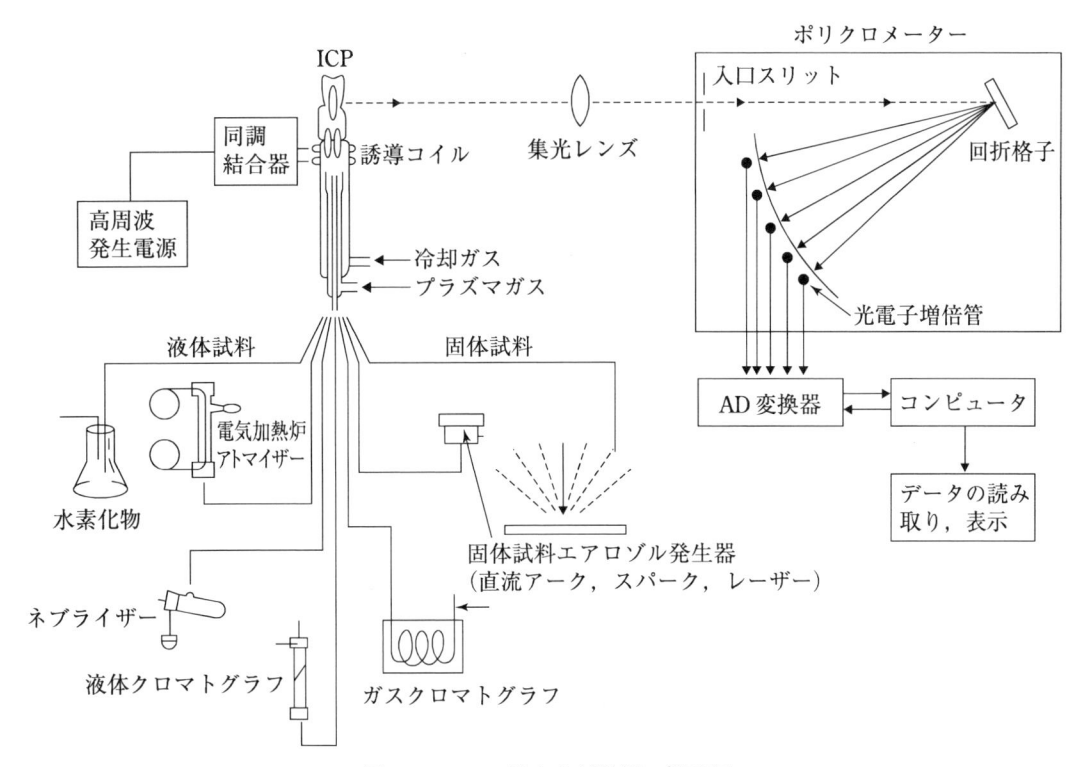

図 4.37 ICP 発光分析装置の概略図

図4.37には霧吹き型ネブライザーのほかに，様々な試料導入の方法を図示した．4.8節eで述べたような水素化物をICP中に導入する高感度化の方法，原子吸光分析でよく用いられている電気加熱アトマイザーを利用する方法，ガスクロマトグラフィーや液体クロマトグラフィーを利用する方法，固体を溶解することなく直接にサンプリングする直流アーク，スパーク，レーザーなどの利用（アブレーション法という），そしてグラファイト棒の先端をカップ状に加工して粉末や固体（小片）試料をプラズマトーチ中心部からICP中に直接導入する方法などがある．

**レーザーアブレーション法**
(laser ablation method)
溶液化しにくい岩石・鉱物試料やファインセラミックスについては，固体試料を直接ICPに導入する方法の代表例である．レーザーによる微粒子生成過程はいまだにわからないことが多いが，おもに加熱・溶融された融成物の気化，あるいは融成物の噴出などによって起こると考えられている．つまり，微粒子（エアロゾル）の生成は，試料の熱特性（熱伝導度，熱容量，沸点など）とレーザーの特性（エネルギー，パワー密度，尖頭出力，吸収性と反射性，発振周波数など）に依存する．

ICPからの光は集光レンズで分光器の入口スリット上に集光される．この光束中には測定に使われるスペクトル線だけでなく，試料に含まれるすべての元素や分子のスペクトル，プラズマを形成するアルゴンのスペクトルなどの線スペクトル，帯スペクトル，連続スペクトルが含まれるので，元素ごとに目的のスペクトル線を分離して選び出す必要がある．その分光器としてはポリクロメーター，モノクロメーターやエシェル分光器などが用いられる．

#### d．ICP発光分光分析の特徴

ICP発光分光分析の利点と欠点は次のとおりである．

［利点］
(1) 広範な元素について高感度である．とくに，原子吸光分析法では定量困難とされているホウ素，セリウム，ランタン，ニオブ，リン，トリウム，ウランなどの元素も容易に定量できる．
(2) 検量線の直線範囲が非常に広い（4〜6桁）．
(3) マトリックス効果（化学的な干渉）が極めて少ない．
(4) プラズマが安定であるので，長時間にわたり測定精度がよい．
(5) プラズマ中の電子密度が高いため，イオン化干渉がほとんどない．
(6) 多元素同時分析ができる．現在，最大数60元素まで可能である．

検量線の直線範囲が広いのは，試料エアロゾルがドーナツ構造のプラズマの中心部に効率よく入り，試料が周辺部に拡散することが少ないので自己吸収や自己反転が起こりにくいためである．

ICPが高温で励起効率が高いので，アルゴンや試料マトリックスなどに起因する様々なスペクトルが分析線に近接したり，重複する．

［欠点］
(1) 分光学的な干渉がある．
(2) 連続発光のバックグラウンドの変動がある．
(3) 溶液の粘性，表面張力，塩類や酸濃度などの変化による物理学的な干渉が問題となることがある．
(4) アルゴンの消費量（15〜20 $l\,min^{-1}$）が多いためにランニングコストが高い．
(5) 装置が高価である．

#### e．ICP質量分析法

ICPのようなプラズマ中では，分析元素の原子のみならずイオンも

効率よく生成することから，イオン線がICP発光分析法の分析線として用いられる場合が多い．このようにICPが励起光源であるとともに有用なイオン源であることに着目して，ICPをイオン源とする質量分析法がいろいろ研究・開発され，現在では実用的な装置として市販されている．

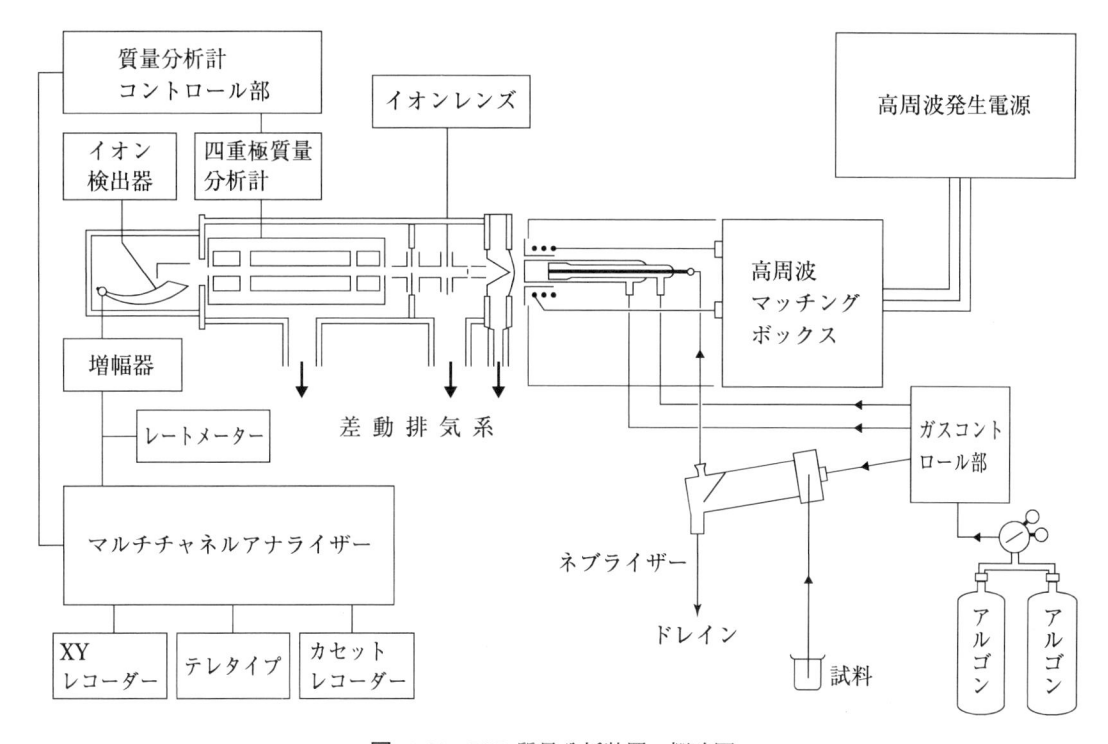

**図4.38** ICP質量分析装置の概略図

図4.38にICP質量分析装置の概略を示した．ICP発光分析法では通常ICPは垂直位置で点灯され，横方向から測光されるが，ICP質量分析法ではICPは水平位置で用いられる．この場合，大気圧で点灯したICPからイオンを取り込み，差動排気系によって分析部では高真空に排気され．したがってICP質量分析法では，イオン源であるプラズマ部と質量分析計との連結部(サンプリングインターフェイス)が装置開発上のもっとも重要かつ困難な点であった．現在では，水冷された銅，ニッケルまたはニッケル合金製オリフイス(口径400～800 μm程度のイオン取り込み口)にプラズマトーチをできるだけ近づけて，プラズマの高温部からイオンを取り込む．

図4.39にはICP質量分析法の典型的な質量スペクトルを示した．図中の$^{63}Cu^+$ピークはオリフイスの材質から生じたものである．一般にどの元素に対しても，ICP質量分析法は高感度であるが，とくにアルミニウム，ヒ素，コバルト，クロム，水銀，鉛，テルル，トリウム，チタン，

質量分析計は一般的には図4.38に示すような四重極質量分析計であるが，最近では二重収束型の高分解能質量分析計や飛行時間型質量分析計も用いられている．

**分子イオン干渉**（molecular ion interference）
プラズマ中には，多種類の分子イオンが生成し，干渉を引き起こす場合が多々ある．たとえば，塩化物イオンを含む溶液をアルゴンICP中に噴霧すると，$^{40}Ar^{35}Cl^+$（$m/z=75$）を生成するので，質量数が同じ単一核種元素であるヒ素（$^{75}As^+$）の定量が困難になる．この種の干渉に関する対策は各種の分離法の併用のほかに，ネブライザーガス中に，たとえば少量の窒素ガスを混入してArCl$^+$の生成を抑制することができる．これは，NCl$^+$を生成するためと考えられている．

**同重体干渉**（isobaric interference）
原子番号（陽子の数）は異なるが，質量数（陽子数と中性子数の和）の互いに等しい核種を同重体（isobar）という．たとえば，ICP中で生成する$^{40}Ar^+$と$^{40}K^+$と$^{40}Ca^+$などによる干渉が同重体干渉であり，この種の干渉を軽減あるいは除去するには，二重収束型の高分解能質量分析計を用いなければならない．

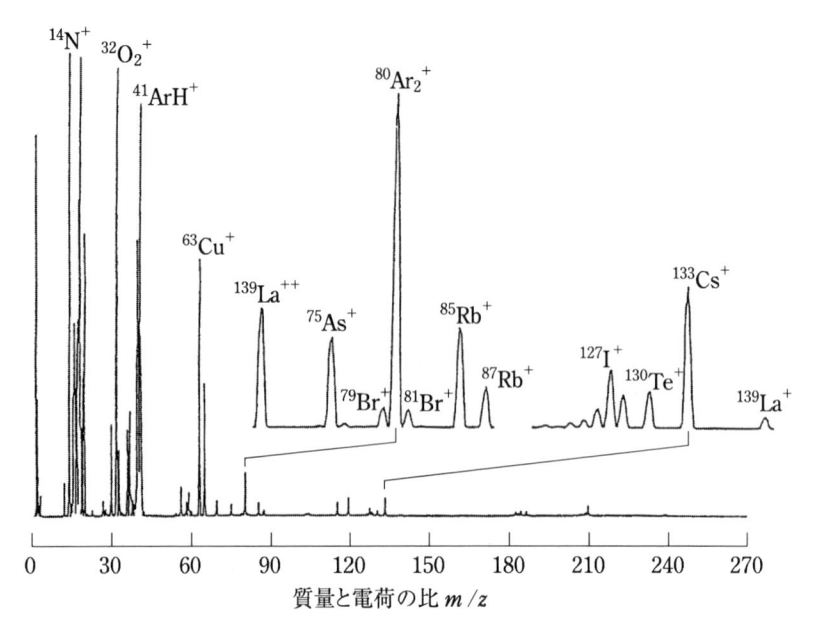

図 4.39 ICP質量スペクトル．試料：$5\,\mu g\,ml^{-1}$のAl, Co, As, Br, Rb, In, Te, I, Cs, La, W, Pb, Bi, Uの混合溶液（1% 硝酸酸性）．

ウラン，バナジウムなどに対して高感度である．

次にICP質量分析法の特徴をあげる．
(1) 多くの元素に対して高感度である．ICP発光分析法に比べて約2～4けた高感度である．
(2) ICP発光分析法で問題となりやすいスペクトル干渉が少ない．
(3) マトリックス効果が少なく，検量線の直線範囲が広く，さらに多元素同時定量ができる．
(4) 同位体比の測定ができ，同位体希釈分析に利用できる．

しかし，この装置が極めて高価である．

ICP発光分析法の急速な発展，普及に伴ってICPの諸特性が明らかになり，その特性をそのまま生かしながらICPをイオン源に用いる質量分析は，前述のICP発光分析法と同様に非常に高感度であるので魅力的な分析法であって，現在各方面に普及し，活用されている．現在では，ICP質量分析法は，現存する機器分析法の中で，もっとも高感度な微量元素分析法である．

## 4.10 電気化学分析

電気化学分析は容量分析との関係が深く，古くから機器分析の重要な一分野を占めてきた．

電気化学分析（electrochemical analysis）は，溶液試料を電気回路中に入れ，溶液中の化学種を電気化学的手法により分析または解析する方法で，溶液中の化学種の活量の変化に対応する電気的諸量（電位，

電圧，起電力，電気量，電流，周波数など）を測定する．電解に要した電気量と物質量との比例関係（ファラデー（Faraday）の法則），電極電位と試料溶液中の物質濃度との関係（ネルンスト（Nernst）式），電解電流と物質濃度の比例関係（イルコビッチ（Ilkovič）式など），溶液の電導度と物質濃度との比例関係などが，電気化学分析の基礎となる．

### a. 電気化学分析法の分類

電気化学分析法は，電極反応が問題になる場合とならない場合に大別される．後者には，電導度分析，高周波分析，誘電率測定などがある．電極反応が問題になる場合は，ファラデー電流が流れる場合と流れない場合に分類される．ファラデー電流が流れない場合は，試料溶液と電極により電池を形成し，ネルンストの式に基づく起電力（電位差）を測定する．ファラデー電流が流れる場合は，さらに電量分析，電流滴定，ボルタンメトリーなどに分けられる．

### b. 電位差測定分析法（ポテンシオメトリー）

電位差測定分析法は，溶液中のイオン濃度の測定に用いられる．目的イオンに感応する電極（指示電極；indicator electrode）と，参照電極（reference electrode）とよばれる目的イオン濃度に無関係に一定電位を示す電極を溶液中に浸漬し，電気化学的セル（電池）を形成させ，その起電力を高入力インピーダンス電圧計または電位差計（potentiometer）で測定する．ここで，適当な塩類の濃厚溶液を含む塩橋（salt bridge）を用いることによって，参照電極の浸っている溶液と試料溶液との間の電位差（液間電位差；liquid junction potential）を減らすことができる．

**塩 橋**
KCl，KNO$_3$，NH$_4$NO$_3$のように，陽イオンと陰イオンの移動度がほぼ等しい塩類の濃厚溶液をガラス管に入れた塩橋を用いると，液間電位差を数mV以下にまで低下させることができる．これらの溶液が試料溶液と混ざることを防ぐために，ガラス管の端にガラスフィルターを設けたり，溶液に適当量の寒天を加えてゲル状にしたものを用いたりする．

**液間電位差**
濃度や化学組成の異なる電解液の境界に生じる電位．これは境界を通るカチオンとアニオンの泳動速度の違いによって，電荷の分離が起こるために生じる．その値はしばしば数十mVで変化しやすいが，塩橋でつなぐことにより最小にすることができる．たとえば，KClやNH$_4$NO$_3$で飽和した寒天ゲルを用いると，その電位はわずか1〜2 mVである．

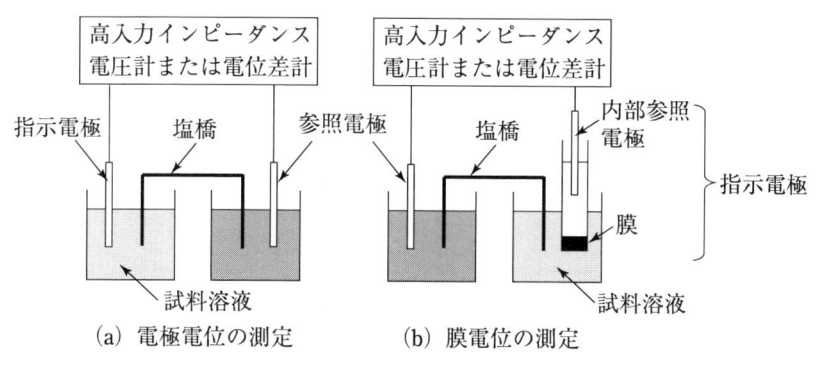

図 4.40　電位差分析における測定方法．指示電極電位は内部参照電極電位と膜電位の和である．

**（1）原　理**　金属イオン$M^{n+}$の水溶液中に同種の金属電極Mを浸したとき，金属原子は溶液中にイオンとなって溶出する傾向を示す．ここで，金属Mは酸化されて金属イオン$M^{n+}$となり，金属電極上に電

子を放出する．また，水溶液中のイオン $M^{n+}$ は，金属電極上に原子として析出する傾向を示す．ここで，$M^{n+}$ は電子を受け取り還元される．このときの反応は次式で示される．

$$M^{n+} + ne = M$$

この電極反応（酸化還元反応）が平衡状態にあったとすると，金属電極は溶液に対して一定の電位（平衡電極電位；equilibrium electrode potential）を示し，式(4.40)，すなわちネルンストの式で表される．

$$E = E_0 + \frac{RT}{nF} \ln \frac{[a_{M^{n+}}]}{[M]} \tag{4.40}$$

ここで，$R$ はガス定数，$F$ はファラデー定数，$T$ は絶対温度，$E_0$ は標準電極電位（standard electrode potential）である．

$R = 8.31 \, \mathrm{J\,mol^{-1}\,K^{-1}}$，
$F = 96\,500 \, \mathrm{C\,mol^{-1}}$，
$T = 298 \, \mathrm{K}$，$n = 1$ より，
$\frac{RT}{nF} \ln A = 0.059 \log A$

たとえば，硝酸銀水溶液に銀電極を浸漬させた場合には，電極反応は

$$Ag^+ + e = Ag$$

で，25℃とするとネルンストの式は

$$E = E_{Ag}^0 + 0.059 \log [Ag^+] \tag{4.41}$$

となる．したがって，$E$ を測定すれば，銀イオン濃度を知ることができる．

**（2）参照電極（基準電極）** 参照電極として代表的な電極を表4.2に示す．理想的な参照電極として，次のような項目を満たしていることが必要である．

(1) 参照電極での電極反応が可逆であって，ネルンスト式に従うこと．
(2) 電位が安定で経時変化がないこと．
(3) 温度が変化しても，一定の温度になれば一定の電位を出すこと．

すなわち，測定中，外的な因子によって電位変動があまり起こらない電極が参照電極には要求される．

表 4.2 おもな参照電極

| 参照電極 | 構 成[*2] | 電位 $E$ (NHE) V, 25℃ |
|---|---|---|
| 標準水素電極[*1] | $Pt(Pt)/H_2/HCl(a=1)$ | 0（基準） |
| 飽和カロメル電極 | $Hg/Hg_2Cl_2/$飽和 KCl | 0.2444 |
|  | $Hg/Hg_2Cl_2/1\,M\ KCl$ | 0.2801 |
| 銀・塩化銀電極 | $Ag/AgCl/$飽和 KCl | 0.196 |
|  | $Ag/AgCl/HCl(a=1)$ | 0.2223 |
| 硫酸水銀（I）電極 | $Hg/Hg_2SO_4/H_2SO_4(a=1)$ | 0.6152 |

[*1] normal hydrogen electrode (NHE).　[*2] $a$ は活量係数

### c. 電量分析法（クーロメトリー）

電量分析法は，電気分解に関するファラデーの法則に基づいて，電解の際に流れた電気量を測定し，目的成分を定量する方法である．水溶液中の金属イオンを白金陰極上に析出させたとき，その重量 $W$ はファラ

デーの法則により，

$$W = \frac{MQ}{nF} \tag{4.42}$$

で求められる．ここで，$M$ は金属イオンの原子量，$Q$ は電解に要した電気量（単位：C，クーロン），$n$ はイオンの価数，$F$ はファラデー定数（$96\,500\,\text{C mol}^{-1}$）である．ただし，この場合副反応が起こらないことが前提である，すなわちファラデー効率（Faradaic efficiency）が 100 % であることが必要である．電量分析法の代表的な分析法として，定電位電量分析法（controlled-potential coulometry）と電量滴定法（coulometruc titration）があり，これらを簡単に説明する．

**（1）定電位質量分析法** 図 4.41 のような装置を用いて定電位電解を行い，電量計（coulometer）により電気量を測定する方法である．まず，電解槽に支持電解質溶液を入れ，窒素ガスを通じて溶存酸素を除去した後，陰極電位を所定電位に設定し，一定の残余電流が流れるまで予備電解を行う．続いて，試料溶液を加え，再び溶存酸素を除いた後，本電解を行い，予備電解のときの残余電流になるまで要した電気量を測定する．

**ファラデーの法則**
（i）電流が通過することにより，電極上において析出または溶解する化学物質の質量は，通過する電気量に比例する．
（ii）同じ電気量によって析出または溶解する異なった物質の質量は，それらの化学当量に比例する．

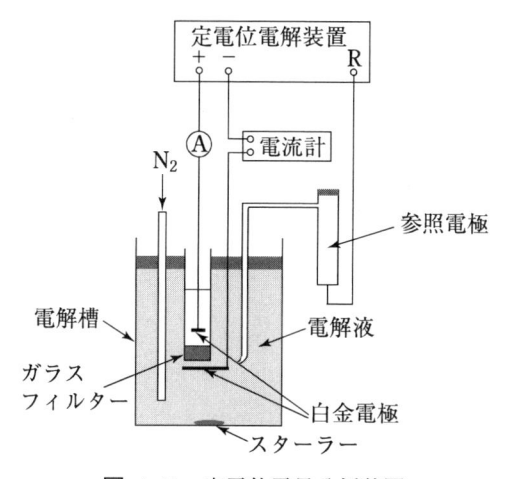

図 4.41　定電位電量分析装置

本法は，$Pb^{2+}$ や $Cu^{2+}$ のような金属イオンを電極に析出させる場合だけでなく，$Fe^{3+}$ や $Ti^{4+}$ などのイオンの還元のように，生成物が可溶性で電極に析出しない場合にも適用できる．

**（2）電量滴定法** 定電位電量分析法とは対照的に，一定電流で電解を行い，目的成分の定量的反応を起こさせ，その終点に達するまでの時間を測定し，時間×電流から電気量を求める方法を，定電流電量分析（constant-current coulometry）または電量滴定という．

この方法では電量計は不要であるが，強制的に一定電流が流れるよ

うに過電圧を変化させるので，目的物質の電解が終了した後も，引き続き他の反応が起こるため，他の電気化学的あるいは光学的な終点決定法が必要である．

### d. ポーラログラフィーとボルタンメトリー

ポーラログラフィー (polarography) は電解分析法の一種であり，滴下水銀電極 (dropping mercury electrode) を用いて試料溶液を電解したときの電流-電圧曲線を利用する分析方法である．代表的な直流ポーラログラフの概念図を図 4.42 示す．

ガラス毛管を通じて 3～5 秒で成長，滴下を繰り返す水銀小滴が一方の電極，水銀プール（表面積 $1\,cm^2$ 以上）が他方の電極になっており，これらの間に $0.2\,V/min$ 程度の速度で電位を掃引して，試料溶液中の目的イオンを電気分解する．この時の電流-電圧曲線を記録したものがポーラログラム (polarogram) である．図 4.43 にポーラログラムの例を示す．

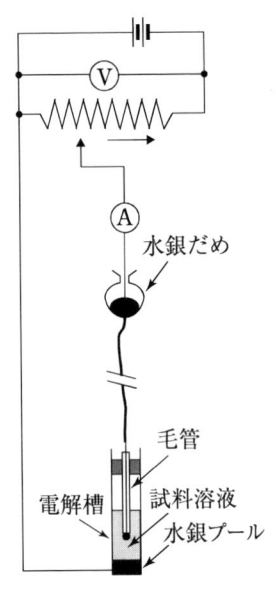

図 4.42 直流ポーラログラフ

1922 年にチェコスロバキアの Heyrovsky によって提案され，志方益三との協力で自動記録装置であるポーラログラフ (polarograph) がつくられた．その後，微小電極も用いられるようになったが，微小電極を用いて電流-電圧曲線を利用する方法全体をボルタンメトリー (voltammetry) といっている．

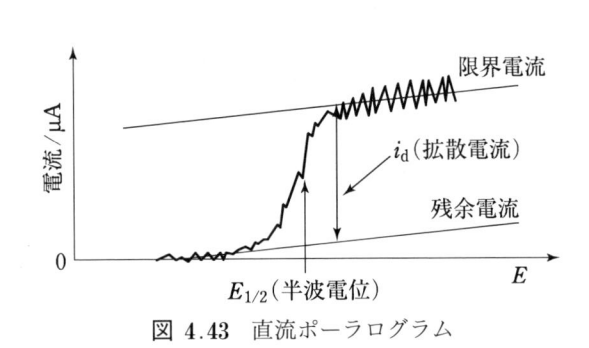

**ストリッピングボルタンメトリー**
本法では目的元素があらかじめ比較的多量の試料溶液から微小電極上に濃縮されるため感度は非常に高く，定量下限は $10^{-9}$ ～$10^{-10}\,M$ にも達する．精度は 5～10 % 程度である．

図 4.43 直流ポーラログラム

ポーラログラムにおいて，$i_d$ は拡散電流 (diffusion current) とよばれ，この値は一定の実験条件下では目的イオンの濃度に比例するから，これを利用して定量分析ができる．また，$E_{1/2}$ は電解電流が $i_d/2$ になった電位で，半波電位 (half wave potential) とよばれ，支持電解質が同じならば各イオンについて濃度に無関係に一定値を示すので，この値からそのイオンの同定を行うことができる．

ストリッピングボルタンメトリーは試料溶液中に含まれるイオンの定量法として，近年開発された方法である．試料溶液中の目的成分の一部を微小電極上に一定時間定電位電解して濃縮させた後，電位を逆掃引して電極から溶液中に電解溶出させ，その際の電流-電位曲線を記録する．溶出が起こる電位からイオンの定性，また電流のピーク値あるいは面積値から濃度を求める．目的成分を析出させる極により，アノーディック・ストリッピング法とカソーディック・ストリッピング法に分けられる．

## 4.11 熱分析

　物質の温度を変化させると相変化（融解・蒸発など），結晶化，相転移，膨張などの物理的変化や分解，雰囲気ガスとの反応などの化学的変化が起こり，それに伴って質量，温度，寸法などの物理的性質が変化する．このような物質（反応生成物も含む）の任意の物理的性質の温度変化を，調節された温度プログラムのもとで測定する技法を総称して熱分析とよび，対象とする物理的性質によって表4.3のように分類される．これらの装置の基本構成は共通しており（図4.44），試料温度をプログラムに従って変化させる電気炉と温度制御装置，試料の物理量変化を電気信号に変換するトランスデューサーおよび記録部からなり，個々の測定法によって異なるトランスデューサーが用いられている．

　本来熱分析は，昇降温時の物理的性質の変化を連続的に測定する方法である．しかし，狭い角度範囲で繰り返し走査するX線回折測定や高速にデータを取り込める分光測定のように，短時間で測定できれば半連続的に温度依存性を記録することができ，一種の熱分析とみなすことができる．このように広義にとらえれば，熱分析法は今後ますます

表 4.3　代表的な熱分析

| 測定方法（略称） | 測定される物理的性質など |
| --- | --- |
| 熱重量測定（TG） | 熱分解などに伴う重量変化 |
| 発生気体分析（EGA） | 熱分解などに伴って発生するガスの種類・量 |
| 示差熱分析（DTA） | 試料と標準物質の間の温度差 |
| 示差走査熱量測定（DSC） | 試料または標準物質に供給されるエンタルピー（熱） |
| 熱膨張測定 | 荷重をかけない状態での寸法（体積，長さ）変化 |
| 熱機械分析（TMA） | 力学的特性．一定の荷重をかけた状態での変形 |

その他，熱音響測定，熱光学測定，熱電気測定，熱磁気特性，高温X線回折など

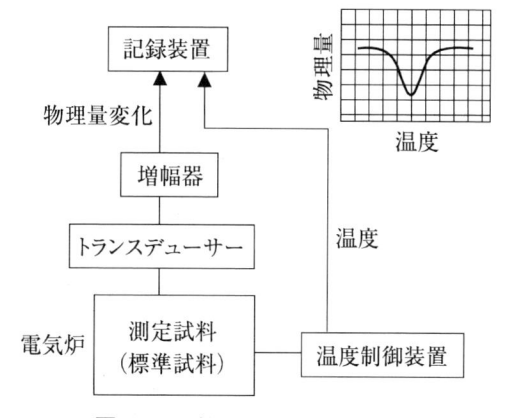

図 4.44　熱分析装置の基本構成

その他の測定法については参考文献 17, 18 を参考にして頂きたい.

バラエティに富み，重要な分析法になることが予想される．ここでは，示差熱分析，示差走査熱量測定および熱重量測定について簡単に説明する．

**a. 示差熱分析と示差走査熱量測定**

これら二つの方法は，いずれも物質の相変化や化学変化に伴う吸熱・発熱を検出する方法である．示差熱分析 (differential thermal analysis；DTA) は，試料と基準物質の温度を等しい環境中でプログラムに従って変化させながら，両者の温度差を記録する方法である．基準物質としては，測定温度範囲で吸・発熱変化をしない熱的に不活性な $\alpha$-アルミナなどが用いられる．

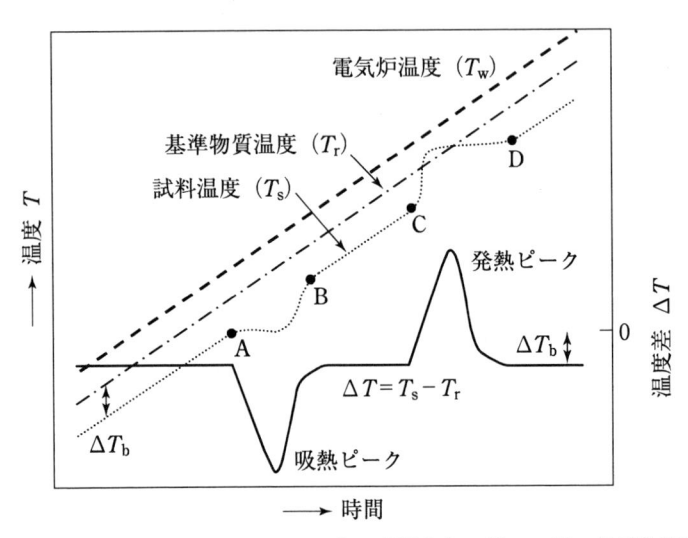

図 4.45 示差熱分析における温度の時間変化の例．一般に基準物質と試料の熱容量の差により直線部分での $T_r$ と $T_s$ は異なる

市販の多くの装置では，横軸が時間および温度で表示できるようになっている．表示温度（多くの場合基準物質温度 $T_r$）が時間に対して直線的に上昇していることを確認した上で，温度を横軸とした DTA 曲線を用いる必要がある．たとえば，有機物を含む試料では，燃焼に伴う発熱によって $T_r$ も影響を受ける場合があるので，定速昇温が実現するように試料の量，昇温速度，ガス流速などをコントロールする必要がある．

図 4.45 のように電気炉温度 $T_w$ を一定速度で変化させると，基準物質温度 $T_r$ は全範囲で，試料温度 $T_s$ も熱の出入りのない範囲で同じ速度で上昇する ($T_w$, $T_r$, $T_s$ の差は基準物質，試料の熱容量に起因する)．一方，試料が吸熱変化を起こすと (A–B 間)，外部から供給された熱はその変化に消費されるので $T_s$ の上昇に停滞が起こる．その逆に，発熱変化が起こると $T_s$ が直線から上方にずれる (C–D 間)．この試料温度と基準物質の温度差（示差温度 $\Delta T = T_s - T_r$）を検出すれば，発熱・吸熱をピークとして明確に記録することができる．この $\Delta T$ を温度（一般には直線的に上昇する基準物質温度）に対して描いたものが DTA 曲線である．

示差走査熱量測定 (differential scanning calorimetry；DSC) は DTA と同様の測定を行うが，基準物質温度 $T_r$ と試料温度 $T_s$ を等しく保つ

ように外部から入力されたエネルギーの差を記録する方法である．DSCでは試料温度を厳密に定速昇降温でき，DTAに比べて再現性，定量性，分解能などに優れている．また，ピーク面積から直接吸・発熱量（エンタルピー$\Delta H$）を求めることができる．

### b. 熱重量測定

熱重量測定（thermogravimetry，TG）は，測定対象物質の温度を調整されたプログラムに従って変化させながら，その物質の重量変化を熱てんびんを用いて測定する方法で，揮発性物質の生成を伴う分解や固相反応，固体と気体の反応の研究などに用いられる．原理的には基準物質は不要であるが，浮力や対流などの影響を相殺して測定精度を上げるため，またTG-DTA同時測定を可能にするために，多くの市販装置で基準物質と測定試料を同一電気炉中にセットするようになっている．

一例としてシュウ酸カルシウム（$Ca(COO)_2H_2O$）の熱重量曲線を図4.46に示す．(a)は横軸に時間，縦軸に重量と温度（基準物質温度あるいは電気炉温度）をとったものである．温度は時間とともに直線的に上昇しており，原則としてこのような場合にのみ横軸を温度とした(b)に一義的に変換できる．TG曲線では125〜170℃で第1ステップ，400〜500℃で第2ステップ，600〜730℃で第3ステップの重量減少がみられ，それぞれ次の化学反応に相当する（括弧内は$Ca(COO)_2H_2O$を基準にした理論重量減少率）．

第1ステップ：$Ca(COO)_2H_2O \longrightarrow Ca(COO)_2 + H_2O \uparrow$ （12.3%）
第2ステップ：$Ca(COO)_2 \longrightarrow CaCO_3 + CO \uparrow$ （19.2%）
第3ステップ：$CaCO_3 \longrightarrow CaO + CO_2 \uparrow$ （30.1%）

---

■ 測定上の一般的注意 ■

熱分析は，温度を連続的に変化させる動的測定であるため，一般的には平衡状態が実現しておらず，熱分析から決定される反応開始温度などを平衡論的に固有な温度として定義できない．また，試料や周囲に温度勾配があり測定される温度は試料の実際の温度と多少異なる可能性があることに常に留意する必要があるし，これらの影響をできる限り小さくするような実験条件を設定するように務める．

たとえば，試料温度を均一にするためには，装置の感度が許す限り少ない量の試料を，薄く均一に容器に充填する必要があるし，できる限り細かく粒径がそろった粉末を軽く詰めるか，薄片にすることが望ましい．昇温速度も重要な因子である．A→B→Cのように複数の過程が連続して起こる場合には，昇温速度が大きすぎると中間体Bに関する情報が観測されない場合があり，一般的には10℃ $min^{-1}$ 程度の昇降温速度を選ぶことが多い．また，TG測定は固体-気体反応を対象としているため，測定雰囲気の設定が重要な意味をもつことが多い．

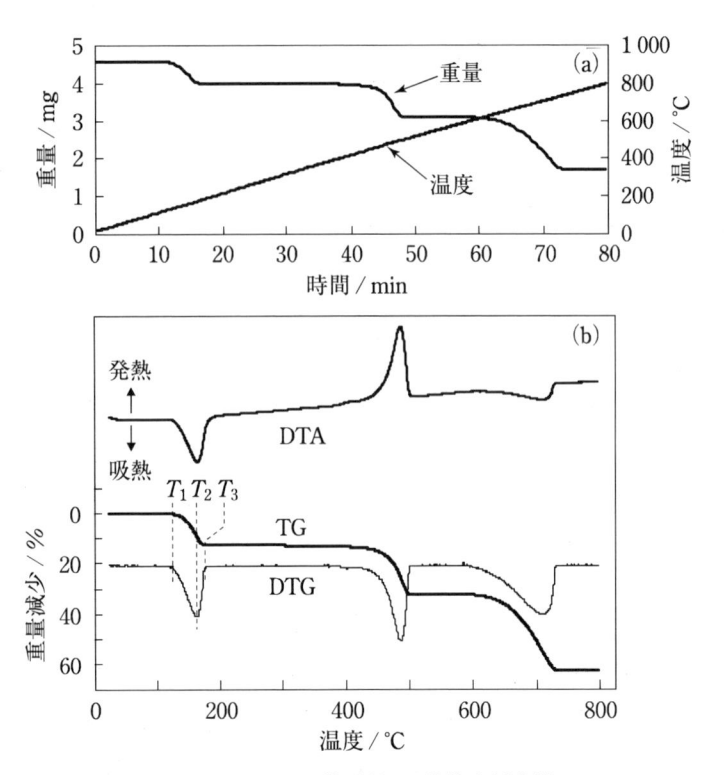

図 4.46 シュウ酸カルシウムの熱重量-示差熱分析曲線
試料：4.577 g，加熱速度：10 ℃ min$^{-1}$，空気気流中 50 cm$^3$ min$^{-1}$

　第1ステップの重量減少を例に取れば，特性温度として反応開始温度 $T_1$，TG 曲線の傾き（反応速度）がもっとも大きい温度 $T_2$ および反応終了温度 $T_3$ の三つが読み取れる．しかし，これらは昇温速度，雰囲気，装置に依存するため物質に固有の値ではないことに注意する必要がある（昇温速度が大きいほど高温側にシフトする）．

　図4.46(b)のDTG曲線はTG曲線を一次微分したもの，すなわち重量変化速度と温度との関係でDTG曲線の開始，ピーク，終了温度が，$T_1$，$T_2$，$T_3$ にほぼ対応している．重量減少が緩やかな場合や複数の重量減少が連続して起こる場合などはDTG曲線のほうが特性温度の決定が容易で，また図4.46 (b) のDTAとDTG曲線のピーク温度などがよく対応していることからもわかるように，熱測定（DTA，DSC）との対比も簡単になることが多い．

　TGは単独で用いられる場合もあるが，重量変化の原因は他の手段と組み合わせるとより明確になる．たとえば，発生する気体をガスクロマトグラフや質量分析計で分析する発生気体分析を併用すれば揮発性気体を同定することができるし，前述の示差熱分析や示差走査熱量測定との組合せでは発熱変化か吸熱変化かが判る．図4.46の例では，全ステップが分解反応で，本来吸熱反応である．第2ステップが発熱過程に

なっているのは，分解で生成したCOが空気中の酸素によって酸化され（$CO+1/2\,O_2 \rightarrow CO_2$），この反応の発熱量が第2ステップの吸熱量より大きいためである（不活性ガス中で測定すると第2ステップでも吸熱が検出される）．また，ある特定の反応に対して一定温度で重量を時間の関数として記録する等温熱重量法は，金属の腐食（酸化）や固体の熱分解などの固体-気体反応の速度論的研究に簡便かつ極めて有用な手段である．

## 4.12 質量分析

質量分析（mass spectrometry；MS）は，原子や分子イオンを質量 $m$ と電荷 $z$ の比（$m/z$ 値）によって電磁気的に分離し，得られた質量スペクトルのピーク位置と強度から定性・定量を行う分析法である．測定対象試料は分子あるいは原子としてイオン化ができれば，無機・有機，生体関連物質などの化合物の種類を問わないし，気体・液体・固体いずれの状態の物質でも測定可能である．実用的にみれば，低分子量の有機化合物の構造解析や定量に応用される例が多いが，最近の高分解能装置では質量数が小数点第3位以下の差まで識別できることから，有機金属錯体の構造決定，分子量10万以上のタンパク質の分子量決定，ペプチド，多糖類などの配列決定などにも応用されている．さらに，検出限界がamol（a：アト，$10^{-18}$）レベルという超高感度分析が可能となり，試料の絶対量が少ない生化学・医学やダイオキシン分析に代表される環境分析の分野への応用が目覚ましく拡大している．

### a．測定原理と装置の概要

質量分析法は，装置内に導入された試料を何らかの方法でイオン化し，電磁場中での運動が $m/z$ 値によって異なることを利用してイオンを分離し，特定の $m/z$ 値のイオン流を電子増倍管で検出，増幅して記録する方法である．通常は正イオンを対象とする．質量分析計の基本構成を図4.47に示す．測定対象イオンの運動が共存するイオンや分子に妨げられないために，試料導入部からイオン検出部までが高真空に保たれている．気体試料，揮発性の液体，固体試料は，高真空を大きく乱すことがないように工夫された機構を通して気体としてイオン化部へ導入される．一方，不揮発性，難揮発性試料の場合は，気化とイオン化を同時に行う方式が採用されている．イオン化部，イオン分離部について簡単に説明する．

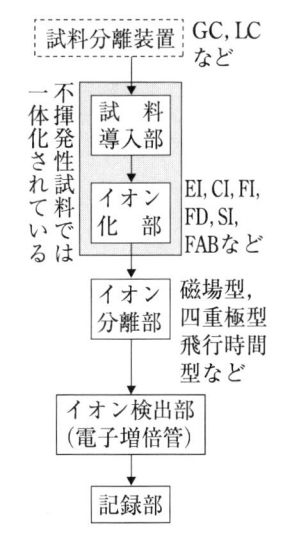

図4.47 質量分析計の基本構成（略号は本文参照）

### b．イオン化部

試料のイオン化は質量分析の必須条件である．イオン化には種々の

方法があるが，化合物の揮発性，分子量，極性，熱安定性などの違いによりイオン化効率が異なるため，対象試料に最適なイオン化法を選択する必要がある．

**（1）熱電子ビーム照射によるイオン化**　電流により加熱されたタングステンなどのフィラメントから放出される熱電子ビームを試料ガスに照射してイオン化する方法を電子（衝撃）イオン化（electron impact ionization；EI）法とよび，もっとも広く用いられている方法である（図4.48 (a)）．有機化合物のイオン化電圧（7〜15 eV）に比べて十分に大きい70 eV程度で加速された熱電子が試料分子と衝突すると，分子量と同じ質量数をもつ分子イオン（$M^{+\cdot}$ あるいは $M^+$）が生成し，この内部エネルギーが高いので分子内の結合の開裂（フラグメンテーション）が起こってフラグメントイオンが生じる．フラグメンテーションのパターン（種類と生成割合）は化合物に固有で，未知化合物の定性に用いることができる．

一方，化学イオン化（chemical ionization；CI）法では，熱電子ビームにより反応ガス（メタン，アンモニアなど）がまずイオン化され，これが試料ガスと反応する（図4.48 (b)）．この結果生じるプロトン化分

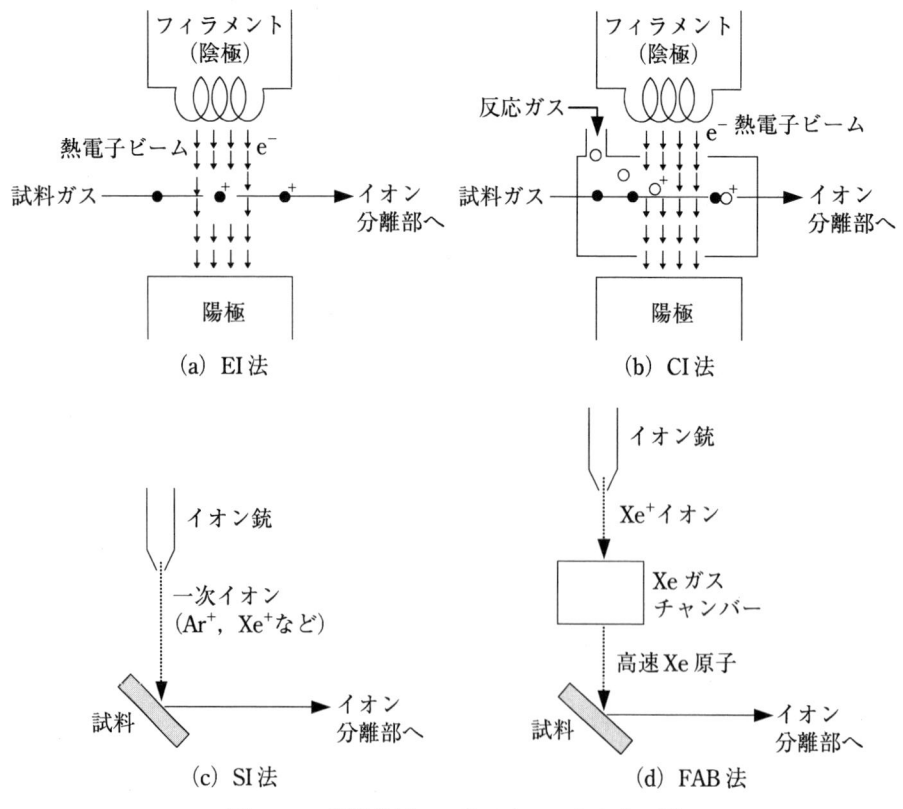

**図 4.48**　質量分析におけるイオン化方式の例
(a)電子衝撃イオン化法，(b)化学イオン化法，(c)二次イオン法，(d)高速原子衝突法

子イオン（MH$^+$）などは安定で開裂が起こりにくいため，フラグメントイオンの少ない単純なスペクトルが得られる．

**（2）電界によるイオン化**　陽極と陰極の間に高電圧をかけた状態で気体試料を導入すると，試料分子は電子を陽極に奪われてイオン化する．これをフィールドイオン化（field ionization；FI）法という．また固体試料を陽極（エミッタ）に直接塗布した場合にも同様にイオン化して，生成した陽イオンはエミッタとの静電反発により脱離するフィールド脱離（field desorption；FD）法がある．陽極には，FI法では鋭く尖った金属針を，FD法ではタングステン線にカーボンやシリコンの針状微結晶を成長させたものを用いる．

**（3）イオンあるいは原子照射によるイオン化**　加速した一次イオンビーム（たとえばXe$^+$，Ar$^+$，Cs$^+$）を固体表面に照射し，スパッタリング現象により試料から放出される二次イオン（secondary ion；SI）を検出する方法を二次イオン質量分析（SIMS）とよぶ（図4.48（c））．とくにグリセリンのような液体マトリックスに試料を保持するものをliquid SIMS（LSIMS）とよぶ．

一方，図4.48（d）のように一次イオン，たとえばXe$^+$のイオンビームをキセノンガスチャンバーに導入すると，電荷交換が起こり高速のキセノン原子流が生成する．これで液状の試料/マトリックス層を照射して試料をイオン化するのが高速原子衝撃（fast atom bombardment；FAB）法である．LSIMSやFABMSは生体関連化合物，高分子量の有機化合物などの不揮発性，難揮発性分子や熱に不安定な分子に最適のイオン化法である．

**（4）その他のイオン化法**　大気圧でのコロナ放電を利用する大気圧化学イオン化（atmospheric pressure chemical ionization；APCI）法，試料溶液を加熱したキャピラリーチューブ（気化プローブ）に噴出させてイオン化するサーモスプレーイオン化（thermospray ionization；TSIあるいはTSP）法，噴出口に高電圧を印加したキャピラリーを通して試料溶液をイオン源に噴霧するエレクトロンスプレーイオン化（electronspray ionization；ESI）法，レーザーやプラズマを用いてイオン化するレーザー脱離（laser desorption；LD）法やプラズマ脱離（plasma desorption；PD）法などがある．

**c．イオン分離部**

イオン化部で生成したイオンは直流電圧によって加速されてイオンビームを作り，イオン分離部（質量分析部）に入って電磁気的に$m/z$値に従って分離される．磁場型，四重極型がもっとも普及しているが，その他飛行時間型，イオントラップ型などもある．

**（1）単収束磁場型質量分析計**　電圧 $V$ で加速されたイオン（質量 $m$，電荷 $z$）が磁場に入るときの速度を $v$ とすると

$$\frac{1}{2}mv^2 = zeV \tag{4.43}$$

の関係が成り立つ．一方，磁場（強度 $B$）中に入ったイオンが遠心力と磁場から与えられる求心力とがつり合いながら曲率半径 $R$ の軌道を運動するときには

$$\frac{mv^2}{R} = Bzev \tag{4.44}$$

が成立する．式 (4.43)，(4.44) から導かれる

$$\frac{m}{z} = \frac{eB^2R^2}{2V} \tag{4.45}$$

を満足して運動する $m/z$ 値をもつイオンのみがコレクタスリットを通り抜けて検出される（図 4.49 (a)）．$R$，$V$ を一定にして $B$ を低磁場から高磁場に走査すると，$m/z$ 値の小さいイオンから大きいイオンへと順次検出される．

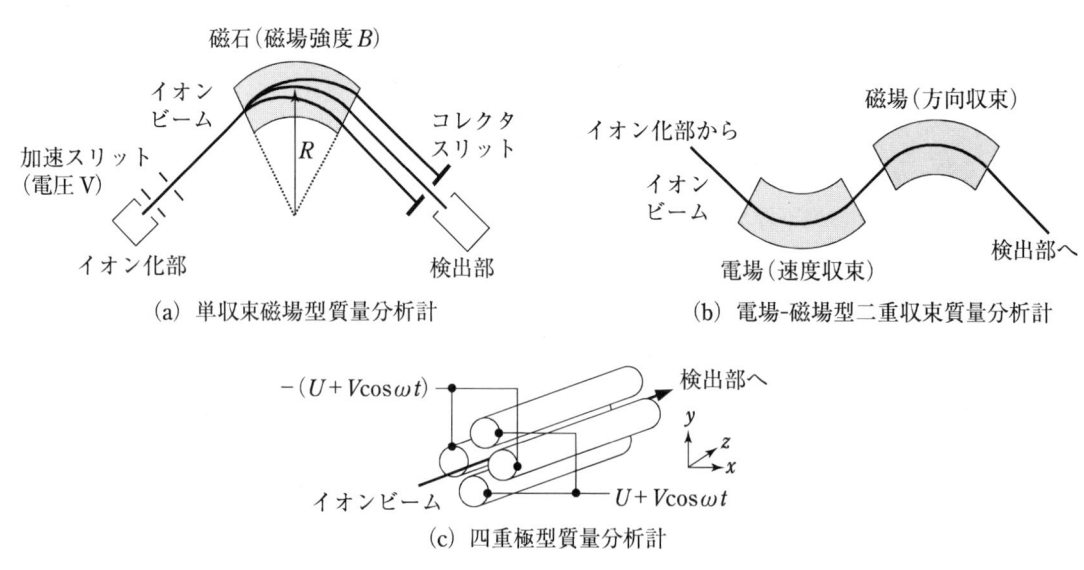

図 4.49　質量分析計（イオン分離部）の構造の模式図

(a) 単収束磁場型質量分析計
(b) 電場-磁場型二重収束質量分析計
(c) 四重極型質量分析計

**（2）二重収束磁場型質量分析計**　単収束磁場型では等しい $m/z$ 値をもつイオンに対して方向収束性をもつが，運動エネルギーに広がりがあるため分解能が低下する．イオン化部と磁場との間に電場をおき，イオン群のエネルギーを一定にする（速度収束あるいはエネルギー収束という）ことで分解能を向上させたものを二重収束（磁場）型質量分析計という（図 4.49 (b)）．これとは逆配置の磁場-電場型二重収束分析

計もある．単収束型では原則として$m/z$値の差が1のものまでしか識別できないが，二重収束型では1/1000（ミリマス）単位まで識別できる．

**（3）四重極型質量分析計**（quadrupole mass spectrometer）　Qマス（QMS）あるいはマスフィルターともよばれる．図4.49（c）のように相対する2対の双極子電極（四重極）間にそれぞれ$\pm(U+V\cos\omega t)$の直流（電圧$U$）と高周波交流（最大電圧$V$）を重ね合わせた電圧を印加する．低い加速電圧（通常10～20 V）でイオンが四重極電極内に入るとイオンは高周波電場の影響を受けて$x$あるいは$y$方向に振動しながら$z$方向に進行する．このとき，$U$, $V$, $\omega$と電極間距離で決まる特定の$m/z$値をもつイオンだけが振幅が大きくならずに安定に振動して電極間を通りぬけ，イオン検出部に到達する．ほかのイオンは振幅が大きくなり，電極に衝突するか電極間のすき間を通りぬけて検出器に到達しない．

四重極型は磁場型に比べて，一般に走査速度が速く，小型・安価であるが，分解能が悪く測定可能な質量数も小さい．四重極型と同じイオン運動を利用するが，安定に振動するイオンを電極間でトラップし，振動（軌道）が不安定になったイオンを検出する方式をイオントラップ型質量分析計とよぶ．

**（4）飛行時間型質量分析計**（time-of-flight mass spectrometer；TOFMS）　一定の加速電圧$V$で加速された$v=(2zeV/m)^{1/2}$の速度をもつイオンが，長さ$L$の分析管の中を通過する時間$t$は$t=L/v$である．これらの関係より

$$\frac{m}{z}=\frac{2eVt^2}{L^2} \tag{4.46}$$

となり，$V$と$L$が一定の場合には飛行時間$t$を測定することによってイオンの質量分析が可能となる．

**d．その他**

前述のようにイオン化部，イオン分離部には複数の方式があり，それらの組合せによって多種類の質量分析計が生まれる．

たとえば，二重収束磁場型や四重極型は原理的にはすべてのイオン化方式との組合せが可能である．また，TOFMSはタンパク質のイオン化が可能なマトリックスアシスティドレーザー脱離イオン化（MALDI）法との組合せで用いられる．

質量分析はおもに陽イオンを対象とするが，ハロゲン化物，ニトロ化合物などの電子親和性の高い化合物に関しては，負イオンのほうが構造解析や微量分析に有用で，負イオンのみを検出する負イオン質量分析法（negative-ion mass spectroscopy；NIMS）も用いられている．その他，高質量イオンを高分解能で測定できるイオンサイクロトロン

共鳴現象を利用したフーリエ変換型質量分析計やアルゴンプラズマをイオン源とする誘導結合プラズマ質量分析法（ICPMS）などがある．

また，質量分析法は物質を同定する能力は極めて高いが，混合試料を各成分に分離する能力がないため，混合試料の分析には分離機能をもつガスクロマトグラフ（GC）や液体クロマトグラフ（LC）を前段に直結したGC/MS，LD/MSや，質量分離用と質量同定用の2台の質量分析計を結合させたMS/MS（tandem MS）などが大きな威力を発揮する．

## 4.13　X線分析

X線は電磁波の一種であり，波長が10〜0.01 nmと短いので，そのエネルギーは0.1〜100 keVにもなる．大きなエネルギーと原子間隔距離にほぼ相当する波長から，構造解析およびプローブ光としておもに利用される．図4.50に示すように波動性と粒子性との両性質を有するX線が物質に照射されると，大部分は透過するが，一部は散乱や回折し，一部は吸収されて蛍光X線を発生する．

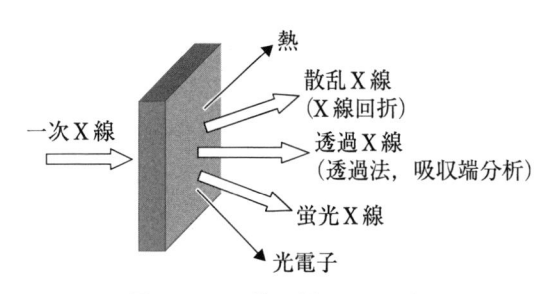

図 4.50　X線照射による現象

透過光には，透過過程で一部X線が吸収され，X線吸収端分析が行われる．一方，回折光は，試料の原子の配列に依存することからX線回折分析が行われる．散乱光の一部としては，光電子が発生するが，この光電子を用いることで，代表的な表面分析法であるX線光電子分光分析が行われる．また，吸収されたX線の緩和過程で発生する蛍光X線を用いて，蛍光X線分析が行われる．このようにX線分析は機器分析法として，広く定性・定量分析に応用されている．X線吸収端分析については5.1節で詳細に説明するので，この節ではX線回折分析および蛍光X線分析について，原理と分析の実際を述べる．

### a．X線の発生

X線の発生方法としては大きく封入式管球を用いるタイプと回転対陰極を用いるタイプおよびシンクロトロン（syncrotoron orbital radiation；SOR）放射光を用いるタイプがあり，得られるX線のエネ

ギーは封入式管球，回転対陰極式，SOR光の順に大きくなる．一般的なX線分析では設備の簡便性や価格，メンテナンスの点で，封入式管球が使われる．

真空中でフィラメントを加熱して得られる熱電子を高い電圧で加速して金属の陽極（対陰極）に衝突させるとX線が発生する．その際には電子の運動エネルギーの大部分が熱に変換され，X線に変わるのは0.1％とわずかである．そこで，X線発生装置では発生する熱の除去が必要である．対陰極の耐熱性から封入式管球では発生できるX線の強度に限界（4kW程度）がある．そこで，対陰極を回転させることで，冷却効果を高めた回転対陰極式X線発生装置が普及している．

一方，最近，シンクロトロン放射光を利用できる施設が増加したことで，シンクロトロン放射光から発生する超強力X線を用いる高精度分析が行えるようになってきた．X線分析では一次X線の強度が大きいほど，またエネルギーが単一であればあるほど，高感度，高精度な分析が可能であるが，大型の発生装置が必要となるので，目的に応じたX線源の選択が必要であろう．

### b．X線透過分析

よく知られているようにX線の透過力は原子の質量と関係しており，質量の軽い原子ではX線の透過力が大きくなる．X線の透過力の違いを利用して，X線透過法（X-ray radiography）は物質の内部構造を非破壊で分析する手法として広く普及している．胸部レントゲンなど医療用のX線透過装置のお世話になったことのない人はいないはずである．現在の医療分野でX線透過法は広く普及しており，骨や歯の異常を撮影するのみでなく，X線テレビやX線コンピュータ断層撮影装置など，新しい検査装置として普及している．また，文化財の研究などにおいてもX線透過法は威力を発揮し，仏像の内部構造や絵画の内部の解析などにおいて威力を発揮しているのはよく知られている．

### c．X線回折分析

X線分析で，X線透過法と並んで重要な分析方法がX線回折現象を

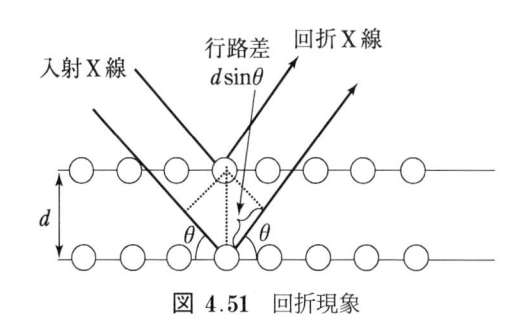

図 4.51　回折現象

**X線回折**
X線の回折現象は1912年にLaue（ラウエ）により初めて発見された．ラウエの理論を発展させて，現在のX線回折分析の基礎を築いたのはBragg（ブラッグ）父子であった．

利用するX線回折分析法（X-ray diffractometry）である．物質を構成する原子間隔とX線の波長はほぼ同じオーダーなので，規則正しく配列した原子の集団（結晶）にX線が入射すると各原子によるX線の位相がそろって消滅則に従い，回折線を生じる．このような回折現象は物質を構成する元素の配列によって主に決まるので，無機化合物，有機化合物，金属によらず，結晶構造解析方法として広く使われている．

図4.51に示したように単結晶の試料に対して特定方向からX線を入射すると三次元空間にわたってブラッグ（Bragg）の回折条件を満足するすべての方向にX線の回折を生じ，次のブラッグの式が成立する．

$$n\lambda = 2d\sin\theta \tag{4.47}$$

ここで，$\lambda$ はX線の波長，$d$ は結晶の格子間隔，$\theta$ はX線の入射角であり，$n$ は回折線の次数を表し，一般的には1を用いる．

そこで，X線回折で結晶構造を決定するには，回折するX線を写真に撮り，X線回折点を表す斑点間の距離を測定することで行われる．一方，最近のコンピュータの進歩で，コンピュータで三次元にわたり分布するX線回折点を計測する装置が開発されている．この装置では三次元に広がる回折点を測定するのに4軸方向の回転軸を有し，単結晶四軸回折装置とよばれる．この分析には単結晶が必要であるが，多くの場合，単結晶を得るのは困難である．そこで，粉末X線回折法が開発された．

図4.52には粉末X線回折装置の代表的なディフラクトメーターを示した．

**粉末X線回折**

Debye（デバイ）とScherrer（シェラー）は粉末を用いるX線回折現象を取り扱い，粉末X線回折の基礎を築いた．粉末試料は小さな単結晶が入射するX線に対してあらゆる方向に並んでいると考えられるので，粉末試料を用いるとリング状の回折パターンが現れる．このリングを直接，写真に撮り解析する手法が当初行われた．DNAの構造もX線回折写真から，有名な二重らせん構造をとっていることが明らかにされた．一方，現在，多くの装置では試料を $\theta$ 回転する間にX線検出器を $2\theta$ 回転することで，ブラッグの回折条件を満足するローランド円上を動くように設計されている．

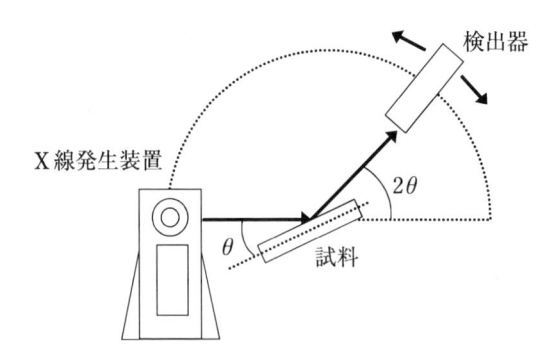

図4.52 代表的な粉末X線回折測定装置

粉末試料を測定すると試料が結晶性ならば，回折パターンは図4.53に示すようなチャートとして得られる．粉末試料の回折パターンが得られたら，各ピークの位置から $2\theta$ を求め，式(4.47)から $n=1$ として $d$ を求める．未知試料の $d$ と相対強度を既知試料の値または回折パターンと比較することで，試料の同定および結晶構造を同定できる．既知物質のデータ集としてJCPDS（joint committee on powder diffrac-

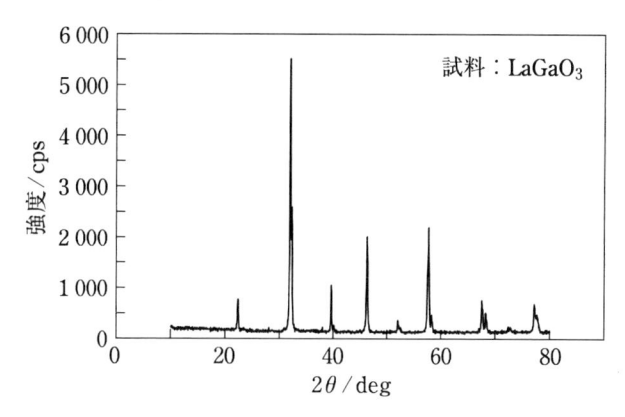

図 4.53 X線回折図の例．cps：count per second，1秒あたりのX線光子量

tion standards）カードがあり，測定した試料の$d$値と相対強度に適合するカードを見つけだすことが一般的である．

　新しく合成された化合物は当然構造は未知であり，JCPDSカードにも記載がない．このような場合は結晶構造解析を行う必要がある．通常，構造解析は単結晶を用いるが，単結晶を得るのが困難な場合には粉末試料を用いて回折線の指数付け（$hkl$の決定），格子定数，空間群，晶系を決定することができる．これは組成または構造の類似した化合物の値を用いて，未知の化合物からの回折ピークに最小二乗法でフィッティングして結晶構造を決定する方法であり，リートベルト（Rietvelt）法とよばれる．

　一方，回折ピークの半値幅は粒子サイズと関係しており，粒子サイズが小さくなるほど，半値幅はよりブロードニングする．そこで，半値幅と回折角から粒子サイズを見積もる（シェラー（Scherrer）の式）ことができる．また面間隔$d$を平行性の高いX線で測定することで，結晶中の残留応力の測定も可能である．X線回折では上記したような定性分析，構造解析に加えて，標準試料を用いて検量線を引くことで，定量分析が可能であるが，X線回折ピーク強度は単に試料の濃度のみでなく，結晶性や粒子サイズにも依存するので，一般的には定量性は低く，定量分析は多くの場合，困難である．

　一方，特殊な測定として，高温下，所定の雰囲気での構造解析が行えるようにした高温X線回折装置や高圧下での測定や水熱条件下など，よりその場（in-situ）での試料の構造変化の測定を可能とする測定ユニットが開発されている．また，微小部の測定を目的とした微小部測定装置や粒子の大きさの正確な測定を可能とする小角散乱法など，X線分析は広範囲な分野，よりin-situな測定を目指した応用が行われる測定方法である．

**ブラベー（Bravais）格子**
結晶構造は七つの結晶系に分類され，さらに対称性を考えると14個の結晶の基本格子に分類される．この基本格子のことをブラベー格子とよぶ．X線による構造解析では，まず基本格子の決定から始まる．

**シェラーの式**
X線回折ピークの幅は回折子である結晶のサイズが小さくなるほど広がる傾向がある．そこで，球形を仮定して半値幅$\lambda$と回折角$\theta$から平均粒径$D$は

$$D = \frac{4\lambda}{3(\Delta 2\theta)\cos\theta}$$

として求めることができる．

#### d. 蛍光 X 線分析

図 4.51 に示したように，物質に一次 X 線を照射するとその物質中の元素に固有の X 線が発生する．この二次 X 線を蛍光 X 線 (fluorescent X-ray) といい，その波長 ($2\theta$ またはエネルギー) から定性を，その強度から定量を行うことができる．これが蛍光 X 線分析法 (X-ray fluorescence analysis) である．試料を迅速・非破壊分析できるため工業的に幅広く使われている．とくに近年では，4.14 節で述べる光電子分光分析装置および電子顕微鏡分析装置に組み込まれ，製造業にとって必要不可欠な分析法となっている．

蛍光 X 線には $K_\alpha$ 線，$L_\gamma$ 線などの呼称がつけられている．K 殻の空孔へ電子が遷移する際に発生する蛍光 X 線を K 系列とよび，この電子が L 殻から K 殻 (L→K) に遷移する際の蛍光 X 線を $K_\alpha$ 線，M→K および N→K 殻の遷移を $K_\beta$ 線という．L 殻への電子の遷移に伴う蛍光 X 線を L 系列とよび，どの準位から遷移するかにより，$L_\alpha$ 線，$L_\beta$ 線，$L_\gamma$ 線などがある．したがって，蛍光 X 線は元素固有の波長をもつ．

蛍光 X 線の強度 $I$ と試料中の目的元素の質量比率 $\omega$（濃度）は理論的に

$$I = \frac{Q \csc\theta \, \omega I_0}{a} \quad (a = \mu \csc\theta + \mu' \csc\theta) \tag{4.48}$$

で与えられる．ここで，$Q$ は励起効率に関する係数，$\theta$ は入射角，$I_0$ は一次 X 線の強度，$\mu$ と $\mu'$ は一次 X 線と蛍光 X 線に対する目的元素の質量吸収係数である．

蛍光 X 線分析装置には波長分散方式とエネルギー分散方式がある．波長分散方式は発生した蛍光 X 線を分光結晶（フッ化リチウム (LiF)，フタル酸水素タリウム (TAP)，同カリウム塩 (KAP)，リン酸二水素アンモニウム (ADP)，エチレンジアミン二酒石酸 (EDDT)，ペンタエリトリトール (PET)，ゲルマニウム）で分光（ゴニオメーター）し，検出器（比例計数管，シンチレーション計数管，半導体検出器）で検出し，表示・記録（X 線強度-$2\theta$）する方法である．エネルギー分散方式は蛍光 X 線を分光せず，半導体検出器と波高分析器で検出し，表示・記録（X 線強度-エネルギー (keV)）する方法である．

蛍光 X 線は元素に固有なため定性分析に適しており，原子番号が 4 番のベリリウムより重い元素の分析が行えるが，スカンジウムより少ない原子番号の元素の蛍光 X 線は空気に吸収されるため，真空中かヘリウム雰囲気下で測定を行う．蛍光 X 線強度は理論式に示したように元素濃度に比例し，検出限界は 0.001 ％ 程度である．しかし，式 (4.48) の $a$ 値は試料中の他元素の影響を受けるため，X 線強度はマトリック

スの影響を受ける（マトリックス効果）．したがって分析精度を上げるにはその影響を補正しなければならない．実際の分析に当たっては固体および液体の試料が対象であり，粉体試料の場合には，その粒度によっても蛍光 X 線強度が影響を受ける．

## 4.14 光電子分光分析

光電子分光法（X-ray photoelectron spectroscopy；XPS）は単色光の X 線または紫外線を気体分子または固体結晶に照射するとき，光電効果で外部に放出される電子の運動エネルギー，すなわち光電子スペクトルを解析して分子または結晶内の電子の束縛エネルギーやエネルギー準位の分布曲線を求めるものである．光電子の発生は表面からごく浅い領域に限られるので，光電子スペクトルでは表面近傍に関する情報が得られ，光電子分光法は代表的な表面分析の手法として位置づけられる．使用される光源により，X 線光電子分光法と真空紫外光電子分光法（ultraviolet photoelectron spectroscopy；UPS）の 2 種類があり，XPS では固体表面にある原子の種類と価電子状態あるいは結合状態に関する情報が得られる．一方，UPS では気体分子の電子構造の解析で成果をあげている．ここではおもに XPS を取り上げ，光電子分光の原理を理解するとともに，表面分析法として得られる情報と注意しなくてはならない点を述べる．

### a．光電子分光測定の原理

光電子分光は当初，ESCA（electron spectroscopy for chemical analysis）と名付けられたように，化学分野での応用をめざしたものと考えられ，現在でも ESCA の名称が用いられる．しかし，光源として Al または Mg の X 線（$K_\alpha$）が一般的に用いられることから，XPS とよばれる．図 4.54 には光電子分光のエネルギー関係を示した．図に示すように固体や分子内の電子は種々の量子化された準位に束縛されている．ここに X 線や紫外線などの光を照射すると，放出される電子の運動エネルギーは所属している電子準位によって異なる．そこで，発生した光電子の運動エネルギー $E_k$ を測定すると，入射した一次光のエネルギー $h\nu$ と電子の束縛エネルギー $E_b$ は次の関係がある．

$$E_b = h\nu \cdot E_k \cdot (\phi_{sp} - \phi_s) \tag{4.49}$$

ここで，$E_b$ は真空準位からはかった束縛エネルギーであり，$\phi_{sp}$ および $\phi_s$ はそれぞれ試料および分光装置の仕事関数である．

半導体および絶縁体ではフェルミ準位の位置を決めるのは困難であり，真空準位を基準とする場合が多い．その場合には図 4.54 に示すよ

**マトリックス効果**
マトリックス効果は吸収効果と励起効果に分けられる．吸収効果は，分析対象元素によって発生した蛍光 X 線が試料中に存在する他元素によって吸収され，強度が減少する現象である．励起効果は，共存する他元素からの蛍光 X 線によって分析対象元素が励起され，その蛍光 X 線強度が増大する現象である．

**フェルミ準位**
フェルミ分布において，電子の存在確率が1/2となるエネルギーで，絶対零度ではフェルミ準位以下は完全に電子で占められ，それ以上では完全に空となる．フェルミ準位は固体中に存在する全電子の最大のエネルギー．

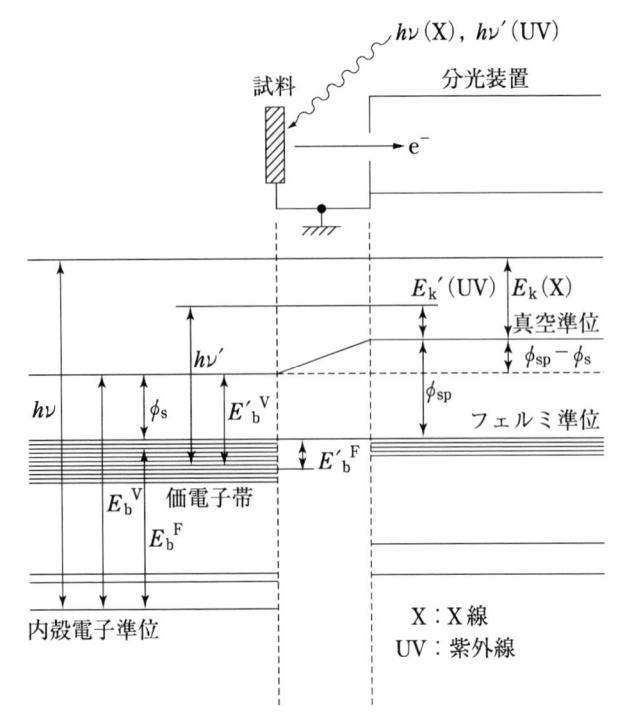

図 4.54 光電子分光のエネルギー関係

うに発生した光電子の運動エネルギー $E_k$ を求めることで，内殻の電子準位または価電子帯に属する電子の束縛エネルギーを求めることができる．

### b. 装置の基本構成

図 4.55 に装置の基本構造を示す．装置は基本的には試料を装塡する試料室と試料導入機構，試料を励起する線源と放出された光電子のエネルギーを分別するエネルギー分析器，電子検出器，測定結果を記録・解析するデータ処理部から構成される．光電子の測定には高真空を必要とし，励起部および電子分析器は $10^{-5}$ Pa 程度の高真空下に置かれ，このための高真空排気装置が必要である．よりその場 (in-situ) な状態での解析を目的に，前処理室に所定の温度と所定のガス雰囲気で試料を処理する反応装置を搭載することも行われる．

XPS では分析の精度と感度を決定するのは電子エネルギー分析装置であり，種々のタイプが開発されている．分析装置として大別すると阻止電場型と偏向型になり，偏向型は磁場型と静電型に分かれる．一般には偏向型の方が分解能は高く，静電型の偏向型電子エネルギー分析装置が用いられることが多い．光電子の検出は窓なし型の電子増倍管としてのチャンネルエレクトロンマルチプライヤーが多く使用される．

化学シフトなどのわずかなエネルギー差を観測するには励起源とし

**XPS の電子検出器**
XPS のような比較的低エネルギーの電子を扱う装置では弱い磁場でも電子軌道がゆがめられるので，パーマロイ系金属の高透磁率材で二重以上にしゃへいし，外部磁場の影響を防いでいる．観測分解能は，照射するX線の固有値，電子のエネルギー準位の自然幅，エネルギー分析器によって生ずる誤差の半値幅で決まるが，観測分解能の限界は，現在ではX線の固有値によって決まる．

4.14 光電子分光分析

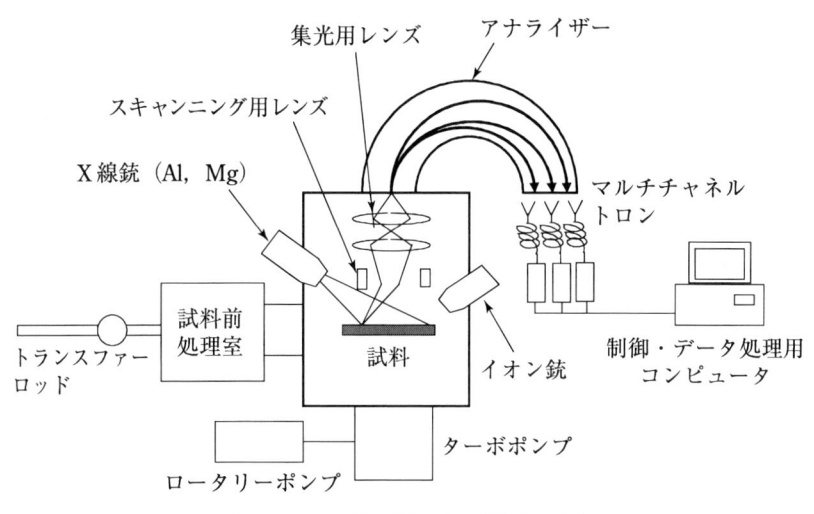

**図 4.55** X線光電子分光装置の構成

てのX線の固有幅はできるだけ小さい方が望ましい．XPS用線源としてのAlK$\alpha$線は強度も強く，自然幅も狭いので，使いやすい．一方，MgK$\alpha$線の強度はAlに比べるとわずかに劣るが，線幅が狭いのが特徴で，目的と，分析対象の元素によって使い分けるとよい．一方，イオン銃を試料前処理室または試料室に取り付け，表面をイオンスパッタすると，試料の表面の不純物を取り除いたり，深さ方向の分析が可能となる．そこで，イオン銃を取り付けるケースが多いが，元素によるスパッタリングの選択性を考慮する必要がある．

**c. 光電子分光法で得られる情報と注意点**

図 4.56 には Ni および NiO における広領域スキャンをして得られた XPS スペクトルを示した．XPS では広領域にわたる束縛エネルギーでの測定により，表面に存在する原子の特定が可能である．図 4.56 の NiO の例では明らかに Ni とは異なり，O1s からのピークを認めることができる．また光電子スペクトルのピーク面積は濃度に比例するので，標準試料を用いることで定量分析も可能で，表面の組成を決定できる．ここで，注意しなくてはならないのは原子ごとに，また同じ原子でも注目する電子準位ごとに光電子の発生効率が異なることである．単純にピーク面積が大きいからといって，その元素の濃度が高いわけではない．そこで，光電子分光で定量分析を行うには，かならず比較的組成の類似した標準試料でピーク面積を補正して，未知試料の組成を決定する方がよい．

一方，同じ電子準位に属する電子でも束縛エネルギーは注目する原子の結合状態によって変化する．内殻準位にある電子の場合は結合にはほとんど関与しないが，価電子状態の変化や配位子との相互作用に

**オージェ(Auger)電子**

オージェ効果は1925年Augerにより発見された.彼はウィルソン(Wilson)霧箱を用いて,X線による希ガスの電離を研究しているとき,光電子のほかに1本あるいは3本の軌跡が存在する場合があることを見いだし,軌跡の性質から原子内から放出された電子によるものであることを明らかにした.X線が電子線によって最内殻であるK殻に空席を生じて,上の準位の電子がそこに落ちて安定化するとき,余剰エネルギー放出の一つの過程で,電子の放出を伴うものをオージェ効果とよぶ.

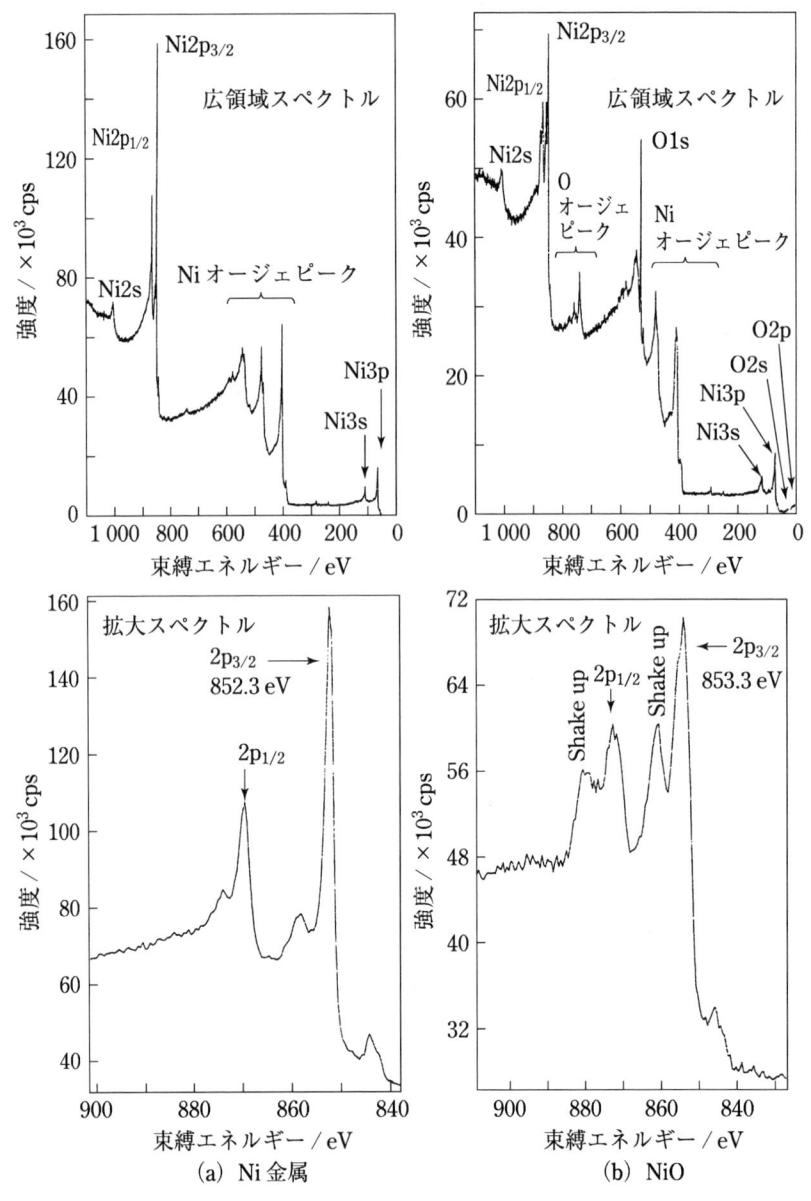

図 4.56 NiおよびNiOのXPSスペクトル(cps:count per second,1秒あたりの光電子数)

よって生じる電荷分布,あるいは静電ポテンシャルの変化により,電子の束縛エネルギーはシフトする.このような結合状態によるシフトは,化学シフトとよばれ,表面に存在する原子の状態に関する極めて重要な情報を与えてくれる.実際,図4.56に示すようにNiOのNiのXPSピークはNiに比べると高束縛エネルギー側にシフトしており,Ni中の電子濃度が低下していることがわかる.

このように,束縛エネルギーを詳細に解析することで注目している原子の結合状態や電子濃度に関する情報を得ることができる.元素ま

たは代表的な化合物について，化学シフトがデータベースにまとめられており，測定結果を比較することで，容易に注目する原子の特定の化合物中での結合状態に関する情報が得られる．しかし，化学シフト分析で注意しなくてはいけないのは，試料の帯電により束縛エネルギーがシフトする場合があることである．酸化物などの絶縁性または半導性の試料では一般的に正の帯電を生じる．そこで，一般的には試料表面に少量のAuを蒸着したり，試料表面に不純物として存在するCを標準試料として，束縛エネルギーを補正する手法が一般的である．しかし，帯電の影響が完全に除かれるわけではないので，注意が必要である．

　光電子スペクトルではしばしばサテライトとよばれる付随ピークが観察される（図4.56参照）．この理由としては励起された光電子のエネルギー緩和過程での電子の相互作用が考えられている．また，緩和過程でオージェ電子の発生を伴う場合もある．一方，励起光による内殻電子の放出過程で，最外殻電子が励起されたり，連続帯へ放出されたりする場合がある．前者をシェークアップ (shake up)，後者をシェークオフ (shake off) とよぶ．これらのサテライトピークは，注目する原子の価数によって特異的に現れる現象であり，注目する原子の価数や状態を解析するのに重要な情報を与える．たとえば，図4.56のNiOの例ではNi$^{2+}$の主ピークより7 eVほど，高いエネルギー側に現れるピークはshake upによるサテライトピークであることが知られており，Ni$^{2+}$の存在を決定する上で，重要な情報である．

　XPSをはじめとする光電子分光法は高真空装置と高精度な分光器と高感度の検出器を必要とするので，大型機器分析の代名詞のような分析手法であったが，近年，比較的身近な，汎用分析装置として普及し始めている．

　一方，検出感度も大きく向上しており，繰返し測定により，検出限界濃度も低下するとともに，X線源の特性向上により，小さく絞れるので，分析可能な領域が小さくなっており，15 μmレベルでの微小領域の分析も可能となっている．一方，検出器の入り口にスキャニング用の電磁石レンズを取り付けることで，スキャニングを可能とし，表面の原子分布のマッピングを可能とした装置も開発されている．このように，光電子分光法は表面分析法として，また価電子帯を含めて原子および分子の電子状態の分析方法として多くの情報を与えてくれる便利な分析方法となっている．

**サテライトピーク**
光電子スペクトルでは，いくつかのサテライトとよばれる付随するピークが現れる．サテライトピークの現れる原因として次のことが考えられる．①オージェ効果，②プラズモン励起，③不純物，④表面状態の変化，⑤不対電子と内殻正孔の交換相互作用による多重項分裂，⑥配置間相互作用，⑦静電場分裂，⑧シェークアップまたはシェークオフ．

## 4.15 核磁気共鳴・電子スピン共鳴分析

ラジオ波やマイクロ波のような波長の長い（エネルギーの小さな）電磁波の吸収および放出を測定する分光法は磁場中における核スピンおよび電子スピンの向きに由来するエネルギー準位間の遷移に対応している．前者は核磁気共鳴分光 (nuclear magnetic resonance；NMR)，後者は電子スピン共鳴分光 (electron spin resonance；ESR) とよばれている．

### a．NMR（核磁気共鳴）

磁場 $B$ の中に試料（分子）をおくと縮退していた核スピンのエネルギーは磁場の強さに比例して分裂する．そのエネルギーの分裂数は原子核に固有なスピン量子数 $I$ によって決まるが，ここではもっとも多く利用される $^1H$ を例にあげる ($^{13}C$, $^{15}N$, $^{19}F$, $^{31}P$, $^{119}Sn$ などの核種も測定可能である)．この場合，エネルギー準位は量子化されており $1/2(\alpha)$ と $-1/2(\beta)$ の2準位に分裂する．スピンを小さな磁石と考えるとそのエネルギーは原子核に固有な定数（$g_N$：$g$ 因子，$^1H$ の場合 5.586），核に固有な定数（$\mu_N$：核磁子）および磁場の強さ $B$ を用いてそれぞれ $-(1/2)g_N\mu_N B$ および $(1/2)g_N\mu_N B$ と表せる．分裂した2準位のスピン占有数の比は，ボルツマン (Boltzmann) 分布を用いて，次式のように表せる．

$$\frac{N_\alpha}{N_\beta} = \exp\left(\frac{\Delta E}{k_B T}\right) \tag{4.50}$$

ここで，$N_\alpha$，$N_\beta$ は $\alpha$，$\beta$ 状態のスピン占有数，$\Delta E$ はエネルギー差，$k_B$ はボルツマン定数，$T$ は絶対温度である．式 (4.50) にしたがって計算すると，室温においてこれらの二つの状態のうち低い方の占有数は，高い方の占有数よりもほんの少し大きいだけである．このエネルギー差 ($g_N\mu_N B$) に等しいラジオ波 ($h\nu$) を試料に照射すると，ラジオ波の弱い吸収（共鳴）が起こる（図 4.57）．

**スピン量子数**

スピン量子数 $I$ は原子核ごとに決まった特有の性質で，整数か半整数であり，次の性質をもつ．
① 大きさが $\{I(I+1)\}^{1/2} \hbar$ の角運動量をもつ．
② 任意の軸上の角運動量成分が $m_I \hbar$ である（ただし，$m_I = I$, $I-1$, $\cdots$, $-I$）．
③ $I>0$ で一定の大きさをもち，その配向が $m_I$ の値によって決まる磁気モーメントをもつ．

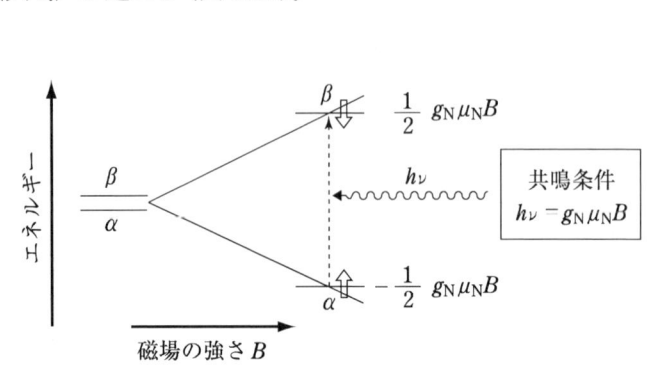

図 4.57　磁場における核のエネルギー状態

ボルツマン分布の計算からわかるように二つの準位間の占有数の差は非常に小さいために核磁気共鳴分光の感度は低い．しかし強力な磁場を用いれば，二つの準位間の占有数の差が大きくなるため，検出感度がよくなる．また，後述するようにシグナルの分離がよくなるため解析が容易にもなる．したがって，強力な磁場（200〜800 MHz）を得るために今日では超伝導磁石を用いて図4.58に示すような装置を用いて測定が行われている．またラジオ波をパルス化し，測定手法としてフーリエ変換法を用いることで信号の積算が可能となったために高い感度も得られるようになった．

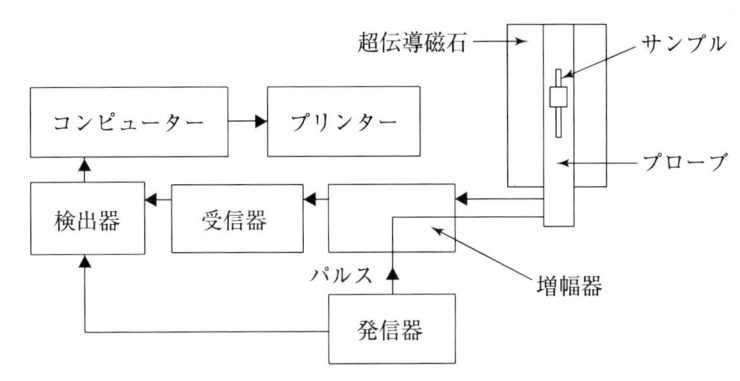

図 4.58 核磁気共鳴装置の概略図．受信器側が受け取る信号から発信器側から送信する信号を差し引くことでデータ処理を単純化する．

さて実際の分子において，同じ核種（$^1$H や $^{13}$C）でも核の置かれた磁気的環境の違いにより共鳴吸収が生じる周波数は異なる．これは核の回りにある電子や他の核によって生じる微少磁場が主磁場に影響を与えて実際に核が感じる磁場を変化させるからである．この共鳴周波数のずれを化学シフト（chemical shift）という．通常 $^1$H や $^{13}$C であればテトラメチルシラン（$(CH_3)_4Si$：TMS）の共鳴吸収磁場 $B_{ref}$ を基準にして試料の核が吸収を起こす磁場 $B_{sample}$ との差として以下のように化学シフトは定義される．

$$\delta(\text{ppm}) = \frac{B_{ref} - B_{sample}}{B_{ref}} \times 10^6 \tag{4.51}$$

プロトンでは磁場の強さが 7 T（テスラ）のとき，共鳴に必要な周波数は約 300 MHz となる．この場合試料中のプロトンの吸収線は $10^{-5}$ T 程度の範囲に通常は分布するので，化学シフトは 0〜10 ppm の範囲に入る．

プロトン NMR スペクトルにおいて異なる化学シフトをもつ信号は，一般にはさらに分裂して複雑なパターン（微細構造）を示す．すなわち，一方の核のスピン状態が，化学結合にあずかる電子スピンを通し

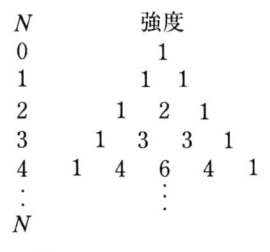

| $N$ | | | 強度 | | | |
|---|---|---|---|---|---|---|
| 0 | | | 1 | | | |
| 1 | | | 1 1 | | | |
| 2 | | 1 | 2 | 1 | | |
| 3 | | 1 3 | | 3 1 | | |
| 4 | 1 | 4 | 6 | 4 | 1 | |
| ⋮ | | | ⋮ | | | |
| $N$ | | | | | | |

**図 4.59** パスカルの三角形

て，もう一方の核に伝わりスピン結合 (spin coupling) を生じる．一般に，$N$ 個の等価なスピン ($-1/2$) 核は，隣接するスピンあるいは1組の等価なスピンの共鳴を $(N+1)$ 本の線に分裂させ，その強度はパスカル (Pascal) の三角形で与えられる（図4.59）．

たとえば，エタノール ($CH_3CH_2OH$) の場合，$CH_3$ プロトンは $\delta \sim 1$，$CH_2$ プロトンは $\delta \sim 3$，OH プロトンは $\delta \sim 4$ にピークを与える（図4.60）．

これらの化学シフトは，すでに記述したようにそれぞれのプロトンが異なった局所磁場の影響を受けるためである．すなわち酸素原子は電子吸引力があるために，隣接するプロトンほど電子不足となり低磁場側（すなわち $\delta$ 値が大きくなる）に共鳴吸収を与える．$CH_3$ プロトンは隣の2個のプロトンとスピン結合して三重線に，$CH_2$ プロトンは隣の3個のプロトンとスピン結合して四重線に分裂する．この分裂線の周波数差が $J$ 値であり，スピン結合の強さを表す．OH プロトンは隣の2個のプロトンとスピン結合して三重線に分裂するはずであるが，水素交換を起こしやすいので通常の条件下では幅の広い一重線になる．

したがって，$CH_2$ プロトンも隣の OH プロトンにより分裂されない．またシグナルの積分比は $CH_3$，$CH_2$，OH プロトンに対して $3:2:1$ になっている．これは共鳴吸収強度がスピン数，すなわちプロトン数に比例していることと一致している．これからもわかるように，核磁気共鳴法は有機化合物の構造決定に豊富な情報を提供し，しかも試料を破壊

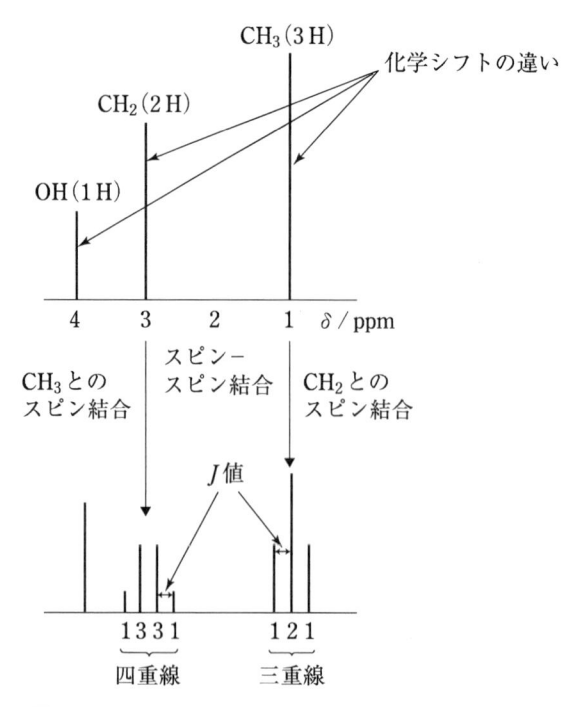

**図 4.60** エタノールのプロトン NMR スペクトル図

せずに簡便に測定できるために今日最も広範に利用される分析法となっている.

#### b. ESR（電子スピン共鳴）

ESRはNMRの核スピンを電子スピンに置き換えて同様に理解できる．すなわち，磁場$B$の中に試料（不対電子をもつ分子）をおくと電子スピンのエネルギーは磁場の強さに比例して分裂する．エネルギー準位は量子化されており$1/2 (\alpha)$と$-1/2 (\beta)$の2準位に分裂する．スピンを小さな磁石と考えるとそのエネルギーは電子のおかれた環境に依存した定数（$g_e$：$g$因子，NMRの化学シフトに対応する），電子に固有な定数（$\mu_B$：Bohr磁子）および磁場の強さ$B$を用いてそれぞれ$(1/2)g_e\mu_B B$および$-(1/2)g_e\mu_B B$と表せる（NMRの場合と符号が逆になることに注意せよ）．

ボルツマン分布に従って計算すると，室温においてこれらの二つの状態のうち低い方の占有数は，高い方の占有数よりもほんの少し大きいだけである．このエネルギー差（$g_e\mu_B B$）に等しい電磁波（$h\nu$）を試料に照射すると，電磁波の弱い吸収（共鳴）が起こる（図4.61）．$g_e$値は通常の有機ラジカルにおいて～2であり，一方$\mu_B$値は$\mu_N$値よりも約2000倍大きい．ESRの場合，NMRに比べて周波数の大きいマイクロ波が利用されることも理解されよう．またエネルギー差（$g_e\mu_B B$）がNMRの場合に比べて大きいため感度も数桁よくなる．

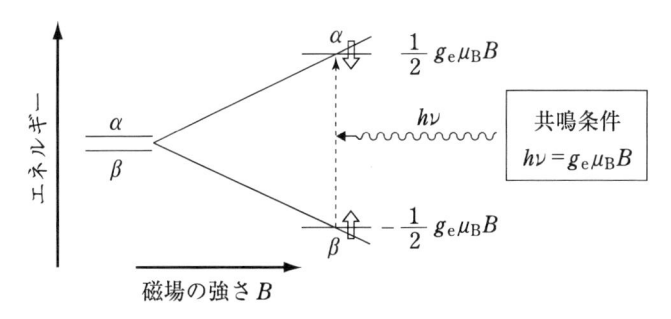

**図4.61** 磁場における電子のエネルギー状態

ESRスペクトルもNMRのスピン結合に対応した分裂した多重線を示す．これは電子スピンと核スピンをもつ核との相互作用によるものであり，このようなスペクトルの構造を超微細構造（hyperfine structure）という．分裂線の数は相互作用する核のスピン量子数（$I$，水素の場合$1/2$）によって決まり，$(2I+1)$本に分裂する．

たとえば，エチルラジカル（・$CH_2CH_3$）の場合，$CH_3$によって四重線（強度比=1:3:3:1）に分裂し，さらに各線が$CH_2$によって三重線に分裂する．結果として全体として12本に分裂し，超微細構造定数

**超微細構造**
個々の共鳴線がいくつもの成分に分裂したスペクトル構造．分光学では，電子と原子核の間の相互作用のうち，原子核の点電荷がもたらす相互作用以外のものをさす．ESRでは電子スピンとラジカル中に存在する核磁気モーメントの間の磁気的相互作用にあたる．

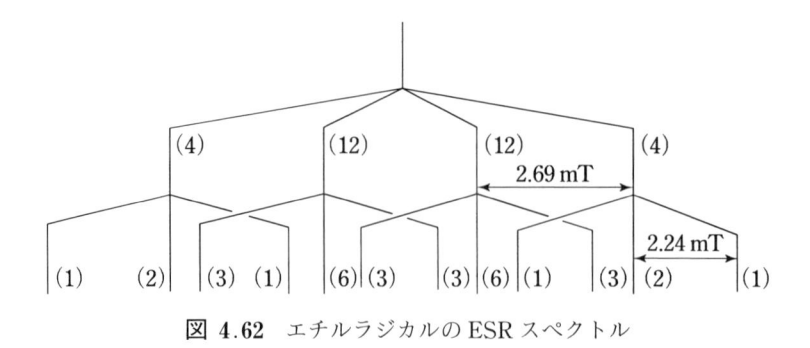

図 4.62 エチルラジカルの ESR スペクトル

（NMR の $J$ 値に相当）はそれぞれ $CH_3$ が 2.69 mT，$CH_2$ が 2.24 mT となる（図 4.62）．

以上からわかるように ESR は不対電子をもつ化学種の分析によって強力な武器となる．またラジカル種の構造に関しても豊富な情報を与えるため今日頻繁に用いられる分析手法の一つである．

## 4.16 電子顕微鏡・走査型プローブ顕微鏡分析

近年表面顕微鏡法としてさまざまな手法が開発されてきた．本節では表面の構造解析法として最も頻繁に使用される代表的な四つの手法に関して紹介する（表 4.4）．電子顕微鏡（electron microscopy）は X 線より 2 桁以上波長の短い電子線を光源とし，磁場レンズを用いて結像することで試料を観察する分析手法である．その代表として透過電子顕微鏡（transmission electron microscopy；TEM）と走査電子顕微鏡（scanning electron microscopy；SEM）があげられる．

表 4.4 代表的な表面顕微鏡法の分類

| 分類 | 方法 | 拡大法 | 分解能 nm | コントラスト成因 | 特徴と測定条件 |
|---|---|---|---|---|---|
| 電子顕微鏡 | 透過電子顕微鏡（TEM） | レンズ | 0.2 | 回折 | 高分解能，薄膜・微粒子試料，高真空 |
| | 走査電子顕微鏡（SEM） | 走査法 | 1 | 二次電子放出 | 表面形状観察，大きく厚い試料可，高真空 |
| プローブ顕微鏡 | 走査型トンネル顕微鏡（STM） | 走査法 | 0.1 | トンネル電流 | 高分解能，導体試料，大気中，溶液中可 |
| | 原子間力顕微鏡（AFM） | 走査法 | 0.1 | 原子間力 | 高分解能，導体・絶縁体試料，大気中，溶液中可 |

### a. 電子顕微鏡の原理

光学顕微鏡の光とレンズとの関係と同じように電子顕微鏡では電子は磁場レンズによって制御される．電子線は系の中心である光学軸に沿って通過する．

**（1）TEM** TEMの基本構成を図4.63に示す．電子は熱イオン陰極によって囲まれた熱陰極から放出され（電子銃に相当する），陽極で加速される．最初のレンズは集束型（コンデンサー）磁場レンズであり，電子ビームを試料上に収束させる．対物型磁場レンズは試料の下に近接しており，試料の拡大中間像を与える．この像はさらに投射型磁場レンズによって拡大され蛍光板上やモニター画面上で観測可能となる．

TEMはレンズ収差がない場合，その分解能は0.2 nmに達する．しかし，試料による透過電子の吸収および電子の多重散乱が起こると分解能の低下を招く．このため，原子レベルの高分解能像を得るには数十から数百 nmの薄膜あるいは微粒子の試料が観察対象となる（図4.64）．

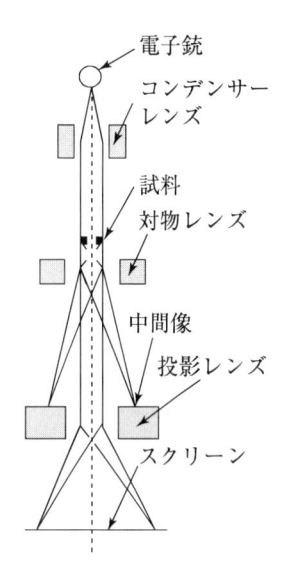

**図 4.63** 透過電子顕微鏡の模式図

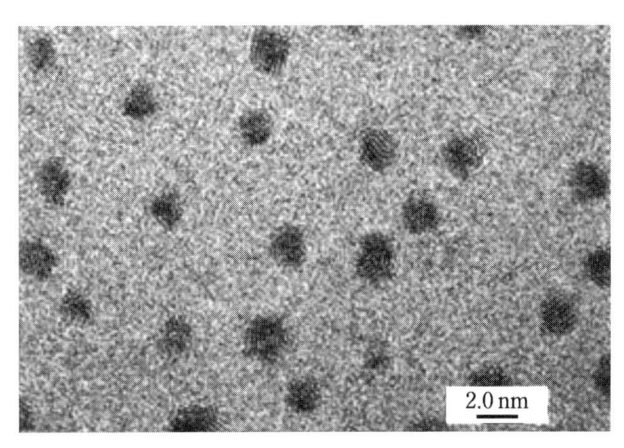

**図 4.64** 金微粒子のTEM写真．黒く見える部分は金原子がクラスター状に集合した部分（平均粒径2.4 nm）であり，約400個の金原子が存在している．図では見えないが金微粒子の表面はポルフィリンという有機色素で被われている．

**（2）SEM** TEMと原理的には似通っているが，試料に照射された電子線と試料との相互作用により表面から発生した信号を観察する点が異なる．試料表面の凹凸や形態の観察には表面から数 nmの領域から発生する二次電子を検出して，モニター上に信号の分布像を写し出す．標準的なSEM装置の構成図を図4.65に示す．電子銃から放出される電子を静電場で加速し，磁場レンズ（コンデンサーレンズ，対物レンズ）を用いて収束させた数 nm径の電子プローブを試料に照射する．そのプローブを走査コイルにより試料上で順次走査し，各点から発生する二次電子を信号検出器で検出する．その信号は画像信号増幅器で増

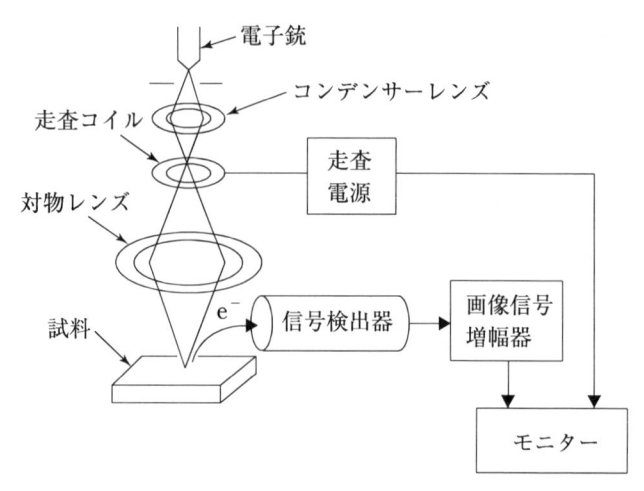

図 4.65　SEM の構成図

図 4.66　酸化タングステンの規則的マクロポーラス構造の SEM 像
[大阪大学工学研究科和田雄二先生の御好意による]

幅されモニター上で観察する．この信号は走査電源により制御される試料上の電子プローブの動きと同期しているので，モニター上の位置と試料上の位置は対応している．

試料は TEM のように薄膜状である必要がなく，バルク状態の試料の観察が可能である．また低真空状態でも使用できるタイプが最近開発されており，この場合含水試料などをそのまま測定できるようになっている．

**b. 走査型プローブ顕微鏡**

過去 20 年間に急速に進展してきたのが，走査型プローブ顕微鏡（scanning probe microscopy；SPM）である．これは表面に由来する様々な物理量を利用して高分解能を達成した顕微鏡の総称である．本節ではその中で特に重要な表面解析法である走査型トンネル顕微鏡（scanning tunneling microscopy；STM）と原子間力顕微鏡（atomic force microscopy；AFM）について解説する．

**（1）STM**　STM では伝導性の表面上を Pt–Rh または W を材料とした鋭利な探針で走査する．その探針を表面近傍に近付けると，量子力学的な効果により空間をすり抜けてトンネル電流が流れる．その電流密度 $J_T$ は針先と試料面との間の距離 $d$ と仕事関数 $\phi$（正確には仕事関数に依存するトンネル障壁の高さ）により

$$J_T \propto \exp(-A\phi^{1/2}d) \tag{4.52}$$

で与えられる．ここで，$A$ は $\phi$ を eV，$d$ を nm 単位で表示すると約 10 となる．$\phi$ を 4.5 eV，$d$ を 1 nm とすると，$J_T$ は 1 nA 程度となる．すなわち，$d$ が 0.1 nm 変化すると $J_T$ は 1 桁増減する．

一定の電流が流れるような条件では探針は表面の形状に応じて上下に移動しながら走査される．その結果，表面の吸着物を含めて表面の三

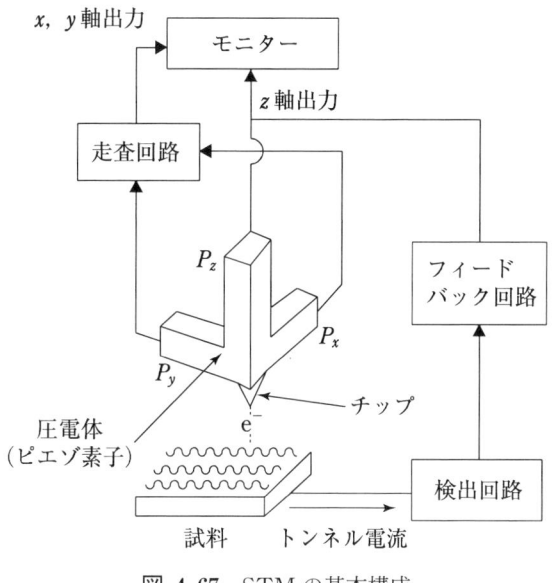

図 4.67　STM の基本構成

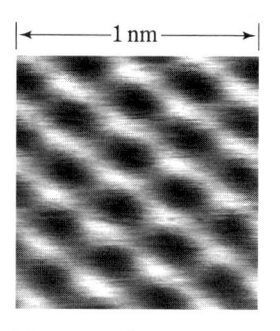

図 4.68　グラファイト表面の STM 写真．規則的な六角形構造が見える［大阪大学工学研究科桑畑進先生の御好意による］

次元形状が原子スケールで描き出される．探針の垂直方向の運動は探針が感じる電位差に応じて伸縮することができる圧電体（ピエゾ素子）に固定されることで達成できる．$z$ 軸方向を固定して行う走査では探針の垂直方向の位置が固定され，電流値の変化を検出する．トンネル電流が流れる確率は探針と表面の距離に非常に鋭敏であるので，STM は表面の深さ方向の原子レベルの小さな起伏を検出できる．

**（2）AFM**　AFM では針が試料表面から受ける力を計測する．試料に針を近づけていくと，数 nm まで近づいたところで，まず引力が働くようになる．さらに近づけていくと徐々に引力は強くなっていくが，ある位置を境に引力が減少し始める．それ以上針を試料表面に近づけるとついには斥力が働くようになる．したがって試料面に対して針が一定の力を受けるように走査すると，表面の凹凸を反映した表面像が得られる．一般に引力が働く領域を利用するものを非接触型（non contact），斥力領域を利用するものを接触型（contact）とよんでいる．また，この中間型として探針を周期的に試料表面に接触させる方式（タッピング（tapping）方式）も用いられている．STM の像が局所的なトンネル電流の流れやすさに対応しているのに対して，AFM の像は表面の凹凸に対応している．またトンネル電流は距離の増加と共に指数関数的に減少するため，STM では非伝導性部分が数 nm 以上の厚みをもったサンプルの測定が困難となる．以上のことから AFM は基板上の吸着分子や非伝導性のサンプルの表面観察に威力を発揮する．

　AFM での力の測定では，針をカンチレバー（板ばね）に取り付け，

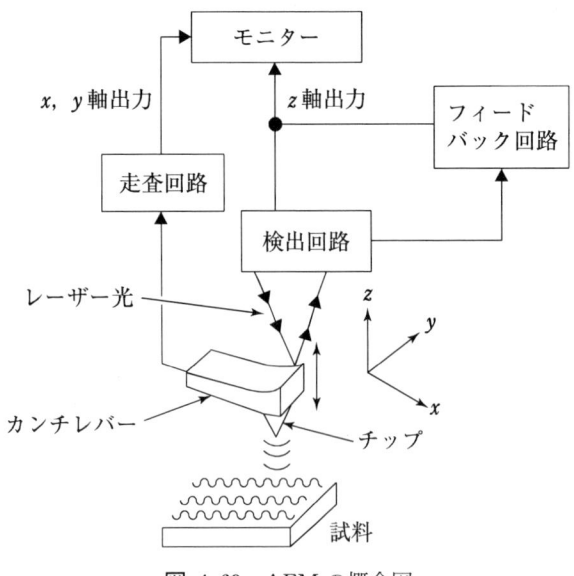

図 4.69　AFM の概念図

表面から針が受ける力によってバネがたわむことを利用して，そのたわみをレーザー回折計によって検出することで，力の大きさを測定する．

AFM で一般的に用いられる探針は長さ 0.1 mm，厚さ 1 μm 程度の微小なてこ（カンチレバー）の先端に取り付けられており，一般的には $Si_3N_4$ や Si の材質でつくられている．最近になって試料表面の構造を高分解能に観察するために，究極の探針としてカーボンナノチューブ（炭素原子で構成された直径数 nm の筒状分子）も用いられるようになってきている．

AFM，STM などの SPM 測定が電子顕微鏡と異なる点は前者が高真空などの特殊な環境を必要としないことにある．すなわち，大気中や溶液中での測定も可能であり，試料のその場観察が容易となる．また測定法の進歩により AFM，STM とも真の原子分解能を発揮できるようになってきた．

ここでは詳しく紹介しなかったほかの SPM も含めて今後ナノテクノロジーの発展とともに，これらの手法は重要な役割を演じていくことになるだろう．

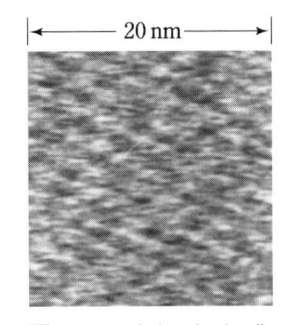

図 4.70　金(111)面に化学吸着した有機分子単分子膜の AFM 写真．白く見えるスポットがポルフィリン分子に対応しており，規則的(間隔約 2 nm)に配列しているのがわかる．

## 4.17　放射能分析化学

理学，工学，農学，医学などの分野において放射性物質の分析（定性と定量）を必要とすることが多い．たとえば，放射性マルチ（多種）トレーサーを用いた研究（化学反応や物質移行・分離のプロセス，生体中

での物質代謝過程など），原子核反応を利用する微量元素の多元素同時分析，放射性物質を用いた環境プロセス（物質循環）や放射性物質による環境汚染の実態の研究，地球物質や古文化財の放射年代測定，食品に含まれる放射性物質の検査，半導体記憶素子の放射線による記憶反転を減少させるための原材料管理分析と多様な場面で放射性物質の分析が行われている．

ここでは，放射性物質の分析に共通する基本的なことについて学習する．

### a. 放 射 線

**（1）放射線と放射能**　物質を構成する化学的基本粒子は原子である．原子は原子核と原子核を取りまく電子雲から構成されている（電子雲の存在範囲が原子の大きさになる）．原子核は陽子と中性子からできており，特定の陽子数，中性子数とエネルギー状態をもつ原子核を一つの核種 (nuclide) といい（$^1H$, $^2H$, $^3H$ はそれぞれが一核種），陽子数が同じ（同一の元素）で質量数（陽子数＋中性子数）が異なる核種を同位体 (isotope) という（$^1H$, $^2H$, $^3H$ はそれぞれが水素の同位体）．

> 原子の大きさは $10^{-10}$ m のレベルであり，原子核の大きさは $10^{-15}$ m のレベルである．

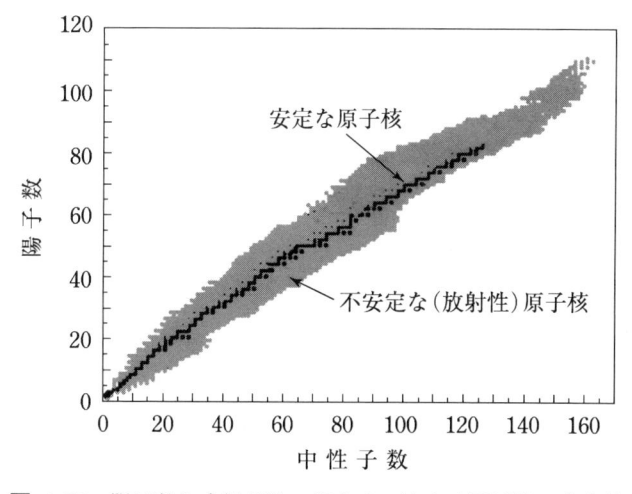

図 4.71　陽子数と中性子数の組合せで決まる原子核の安定性

陽子数（元素の種類を決め，原子番号の根拠となる）と中性子数の組合せによって原子核は安定であったり不安定であったりする（図4.71）．不安定な原子核は荷電粒子放射線（$\alpha$ 線や $\beta$ 線）を核外に放出して自発的に安定な陽子数と中性子数の組合せの原子核へと変化する．$\alpha$ 線や $\beta$ 線を放出した後に，さらに電磁波である $\gamma$ 線を放出する．放射線 (radiation) を出す性質や能力をもった核種（または同位体）を放射性核種 (radionuclide) または放射性同位体 (radioisotope) という．放射線を出す性質・能力を放射能 (radioactivity) という．不安定な原子核が放

> 放射線を出す性質・能力をもつ物質も放射能ということがある．

表 4.5 放射壊変の様式

| 壊変様式 | 放出放射線 | 説　明* |
|---|---|---|
| $\alpha$ 壊変 | 高速の $^4\text{He}^{2+}$ | 原子核の陽子数と中性子数が2ずつ減少．原子番号83以上の核種でよく起こる |
| | $\gamma$ 線の放出を伴う | 単一の放射性核種から複数種のエネルギー（核種に固有の一定値）の $\alpha$ 線を放出 |
| $\beta^-$ 壊変 | 高速の電子 | 原子核内で $n \rightarrow p^+ + e^- + \nu$．陽子数が1増加，中性子数が1減少 |
| | $\gamma$ 線の放出を伴う | 中性子過剰核種で起こる．単一の放射性核種から複数種のエネルギーの $\beta^-$ 線を放出．$\beta^-$ 線のエネルギーはゼロから核種に固有の最大エネルギーまで連続的に分布 |
| $\beta^+$ 壊変 | 高速の陽電子 | 原子核内で $p^+ \rightarrow n + e^+ + \nu$．陽子数が1減少，中性子数が1増加 |
| | $\gamma$ 線の放出を伴う | 不安定性が高い中性子不足核種でよく起こる．単一の放射性核種から複数種のエネルギーの $\beta^+$ 線を放出．$\beta^+$ 線のエネルギーはゼロから核種に固有の最大エネルギーまで連続的に分布 |
| 軌道電子捕獲 | 壊変生成核の特性X線 | 軌道電子を原子核が捕獲．原子核内で $p^+ + e^- \rightarrow n + \nu$．陽子数が1減少，中性子数が1増加 |
| | $\gamma$ 線の放出を伴う | 不安定性が低い中性子不足核種でよく起こる |
| 核異性体転移 | $\gamma$ 線 | 測定可能な半減期の励起状態の原子核から $\gamma$ 線のみを放出して基底状態に転移 |
| 内部転換 | 電子　特性X線 | 低励起状態の原子核から軌道電子にエネルギーが移る |
| 自発核分裂 | 核分裂片，中性子，$\gamma$ 線 | 自発的な原子核の分裂．原子番号90以上の核種で起こる |

\* $n$ は中性子，$p^+$ は陽子，$e^-$ は電子，$e^+$ は陽電子，$\nu$ はニュートリノ

射線を放出して安定な原子核へと変化する現象を放射性壊変または放射壊変（radioactive decay）という（表4.5）．

**（2）放射線の種類と性質**　放射壊変に伴って放出されるもの以外も含めてわれわれの身の回りにあるおもな放射線を分類して表4.6に示す．各放射性核種から固有の種類とエネルギーの放射線が放出されるが，一つの放射性核種からの放射線の種類とエネルギーは複数種であることが多い．放射性核種から放出される放射線の種類とエネルギーは核種の定性分析に利用される．

　放射線の測定や人体影響について考えるときに重要な放射線の性質（作用）は，放射線が通過していく物質の原子や分子の電子雲中で，電磁気的な相互作用で放射線のエネルギーが電子に付与されて電子を原

表 4.6 おもな放射線の種類と作用

| 分類 | | | | おもな発生源* | 物質に対する主な作用の結果 |
|---|---|---|---|---|---|
| 粒子<br>(質量あり) | 荷電粒子<br>(電荷あり) | 原子核成分 | α線 | RN, AC | 電離が密集して起こる |
| | | 電子成分 | β⁻線, β⁺線 | RN, AC | 電離がまばらに起こる |
| | 非荷電粒子<br>(電荷なし) | 原子核成分 | n (中性子) | AC, 原子炉, CR | 原子核に衝突して高エネルギー陽子などを生成し, その陽子による電離が密集して起こる |
| 電磁波<br>(質量・電荷なし) | 原子核からの電磁波 | | γ線 | RN, AC, CR | 光電効果などにより高エネルギー電子を生成し, その電子による電離がまばらに起こる |
| | 電子雲からの電磁波 | | X線 | RN, AC | |

* RN：放射性核種，AC：加速器，CR：地表に届いている宇宙線起源の放射線

子から離脱させ，物質を電離することである．電離（イオン化）によって生成したイオンの空間的密度分布が放射線の種類によって異なるようすを図 4.72 に模式的に示す．α 線は通路の単位距離あたりに高い密度で電離を起こして物質中で速やかにエネルギーを失い，容易に吸収されてしまう（放射性核種からの α 線は紙 1 枚で吸収されてしまう）．β 線は通路の単位距離あたりに失うエネルギーが少なく，α 線よりも相対的に物質透過性が高い．無電荷の γ 線や中性子は，電離作用のある荷電粒子を生成してはじめて物質を電離するが，荷電粒子生成の確率が低いので，物質透過性が高い．

低エネルギー β 線（軟 β 線ともいう）は物質透過性が低い．

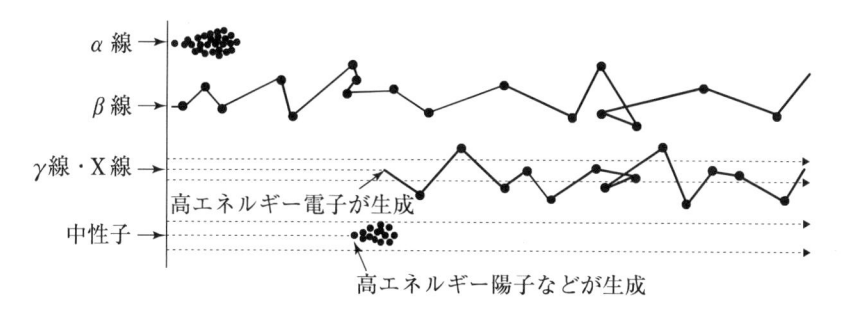

図 4.72 放射線によって物質中に生成するイオンの分布

## b. 放射壊変の規則性

単一種の放射性核種の集団において，その原子核数は時間経過とともに指数関数的に次式のように減少する．

$$N_t = N_0 e^{-\lambda t} \tag{4.53}$$

ここで，$N_0$ と $N_t$ は，それぞれ時刻ゼロと時間 $t$ 経過後の単一種の放射性核種の原子核数である．e は無限級数の和 $1 + 1/1! + 1/2! + 1/3! + \cdots = 2.718\cdots$ で定義される定数で，$\lambda$ は壊変定数（decay constant, 時間⁻¹ の次元をもつ）とよばれる各放射性核種に固有の定数である．$N_t/N_0$ が

1/2 になるまでの時間を半減期 (half-life, 以下 $T$ で示す) といい, $1/2 = e^{-\lambda T}$ (すなわち $2 = e^{\lambda T}$) から $\ln 2 (= 0.693\cdots) = \lambda T$ (または $\lambda = \ln 2/T$) という関係が導かれる. $1/\lambda$ は平均寿命 (average life) である. 式 (4.53) で注意しなければならないことは, $\lambda$ と $t$ の積は必ず無次元でなければならないことである ($s^{-1} \times s$, $\min^{-1} \times \min$, $h^{-1} \times h$, $y^{-1} \times y$ など).

> 半減期が年(y)の単位で示されているとき, $1\,y = 365.256\,36\,d = 3.155\,8150 \times 10^7\,s$ とする.

式 (4.53) を次のように表すこともできる.

$$N_t = N_0 \left(\frac{1}{2}\right)^{t/T} \tag{4.54}$$

式 (4.53) を微分すると式 (4.55) が得られる.

$$\frac{dN_t}{dt} = -\lambda N_0 e^{-\lambda T} = -\lambda N_t, \quad \frac{-dN_t}{dt} = \lambda N_t \tag{4.55}$$

式 (4.55) は, 各瞬間における単一種の放射性核種の原子数の減少速度 (壊変率) $-dN_t/dt$ は壊変せずに残っている原子の数 $N_t$ に比例し, 比例定数 $\lambda$ は 1 個の原子核が単位時間に壊変する確率であることを示している. また, 式 (4.55) は放射壊変が一次反応であることも示している.

放射壊変におけるエネルギー変化のレベルは, 原子の電子雲が関係する現象 (化学現象) に伴うエネルギー変化レベルに比べて少なくとも1万倍は高い. したがって, 加熱や加圧によって原子核の安定性 (半減期) が変化することはない. 壊変定数 (および半減期) は各放射性核種に固有の物性定数であり, 放射性核種による年代測定が可能であるゆえんである.

### c. 放射性核種

**(1) 放射性核種の量の表し方** 単一放射性核種の壊変率 (各瞬間における単位時間あたりの壊変数) と原子数の関係は式 (4.55) で示したとおりであるが, われわれが分析するレベルの放射性物質の量を質量やモルで示すと極端に小さな数値の物理量でしか表現できず, 原子数で示すと逆に極端に大きな数値で表現されて, われわれの日常的数値感覚では理解しにくい.

> がんの診断で今日もっともよく用いられている $^{99m}$Tc (半減期は $6\,h = 21\,600\,s$, したがって壊変定数 $\lambda$ は約 $3.2 \times 10^{-5}\,s^{-1}$) を例にすると, その $99\,fg$ (フェムトグラム; $10^{-15}\,g$) には約 $6 \times 10^8$ 個 ($N_t$) の $^{99m}$Tc 原子が含まれ, 式 (4.55) に代入すると 1 秒間あたりの壊変率 ($-dN_t/dt$) は約 $19\,000\,s^{-1}$ と計算される.

また, 放射性核種の定量においては壊変率に比例する計数率 (単位時間あたりの放射線計数値) が測定値として得られるので, 放射性核種の量を壊変率で示すのが普通である. 壊変率の単位は固有の名称をもつ SI 単位ベクレル (Bq) である. 1 Bq は 1 秒間に 1 個の原子核が壊変する放射能と定義されている (したがって, $1\,Bq = 1\,s^{-1}$). 単一種の放射性核種 (半減期既知) の量が Bq 単位で示されておれば, 必要に応じて式 (4.55) を用いて原子数に換算でき, さらに原子数から質量が求まる.

**(2) 放射性核種の分類** 存在が確認されている放射性核種は約 2900 種である. 起源で分類した場合, 放射性核種は天然放射性核種と人工放射性核種に大別される.

地球上の天然放射性核種には，地球が誕生した約45億年前から現在まで存在し続けてきた長半減期（7億年以上）の一次天然放射性核種（28核種），一次天然放射性核種のうちの$^{232}$Th（半減期140億年），$^{238}$U（同45億年），$^{235}$U（同7億年）から生成する短半減期の二次天然放射性核種（42核種，半減期は25万年以下），大気に宇宙線が照射されて起こる原子核反応の生成物である天然誘導放射性核種（地表まで到達していることが知られているもの約14核種）がある．

人工放射性核種は人工的原子核反応によってつくられたものである．そのほとんどは半減期が1億年以下である．

天然放射性核種からの放射線も人工放射性核種からの放射線も，線量が同じであれば，放射線影響は同じである．人工放射性核種から特別有害な放射線が出ているわけではない．

### d．放射線測定の原理

a．項の(2)で述べたとおり，荷電粒子放射線には物質中の原子や分子の電子雲との直接的な電磁相互作用により原子・分子を電離（イオン化）する性質がある．電荷をもたない$\gamma$線や中性子は，表4.6に示した過程によって生成した高エネルギー荷電粒子が原子・分子を電離する．電離は具体的には次のように起こる．

$\gamma$線や中性子は，直接的に電離を起こすわけではないので間接電離放射線とよばれる．

窒素分子 ── → 窒素分子イオン$^+$ ＋ 電子$^-$

ゲルマニウム原子 ── → ゲルマニウムイオン$^+$ ＋ 電子$^-$

放射線のエネルギーは数keV（$10^3$eV，eVは電子ボルト）〜数MeV（$10^6$eV）であるのに対し，1回の電離に必要なエネルギーは物質に固有で，気体で約30 eVであり半導体で約3 eVである．したがって，3 MeVの$\alpha$線がシリコン半導体に入射すると約$10^6$個の電離電子がパルス的に生成する．電離電子の数は荷電粒子放射線のエネルギー（$\gamma$線の場合は，光電効果で生成した光電子のエネルギー）に比例する．光電子は$\gamma$線のエネルギーから光電効果に必要なエネルギー（元素ごとに一定）を差し引いたエネルギーをもつ．

放射線測定では検出器中での瞬間的な直接電離または間接電離で生成した電離電子を計測している．放射線検出器は，絶縁性は高いが電離電子が動きやすい物質（現在は半導体が主流）でつくられており，検出器に直流高電圧電極を設けておけば，放射線が検出器に入射するつど，瞬間的に生成した電離電子群が陽極に集められ，外部回路に電気的なパルス信号が送られて計数される．単位時間あたりに計数されるパルス数が計数率である．計数率の測定値はcps（counts per second）などの単位で示される．通常，線源から放出された放射線の一部だけが放射線検出器に入射して計数されるが，計数率は線源中での壊変率（Bq）に

比例する．また，一つのパルス（1個の放射線に対応）に含まれる電離電子の数に比例する物理量を計測すれば放射線エネルギーの情報が得られ，そのような物理量はパルス信号の電圧であり，波高とよばれる．

> パルス信号の電圧∝電離電子の数∝放射線のエネルギー．

なお，現在の研究用放射線測定ではほとんどの場合エネルギー分解能が高い半導体検出器を用いるが（$\alpha$線・$\beta$線用にはシリコン半導体，$\gamma$線用にはゲルマニウム半導体），放射線によって瞬間的に蛍光を発する物質（シンチレーターという）も放射線測定に用いられている．とくに放射性物質を直接溶かし込むことができる液体シンチレーターは，使い捨てであるが，物質透過性が低い放射線（$\alpha$線や軟$\beta$線）の測定に有効である．放射線による蛍光は光電子増倍管で電気信号に変換・増幅されて計数回路で処理される．単位時間あたりの蛍光回数が計数率となり，一つ一つの蛍光の強度は放射線エネルギーを反映している．

放射線のエネルギーごとの計数率（計数値/計数時間）を測定するための装置は放射線スペクトロメーターとよばれる．

### e．放射性核種分析

以上に述べたことを十分理解した上で放射線測定によって放射性核種の定性分析と定量分析が行われる．

> 微量の長半減期放射性核種は質量分析計（加速器質量分析計を含む）で測定されることも多くなっている．

なお，ここでは分析対象核種が決まっている分析について述べるが，与えられた試料にどのような核種が含まれるかが不明の場合も，適切な推定に基づいて核種をある程度予想してから，分析対象核種が決まっている場合に準じた分析操作が行われる．

**（1）定性分析**　核種の定性分析を確実に行うための最初の操作は化学分離である．検体試料から特定の元素（または特定の化学種）を化学分離すれば，元素が何であるかがわかる．また妨害もほとんどなくなって核種同定（および後述の定量）の確度がよくなる．なお，どのような場合でも化学分離が必要であるとは限らないが，物質透過力が極めて低い$\alpha$線や軟$\beta$線や低エネルギーの$\gamma$線・X線の測定を行うときは，試料マトリックスから分析対象の核種が属する元素を分離して自己吸収のない測定線源を調製することが不可欠である．

> 測定試料自身によって放射線が吸収されることを自己吸収という．

また，物質透過力の高い$\gamma$線の測定を行うときでも，多数の放射性核種が検体試料に含まれていて多種類のエネルギーの$\gamma$線が出ているときは，ある核種からの$\gamma$線が別の核種の$\gamma$線と重なり合って相互に妨害し合うことがあるので，元素別の化学分離（または属分離）が必要である．

化学分離は，確立された種々の物質分離法（沈殿分離法，液-液抽出法，クロマトグラフィーなど）を駆使して行われる．ただし，分離対象核種の元素量が極めて微量である場合がほとんどなので，マクロ量での物質分離法を適用しうるようにするとともに分離回収率を求めるた

めに，安定同位体や適切な放射性同位体（分析対象とは異なる）の既知量を担体やトレーサーとして予め検体試料に添加してから化学分離が行われる．担体（またはトレーサー）の回収量/添加量から収率が求まる．

化学分離の後に行われる核種の定性分析は，放射線の種類とエネルギーおよび半減期の測定によって行われる．放射線の種類の弁別は，放射線検出器（$\alpha$ 線用，$\gamma$ 線用など）の選択で達成できる．

現在使用されている放射線検出器のエネルギー分解能はかなり高いが，それをもってしても分解できないエネルギー範囲の中に複数の核種からの放射線が重なることが少なくない．そのため，半減期が測定可能な範囲（数分〜数年）であれば，測定を繰り返してスペクトルのピークごとに半減期を追跡し，ピークの純度を確認するのが望ましい．スペクトルピークの純度が不明なときの半減期追跡においては，1回あたりの測定時間を可能な限り短い一定値にすることが肝要である．現在使われている波高分析器のほとんどに一定時間ずつの繰り返し測定を自動的に行う機能がある．なお，放射線スペクトロメーターのエネルギー較正には市販されている標準線源を用いるのが普通である．

以上の化学分離，放射線の種類とエネルギーの測定，半減期の測定を全部行うことによって，ほぼ確実な定性分析が達成される．

（2）**定量分析**　線源に存在するある放射性核種の壊変率（$A$/Bq）と放射線スペクトロメーターで測定される特定のピークの計数率（$R$/cps）の間の関係は次のように示される．

$$R = A \cdot b \cdot a_1 \cdot G \cdot a_2 \cdot \varepsilon \cdot L \tag{4.56}$$

ここで，$b$ は1壊変あたりに放出される注目放射線の放出率，$a_1$ は線源中での注目放射線の透過率，$G$ は線源の外に放出された注目放射線が検出器に入射する幾何学的な効率，$a_2$ は注目放射線が検出器の外部表面から有感部に到達するまでの透過率，$\varepsilon$ は注目放射線が検出器有感部で電離を起こし計数値になる効率，$L$ はスペクトロメーターの有効稼動率（正味の測定時間の割合＝［測定時間－不感時間］/測定時間）である．

しかし，$b$，$a_1$，$G$，$a_2$，$\varepsilon$，$L$ のパラメーターを個々に決定するのは容易でないので，通常は検体試料の線源と核種量・形状などを揃えた比較標準線源（核種量既知）を同一条件で測定して $b \cdot a_1 \cdot G \cdot a_2 \cdot \varepsilon \cdot L$ をまとめて取得する．すなわち，検体試料線源と比較標準線源の相対測定を行うことになり，比較標準線源の調製に認証機関で標定され市販されている放射能標準溶液を用いる．

（3）**放射性核種分析の注意点**　放射性核種分析，とくに極微量放射性核種の分析において注意しなければならないことを以下に示す．

---

検体試料中に元来含まれる安定同位体が既知量であれば，それを担体やトレーサーとすることもある．

一つのパルスの処理に一定の時間を要し，その間は次のパルスを処理することができないので，測定器に不感時間が生じる．

（i）使用トレーサー・担体・試薬の純度：分析対象核種を不純物として含むトレーサー，担体，試薬を検体試料に添加すると間違った分析結果を与え，膨大な時間と予算を使った研究が無駄になることがある．現在市販されている種々の放射性トレーサーや試薬の純度はかなり高いが，使用前に純度のチェック分析を行い，必要であれば精製する必要がある．

> 化学分離を経て測定線源を調製した場合，線源の放射性核種定量値にトレーサーや担体から求めた収率の補正を行って，もとの検体試料に含まれていた核種量を求める．

（ii）同位体交換：収率測定用のトレーサーや担体を検体試料に添加してから化学操作を始めるが，トレーサーや担体と検体試料中の分析対象核種で元素の化学形が異なると，同じ元素であっても化学分離過程における挙動が異なり，トレーサーや担体から求めた分離収率は分析目的核種の収率と異なってしまう．

したがって，検体試料にトレーサーや担体を添加した後（固体試料ではさらに溶液化を行った後），同位体交換が十分進むよう十分な加熱や放置や酸化・還元操作を行う必要がある．

（iii）汚染核種混入の防止：分析対象核種の量が微量であると，化学分離に使用するトレーサー，担体，試薬のみならず器具などからの汚染核種の混入を防止することが重要になる．放射性核種は微量でも鋭敏に検出される一方で簡単な洗浄で器具類から所要のレベルまで汚染を除去するのが困難なことがある．場合によっては，器具類は使い捨てにするのがよい．

（iv）化学分離の時間：放射性核種の分析において，とくに分析対象核種やトレーサー核種の半減期が化学分離を経て測定を開始するまでに要する時間程度以下であるとき，測定開始時点においてかなり減衰してしまっている．したがって，測定対象核種やトレーサー核種の半減期を考慮した化学分離手順の採用が不可欠であり，迅速分離法の開発が重要になってくる．

（v）線源調製：とくに透過力の弱い放射線を測定するとき，自己吸収のある測定線源は分析誤差の原因となる．化学分離をていねいに行って，自己吸収を無視しうる薄層線源を調製しなければならない．透過力が高い$\gamma$線を測定するための線源を調製する場合でも，検体試料線源と比較標準線源を可能な限り同一の状態（マトリックス，密度，形状，放射性核種濃度）にする慎重さが求められる．

## 4.18 旋光分散法・円偏光二色性法

左右の手のひらを見ながら，両手をスライドさせて重ねようとしてもそれは不可能である．今度は図4.73のように右の手のひらを鏡に映

すと，その像はもはや右手ではなく，左手となっている．つまり右手とその鏡像はやはり重なり合わない．このような関係は分子の世界にも存在し，鏡像の関係にある二つの分子を互いに対掌体（enantiomer）という．対掌体の例として乳酸をあげよう．図4.74のように二つの物質間で性質が異なるのは光学活性だけであり，沸点，融点，密度など他の性質はすべて同一である．

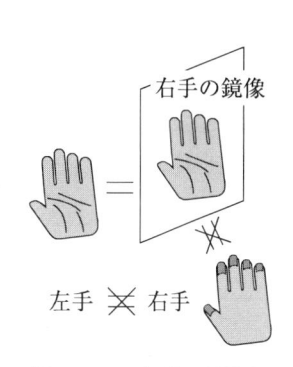

図 4.73 右手の鏡像と左手の関係

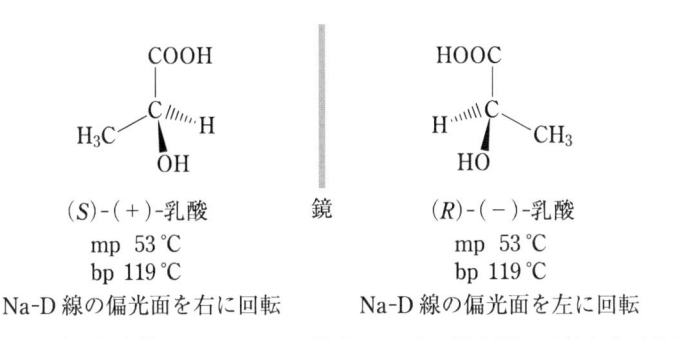

(S)-(+)-乳酸
mp 53 ℃
bp 119 ℃
Na-D 線の偏光面を右に回転

鏡

(R)-(−)-乳酸
mp 53 ℃
bp 119 ℃
Na-D 線の偏光面を左に回転

図 4.74 乳酸の対掌体．ナトリウムD線(589 nm)の偏光面の回転方向が異なる

光学活性とは，物質が左右円偏光に対して異なる屈折率や吸収係数を示す現象をいう．屈折率の違いによって旋光分散（optical rotatory dispersion；ORD）が，吸収係数の違いによって円偏光二色性（circular dichroism；CD）が現れる．ORD, CDは，分子の立体配置（configuration, 現在では絶対配置と同義）について特徴的であるから，有機立体化学をはじめ，配位立体化学や生物化学において欠くことのできない手法である．

**a．偏光・旋光の原理**

**（1）平面偏光と円偏光**　光は電磁波であり，電場とそれに直交する磁場を伴う．ここでは簡単ために電場の振動のみを考える．図4.75(a)に平面偏光（plane polarized light）の電場ベクトルを示した．しかし，これは自然光のある一部が示されているだけであり，図4.75(b)のように自然光の電場ベクトルは360°あらゆる方向に分布している．ここで，自然光をニコルプリズムなどの偏光子を通過させると，一定平

*R/S* 表示法
対掌体の絶対配置（absolute configuration）を表記する方法である．不斉炭素の周りに結合する置換基に原子番号の大きな順で優先順位をつける．乳酸（図4.74）であればOH＞COOH＞CH₃＞Hとなる．ここで，順位のもっとも小さいHを紙面の向こう側におき，残りの三つの置換基を眺めて，順位が右回りの配置を(*R*)，左回りの配置を(*S*)と定義する．

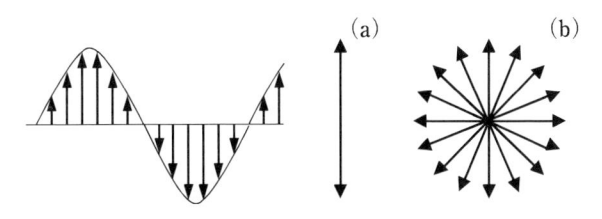

(a)　(b)

図 4.75 平面偏光の電場ベクトル(a)と自然光の電場ベクトルの振動面(b).
［田中　久監修，"薬学の機器分析"，廣川書店 (1991), p. 47］

面だけで振動する光となる．これが図 4.75 (a) で示した平面偏光である（直線偏光ともいう）．平面偏光の振動面（紙面と同一）のことを偏光面という．

平面偏光を二つ取り出し，偏光面を互いに直交させ，位相を 1/4 波長（$\pi/2$）だけずらすと円偏光（circularly polarized light）が生じる．図 4.76 (a) に示すように，$yz$ 平面の電場ベクトルが $xz$ 平面のそれよりも 1/4 波長だけ先行させると左円偏光が得られる．このとき振幅最大の点を結ぶとらせんができ，この光は観測者にとって左回りに見える．この場合の逆が図 4.76 (b) に示す右円偏光である．

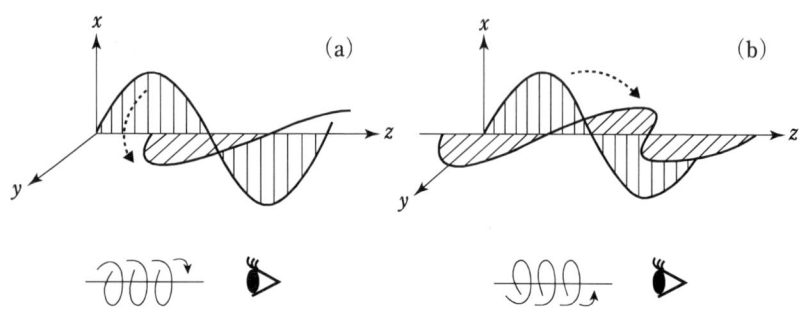

**図 4.76** 左円偏光（a）と右円偏光（b）

ここで，平面偏光が左右対称な円偏光ベクトルの和であることを理解しよう．平面偏光と左右円偏光の関係を図 4.77 に示す．電場ベクトル $E_0$, $E_1$, $E_2$, … が左円偏光ベクトル $l_0$, $l_1$, $l_2$, … と右円偏光ベクトル $d_0$, $d_1$, $d_2$, … との和であることがわかる．つまり，ある物質に平面偏光を入射することは，左右円偏光を同時に同位相で入射することなのである．

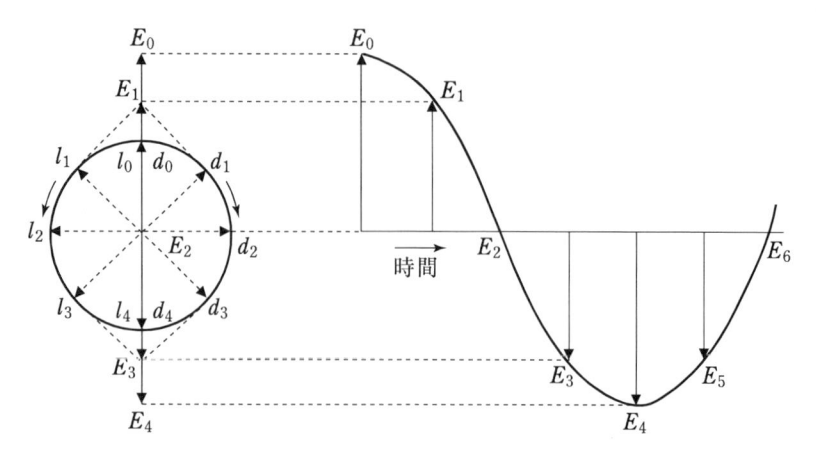

**図 4.77** 左右円偏光のベクトル和で表される平面偏光の電場ベクトル．$d$：右円偏光ベクトル；$l$：左円偏光ベクトル．たとえば $d_1 + l_1 = E_1$．
［日本分析化学会九州支部編，"機器分析入門 改訂第 2 版"，南江堂（1989），p. 81］

**（2）旋光度**　　光学不活性な物質に平面偏光を通過させると，平面偏光の成分である左右円偏光は等しい速度で通過するので，偏光面は左にも右にも回転することはない．しかし，乳酸のような光学活性物質であると，左右円偏光に対して異なる屈折率を示すことから，物質内での左右円偏光の速度が異なる（位相がずれる）．その結果，平面偏光の偏光面が左または右に回転することになる．回転の大きさを表す量が旋光度 $\alpha$ であり，偏光面が左に回転する場合，左旋性（levorotatory）といい（（−）と表記），右に回転する場合，右旋性（dextrotatory）という（（+）と表記）．

旋光度は，式(1)で示す比旋光度または式(2)で示すモル旋光度で表される．

$$[\alpha]_\lambda^t = \frac{100\,\alpha}{lc} \quad (1)$$

$$[\phi]_\lambda^t = \frac{[\alpha] \times M}{100} \quad (2)$$

ここで，$t$ は温度，$\lambda$ は波長，$\alpha$ は回転角，$l$ は試料層の厚さ(dm)，$c$ は 100 m$l$ 中の試料量(g)，$M$ は分子量である．

**（3）旋光分散（ORD）とコットン（Cotton）効果**　　ORD とは，紫外可視の波長領域で旋光度を連続的に測定したときの変化をいい，その変化を記録した曲線を ORD 曲線という．図 4.78 (a)，(b) に ORD 曲線の模式図を示す．図 4.78 (c)，(d) については後で述べる．図 4.78 (a)，(b) のように旋光度は横軸の波長によって大きさばかりでなく，符号，すなわち回転の方向さえも変化する．この変化は発見者の名からコットン効果という．(a) の場合は正のコットン効果，(b) の場合は負のコットン効果という．

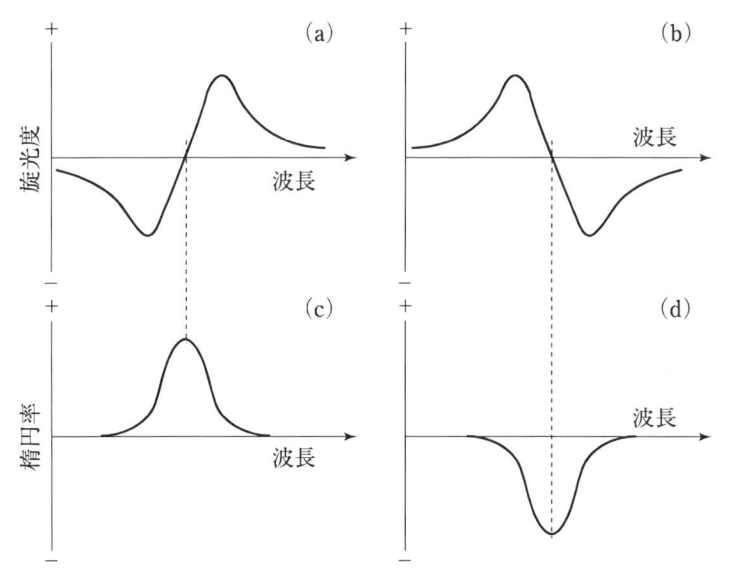

**図 4.78**　ORD(a)，(b) および CD(c)，(d) 曲線．(a)(c)：正のコットン効果，(b)(d)：負のコットン効果

**（4）円偏光二色性（CD）**　　左右円偏光の透過速度が異なると旋光性が観測される．さらにある物質が，両円偏光に対し異なる吸収係数をもつ場合，左右円偏光ベクトルは互いに異なる大きさとなる．したがって，両ベクトルの合成として得られる平面偏光の電場ベクトルは，図 4.77 に示すような真円ではなく楕円を描く．これを楕円偏光（ellipti-

図 4.78 からわかるように，ORD と CD から得られる構造化学的な知見は，全く同じである．しかし，ORD は CD よりも光学活性物質に特徴的な曲線を与えるので，化合物の確認，同定に有効である．CD は測定波長域にいくつものコットン効果が存在するとき，個々の吸収帯を分離できるので，複雑な化合物の構造解析に用いられる．

cally polarized light）といい，この現象をCDという．CDの大きさは近似的に式(4.57)で示すモル楕円率で表される．

$$[\theta]_\lambda = 3\,300(\varepsilon_- - \varepsilon_+) = 3\,300\,\Delta\varepsilon \tag{4.57}$$

$\varepsilon_-$と$\varepsilon_+$はそれぞれ左右円偏光に対するモル吸光係数で，$\Delta\varepsilon$は円偏光二色性度である．CD曲線の模式図を図4.78(c)，(d)に示す．正のコットン効果の場合，CD曲線は＋側に，負のコットン効果では－側に現れる．

### b. 測定装置

**（1）旋光計** 図4.79に旋光計の概念図を示す．光源としてナトリウムランプが用いられ，フィルターによりD線（589 nm）を得る．ニコルプリズムなどの偏光子を通過させ平面偏光とし，これが光学活性な試料を通過すると偏光面が回転する．この偏光面に対して検光子（偏光子と同一）を直交するように，つまり検出器に入る光量が最小になるようにする．このときの検光子の角度により旋光度$\alpha$が計測される．試料層長は通常1 dmの条件であり，温度20°Cで測定されれば，比旋光度は$[\alpha]_D^{20}$と表される．

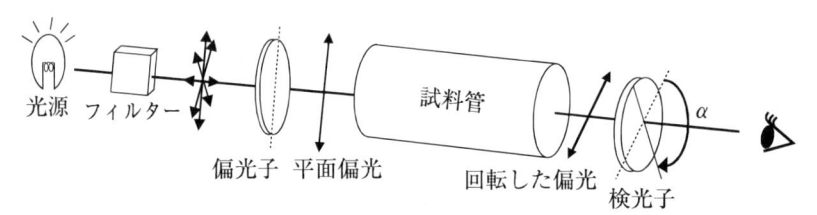

**図4.79** 旋光計，ORD装置の概念図．光源：旋光計ではナトリウムランプ，ORDではキセノンランプ．

**（2）ORD** 連続波長を得るために光源としてキセノンランプが用いられる（図4.79）．光源からの光をモノクロメーターで単色光とした後は，（1）の旋光計と同一の操作が行われる．

**（3）CD** 図4.80のように，平面偏光をポッケルスセルとよばれる円偏光変調素子（modulator）に入れて，左右円偏光を交互に発生さ

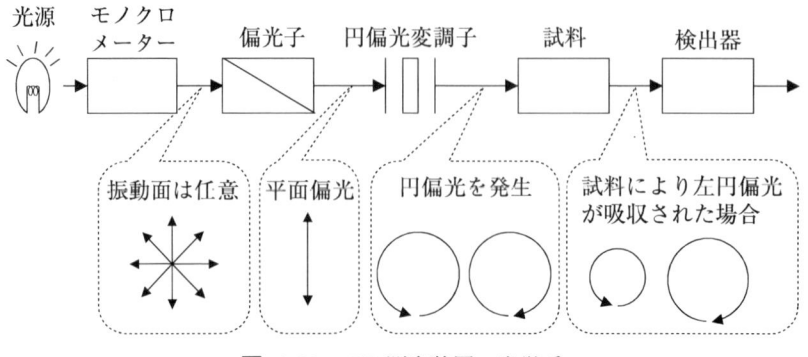

**図4.80** CD測定装置の光学系

せ，試料を通過した光を検出器で検出する．左右円偏光に対する吸収の差からモルだ円率が求められる．最近では波長範囲や安全性から，ポッケルスセルに代わり，ピエゾ効果を利用した光弾性変調子 (stress modulator) が用いられている．

**c．応　　用**

**（1）光学純度の検定**　　比旋光度は物質固有の定数であるため，光学活性物質の純度検定が可能である．Merck Index や日本薬局方には，糖類，アミノ酸，ビタミン，ホルモン，アルカロイドなどの比旋光度が収録されている．しかし，比旋光度は波長，温度，溶媒の種類によって変わるので注意が必要である．

**（2）絶対配置または立体配座の決定**　　絶対配置とは，光学活性な部分を構成する置換基や原子の空間的配置であり，絶対配置が異なる立体異性体を立体配置異性体 (configurational isomer) という．この異性体間の相互変換には，必ず共有結合の切断と再結合がともなう．これに対し立体配座異性体 (conformational isomer) では，相互変換が単結合の回転だけで済む．エタンの"ねじれ形配座"と"重なり配座"が立体配座異性体の例である．

**（3）オクタント則**　　カルボニル基は，$n \rightarrow \pi^*$ 遷移に基づく吸収 (約 300 nm) をもち，この吸収の位置にコットン効果が観測される．いす形シクロヘキサノンを用いてオクタント則を説明しよう．図 4.81 に示すように，カルボニル基 C=O の中点に原点をとり，まわりの空間を $x, y, z$ の平面で分画すると，八つの空間ができあがる．$z$ 軸の正方向から C=O 基を眺めて $xy$ 平面の後方四つの空間を後方オクタント，前方の四つを前方オクタントという．

　シクロヘキサノンは光学不活性だが，10 個の水素原子のいずれかが他の原子や置換基に置き換われば，光学活性となる．$z$ 軸の正方向から

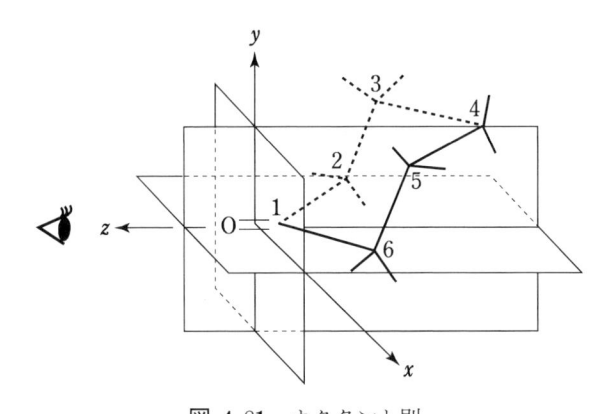

図 4.81　オクタント則
[編集委員会編，"分析化学ハンドブック"，朝倉書店 (1992)，p. 371]

の投影図をつくると図 4.82 のようになり，シクロヘキサノンの置換基はすべて後方オクタントに入る．図 4.82 中の数字は，図 4.81 に記した炭素の番号，符号はコットン効果の符号である．すなわち，光学活性をもつ部位が，後方オクタントで左上または右下にある場合には正の，右上または左下にあるときは負のコットン効果が得られる．ただし，光学活性部位が $x$, $y$, $z$ のいずれかの面上にあるときはコットン効果に寄与はない．

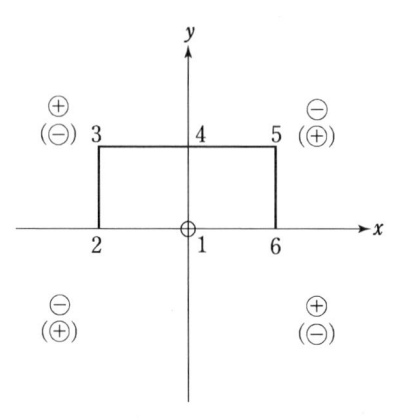

**図 4.82** 後方オクタントのコットン効果の符号．括弧内の符号は前方オクタント．番号は図 4.81 の炭素番号．

## 演習問題（4章）

**4.1** バッチマニュアル法と FIA が基本的に大きく異なる点を説明せよ．

**4.2** ガス拡散装置を用いるメリットはどこにあるか．

**4.3** (a)・$CH_3$ と (b)・$CD_3$ の ESR スペクトルの超微細線の強度分布を予測せよ．

**4.4** 300 MHz の周波数で稼動する核磁気共鳴装置で $^1H^{35}Cl$ を測定したとき，どれ位の磁場で共鳴を起こすと期待されるか？

**4.5** 標準人体には 0.2 質量％のカリウム（原子量 39.1）が含まれている．天然のカリウムの同位体組成は，$^{39}K$ が 93.3 原子％，$^{40}K$ が 0.01173 原子％，$^{41}K$ が 6.73 原子％である．このうちの $^{40}K$ は放射性同位体で，半減期は $1.28 \times 10^9$ 年である．アボガドロ定数を $6.022 \times 10^{23}$ $mol^{-1}$ として，体重 50 kg の標準人体中に含まれる $^{40}K$ の壊変率（Bq 単位）を有効数字 3 桁で示せ．

**4.6** (+)-ショウノウは香料，防虫剤，防臭剤などに用いられる．このショウノウ 3.00 g を溶解した 100 ml のエタノール溶液を 2.00 dm の試料管に入れ，ナトリウム D 線を用いて 20℃ で旋光度 $\alpha$ を測定したところ，+2.64° であった．比旋光度を求めよ．

**4.7** (+)-ショウノウ-10-スルホン酸水溶液は，CD の標準試料として用いられることが多い．この水溶液の CD スペクトルを測定したところ，極大吸収波長が 290.5 nm に存在し，円偏光二色性度 $\Delta\varepsilon$ は +2.20 であった．モルだ円率 $[\theta]_{290.5}$ はいくらか．

4.8 絶対配置が図 4.83 (a) で示される (R)-(+)-3-メチルシクロヘキサノンのいす形配座には，メチル基の配向により，(b) のエクアトリアル配座と (c) のアキシアル配座がある．

(a)　　　　　(b)　　　　　(c)

図 4.83

ORD スペクトルを測定したところ，図 4.84 のようになった．オクタント則より立体配座を判定せよ．

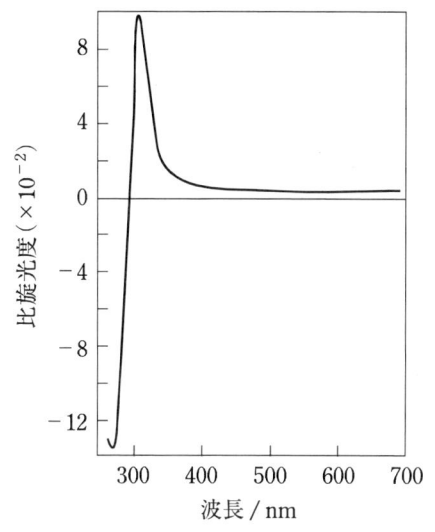

図 4.84　(R)-(+)-3-メチルシクロヘキサノンの ORD 曲線(メタノール溶液)
[編集委員会編，"分析化学ハンドブック"，朝倉書店 (1992)，p. 367，一部改変]

## 参考文献

1) 丹羽 登，橋本 康，"農学・生物学系のための電気電子計測"，オーム社 (1987)．
2) 西 久夫，"色素の化学"，共立出版 (1985)．
3) 編集委員会編，"無機応用比色分析"，共立出版 (1979)．
4) 高島良正，与座範政 編，"図説フローインジェクション分析法－基礎と実験"，廣川書店 (1989)．
5) 大道寺英弘，中原武利 編，"原子スペクトル分析－測定とその応用"，学会出版センター (1989)．
6) 日本分析学会編，"改訂4版 分析化学データブック"，丸善 (1994)．
7) 保母敏行 監修，"分析技術"，フジ・テクノシステム (1996)．
8) 梅澤喜夫，澤田嗣郎・中村 洋 監修"，最新の分離・精製・検出法"，エヌ・ティ・エス (1997)．
9) 日本分析学会編，"改訂五版 分析化学便覧"，丸善 (2001)．
10) 河口広司，中原武利 編，"プラズマイオン源質量分析"，学会出版センター (1994)．
11) 日本分析学会編，"機器分析(1)"，朝倉書店 (1995)．
12) 久保田正明 監訳，"誘導結合プラズマ質量分析法"，化学工業日報社 (2000)．
13) 水池 敦，河口広司，"分析化学概論"，産業図書 (1978)．
14) 赤岩英夫，柘植 新，角田欣一，原口紘炁，"分析化学"，丸善 (1991)．

15) 庄野利之，脇田久伸 編，"入門機器分析学"，三共出版 (19878)．
16) 田中 稔，澁谷康彦，庄野利之，"化学教科書シリーズ 分析化学概論"，丸善 (1999)．
17) 神戸博太郎，小澤丈夫 編，新版熱分析"，講談社サイエンティフィク (1992)．
18) 日本熱測定学会編，"熱量測定・熱分析ハンドブック"，丸善 (1998)．
19) 早稲田嘉夫，松原英一郎，"X線構造解析"，内田老鶴圃 (1998)．
20) 染野 壇，安盛岩雄 編，"表面分析"，講談社 (1976)．
21) 泉 美治，小川雅彌，加藤俊二，塩川二郎，芝 哲夫 編，"機器分析のてびき"，化学同人 (1996)．
22) 竹内敬人，野坂篤子 訳，"化学者のための最新NMR概説"，化学同人 (1991)．
23) 通 元夫，廣田 洋 訳，"最新NMR"，シュプリンガー・フェアラーク東京 (1988)．
24) 安藤喬志，宗宮 創，"これならわかるNMR"，化学同人 (1997)．
25) P.W. Atkins, "Physical Chemistry", Oxford University Press (1998)．
26) 大門 寛，堂免一成 訳，"バロー物理化学（下）"，東京化学同人 (1999)．
27) 八木克道 編，"表面科学シリーズ3 表面の構造解析"，丸善 (1998)．
28) 井上泰宣，鎌田喜一郎，濱崎勝義 訳，"薄膜物性入門"，内田老鶴圃 (1994)．
29) 森田清三 編，"走査型プローブ顕微鏡－基礎と未来予測"，丸善 (2000)．
30) 西川 治 編，"走査型プローブ顕微鏡－STMからSPMへ"，丸善 (1998)．
31) 二瓶好正 編，"固体の表面を測る"，学会出版センター (1997)．
32) 編集委員会編，"分析化学ハンドブック"，朝倉書店 (1992)．
33) 日本分析化学会九州支部編，"機器分析入門 改訂2版"，南江堂 (1989)．
34) 田中 久 監修，"薬学の機器分析"，廣川書店 (1991)．
35) 梅澤喜夫，本水昌二，渡会 仁，寺前紀夫 編，"機器分析実験"，東京化学同人 (2002)．

# 最近の材料分析化学  5

## 5.1 X線吸収端分析（XAFS）

　一般に，X線の波長を短波長側に変化させて透過率を調べると，波長が短くなるにつれ透過率が徐々に高くなり，X線のある特定の波長で劇的に低下し再び高くなるという図5.1に示したような現象が見られる．このような波長を吸収端（absorption edge）波長とよぶ．さらに吸収端波長周辺を詳しく調べると，長波長部分でわずかに透過率が振動することが見られる．このような透過率の微細な構造を分析するのがXAFS（X-ray absorption fine structure）分析である．

**レントゲン写真**
X線は，透過率の高い光線であり，かつ，物質の種類や密度などにより透過率が変化する．この性質を利用して，物質を透過したX線強度の強弱を二次元的に表現したものがレントゲン写真である．透過したX線光子は写真乾板上の銀を還元する．透過しやすいところほど黒く見えるわけである．逆に吸収されるところほど白く映る．肉と骨のX線透過率の違いから，私たちは骨格を見ることができる．

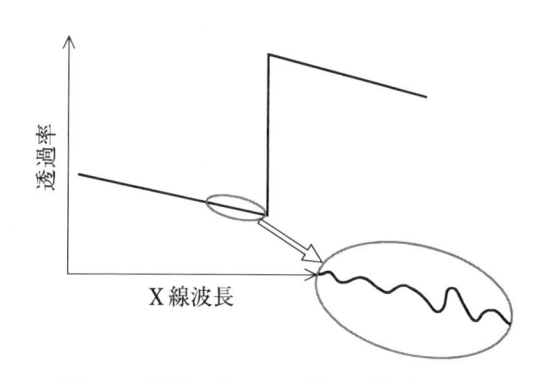

図 5.1　波長に対するX線の透過率の変化

　図中の劇的な透過率の低下（吸収端）はX線による内殻電子の励起のために起こる．したがって，吸収端波長は内殻電子の結合エネルギーに相当している．吸収端波長より短波長側では励起された電子は試料内の束縛を破り，自由電子となって，真空中では無限遠まで遠ざかっていく．X線波長を固定してこの自由電子のエネルギー分布を調べるのがXPSである．X線吸収スペクトルも試料に含まれている元素の内殻電子の吸収端情報を得ることができるのでXAFSに特徴的な情報に加えてXPSやXRFと同じ情報を得ることができる．ただし，そのためにはX線の吸収（透過）を定量せねばならない．

### a. X線吸収スペクトル

X線の透過（吸収）を定量的に表すと，紫外・可視吸収や赤外吸収と同じくランベルト-ベールの法則に従うので，入射X線，透過X線の強度（光子数）をそれぞれ $I_0$, $I$ とすると，

$$I = I_0 \exp(-\mu t) \tag{5.1}$$

あるいは，

$$\mu t = \ln\left(\frac{I_0}{I}\right) \tag{5.2}$$

と表すことができる．ここで，$t$ は試料の厚さ（cm）であり，$\mu$ は全線吸収係数（total linear absorption coefficient）である．試料が複数の元素からなっている場合は，$\mu$ はおのおのの元素 i に対する全線吸収係数 $\mu_i$ の総和とかける．

$$\mu = \sum \mu_i \tag{5.3}$$

$\mu_i$ は物質の密度 $\rho_i$（g cm$^{-3}$）に比例した量であり，$(\mu/\rho)_i$ は物質の状態（固体，非晶質，液体，気体，中性原子，イオン）に依存しないものとなる．$\mu/\rho$ は質量吸収係数（mass absorption coefficient）とよび，近似的に元素に対して固有の量である．

質量吸収係数の波長に対する詳しい値はデータ集に掲載されている．また，データ集には当該元素の吸収端波長に対する質量吸収係数は大小2種類の値が掲載されており，小さい方の数値は吸収端より長波長側（低エネルギー側）に続く値であり，大きい方は短波長側（高エネルギー側）に続く値である．その数値の差 $\Delta\mu$ が吸収端での劇的なX線吸収の変化量（吸収端ジャンプ）に相当する．

**密度の計算**
たとえば，試料として酸化銅（CuO）粉末をセルに詰めたとき，かさ密度がわかれば，銅と酸素の重量比から，$\rho_i$ が計算できるのでセル長の調節が可能である．試料が硫酸銅水溶液であれば，Cu, S, O の密度を計算すればよい（水素はX線に対してほとんど透明であるから計算する必要はない）．

試料中の各元素の密度が計算できるなら，試料の全吸収係数は単純に以下の和で記述できる．

$$\mu t = \sum \left(\frac{\mu}{\rho}\right)_i \rho_i t \tag{5.4}$$

さて，適度な厚さの銅箔を準備し，そのX線吸収スペクトルを測定すると，図5.2のスペクトルが得られる．このスペクトルの縦軸は $\mu t$ で，横軸はX線のエネルギーである．図5.2のスペクトルは基本的には図5.1と同じであるが，縦軸が吸収となっているために，吸収端の不連続なジャンプの大きさは銅の量（この場合だと厚さ）に比例する．吸収端エネルギー（8980 eV）は銅のK殻電子（1s）の準位に相当する．

この吸収端より高エネルギー部分は，単調に吸収が減少しているのではなく，波打っている．この振動構造がEXAFS（extended X-ray absorption fine structure；広域X線吸収微細構造）とよばれる構造である．吸収端より高エネルギー側では，当該原子の内殻電子がX線により励

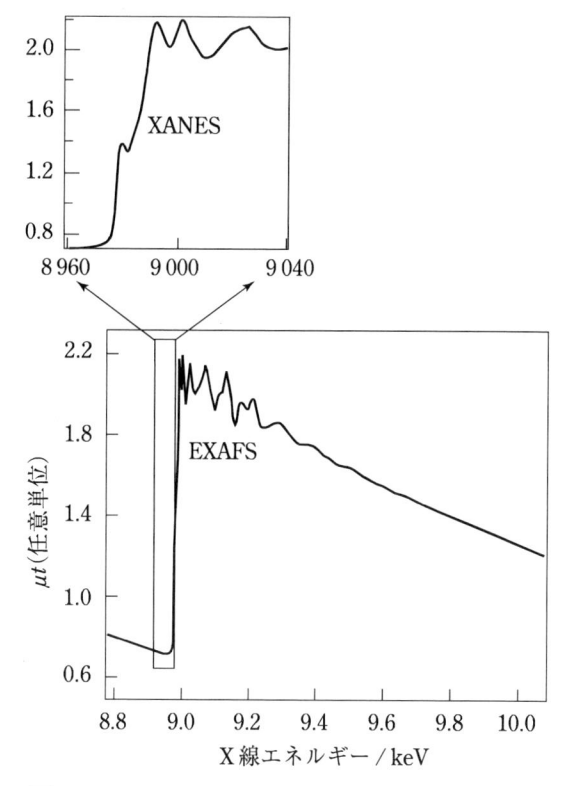

図 5.2 X線吸収スペクトル(XANES と EXAFS)

起され自由電子として飛びだし無限遠まで遠ざかるが,そのごく一部の電子は周辺の原子に反射されて元の原子核に戻ってくる.そのために生じる電子定在波は無限遠に遠ざかる自由電子の波と干渉し,結果としてX線のエネルギーに応じ吸収に振動構造を引き起こす.これを解析することにより当該吸収原子の周辺原子の種類,個数,原子間距離などを見積もることができる.

また,吸収端前後−20〜+60 eVの範囲を拡大した図5.2をみると,単純に吸収が立ち上がっているわけではなく,複雑な変化がある.この部分は,XANES (X-ray absorption near edge structure;X線吸収端近傍構造)とよばれ,内殻電子が束縛性の空軌道に励起されることや,自由電子が周辺原子と散乱を繰り返すために生じる定在波に起因する構造である.XANESはその吸収端の位置から吸収原子の原子価という化学的情報を与え,そのスペクトルパターンから吸収原子まわりの原子の配位状態をについての知見を与えてくれる分析手法である.

XAFSとEXAFSは日本ではそれぞれ「ザフス」「エグザフス」と読まれるが,英語でどちらも「エクサフス」と発音する.また,XANESは「ゼインズ」と発音する.

【例題5.1】シリカに銅を20重量%含む粉末触媒試料($Cu/SiO_2$)のCu K殻吸収端付近のX線吸収スペクトルの測定を行いたい.粉末は,半径1cmのディスクに成形して測定サンプルとする.得

られるスペクトルの全吸収を4より小さく，吸収端ジャンプを1程度にするには何mgの粉末をディスク成形すればよいか．各元素のCu K吸収端での質量吸収係数は，$(\mu/\rho)_{Cu}^H=288$, $(\mu/\rho)_{Cu}^L=38.2$, $(\mu/\rho)_{Si}=43.6$, $(\mu/\rho)_O=8.12$ を用いよ．

[**解答**] 各元素の $\rho t$ を見積もればよい，ディスクの面積を $S(cm^2)$, 厚さを $t(cm)$ とすれば，ディスクの体積は $St$ となる．ディスクに含まれる元素の質量を $mg$ とおけば，密度は，$\rho=m/(St)$ で与えられるから $\rho t=m/S$ となる．1gのCu/SiO$_2$をディスク成形するとすれば，ディスク中のCu, Si, Oの重量はそれぞれ0.20, 0.51, 0.29gとなる．おのおのの $\rho t$ を計算し式(5.4)を用いて全吸収を求めると，$\mu t=26.2$, $\Delta\mu t=15.9$ となる．したがって $\Delta\mu t$ が1となるよう秤取する試料の質量は63 mgでよい．このとき，全吸収は1.7となる．

### b. XAFSの測定

XAFSスペクトルは基本的にはシングルビーム法で測定する．また，通常シングルビーム法では，試料を透過した信号 $I$ を測定し，別に測定しておいたバックグラウンド信号 $I_0$ と比較してスペクトルを得るが，シンクロトロン放射光のようなX線光源では，バックグラウンド信号 $I_0$ は時間により減衰し一定ではない．XAFSは図5.2の9.4 keV以上にある目には見えない程度の振動までもその解析対象とするため，微妙な信号 $I_0$ の変動がデータの解析を阻害する．したがって，信号 $I$ と $I_0$ を同時に測定することが必要となる．

図5.3はシンクロトロン放射光のビームラインに据え付けられてい

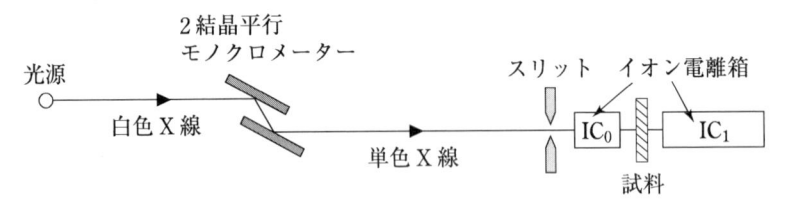

**シンクロトロン放射**
電子をほとんど光速に近い速さまで加速し，磁場をかけてその軌道を曲げてやると，接線方向に連続した波長の強度の大変大きい光が発生する．これをシンクロトロン放射という．電子加速の大きさにより発生する光の波長分布は異なる．兵庫県西播磨地区に建設されたSPring-8は，加速エネルギーが8 GeVで世界最大のシンクロトロン放射光実験施設である．

図 5.3 XAFS測定装置アウトライン

---

**XAFSで用いられる単位**

X線分光学では，X線の波長やエネルギーそれらに付随した単位はSI単位とは異なるものが頻繁に使われる．エネルギーはX線を発生させるのに必要な電圧に関連した"電子ボルト；eV"であり，長さは，X線の波長が原子間距離と同じ桁数であることから"オングストローム；Å"である．長さの単位は最近ナノメートル(nm)を用いるケースがあるが，まだまだ一般的にはなっていないようである．エネルギー1 eV$=1.602\times10^{-19}$ J，長さ1 Å$=1\times10^{-10}$ m．

るXAFS測定装置のもっとも基本的なアウトラインである．光源から出射した白色X線ビームは，平行におかれた2枚の単結晶モノクロメーターにより単色化される．X線ビームがモノクロメーターの平行面で，ブラッグ角$\theta$で鏡面反射されるとき，単色化X線のエネルギー$E$は次の式で与えられる．

$$E = \frac{hc}{2d\sin\theta} \tag{5.5}$$

ここで，$h$, $c$, $d$ はそれぞれプランク定数，光速，モノクロメーターの格子面間隔である．

X線は発散するので，測定点前でスリットによりX線ビームを整形する．整形されたX線をまず前置き検出器（$IC_0$）に通し，入射X線信号強度$S_0$を測定する．前置き検出器を通って出てきたX線ビームを試料に照射し透過したX線の強度$S$を後置き検出器（$IC_1$）で測定する．モノクロメーターと検出器はコンピュータ制御され，モノクロメーターの角度掃引や検出器でのデータ積算が行われる．現在モノクロメーターの掃引間隔は最小で$5/10\,000°$以下のものが用いられている．

検出器には，通常イオン電離箱が用いられる．イオン電離箱内は窒素やアルゴンなどのガスで満たされており，数百V印可されている．検出器によって測定された信号$S_0$, $S$はX線強度に比例したものとなり$\alpha$, $\beta$を定数として次のようにおける．

$$S_0 = \alpha I_0, \quad S = \beta I \tag{5.6}$$

これらの比の対数をとり，式(5.2)を用いると，

$$\ln\left(\frac{S_0}{S}\right) = \ln\left(\frac{I_0}{I}\right) + \ln\left(\frac{\alpha}{\beta}\right) = \mu t + 定数 \tag{5.7}$$

となり，吸収に定数を加えたものとなっている．したがって，イオン電離箱で得られた信号を$I_0$, $I$と読み替えて式(5.2)を用いてスペクトル表現をしても解析には何の問題もない．

#### c. XAFSの理論エネルギー分解能

XAFSスペクトルのエネルギー分解能は，モノクロメーター結晶の完全性，さらに，X線光源が点光源でなくある程度のサイズをもつことなどに依存する．

ここで，簡単化のため，1枚のモノクロメーターを用いた例を考えてみよう．図5.4は点光源から出射したビームがモノクロメーターによりブラッグ反射し幅$l$のスリットに取り込まれる様子を描いたものである．中心を走るX線はブラッグ角$\theta$で反射されスリットに取り込まれるが，スリット両端ぎりぎりに入射するX線はブラッグ角とは$\pm\Delta\theta/2$異なった角で反射されていることになる．この場合，角度分解能は$\Delta\theta$

**エネルギー分解能**
エネルギー分解能は，機器精度の発展やシンクロトロン放射光の改良などにより向上しているが，X線が発散する性質をもっているので上限はある．

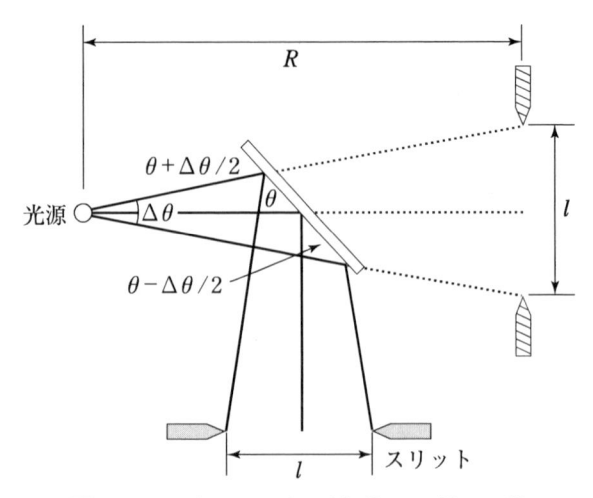

**図 5.4** 理論エネルギー分解能と X 線の発散

となる．発散角 $\Delta\theta$ を見積もるため，図 5.4 に破線で示した補助線を加えた．反射後のビームをモノクロメーターを鏡面として対称的に描いたものである．ここで，点光源からスリットまでの距離を $R$ とすると，

$$\Delta\theta = \frac{l}{R} \quad (R \gg l) \tag{5.8}$$

となり，発散角 $\Delta\theta$ は単純に光源からスリット（測定点）までの距離とスリット幅だけで決まることになる．式 (5.5) を $\theta$ について微分することにより，エネルギー分解能 $\Delta E$ が，次のように得られる．

$$\Delta E = E \cot\theta \, \Delta\theta \tag{5.9}$$

---

【例題 5.2】亜鉛の K 吸収端 XAFS スペクトルを測定したい．モノクロメーターとして，Si(111)（面間隔 3.13551 Å）および Si(311)（面間隔 1.63747 Å）を用いるときの亜鉛 K 吸収端エネルギー（9660.7 eV）付近のエネルギー分解能を求めよ．ただし，測定装置の試料前スリット幅は 1.0 mm，光源から試料までの距離が 24 m であり，光源サイズを考慮する必要はない．

[解答] Si(111) モノクロメーターを用いた場合の計算を行う．式 (5.5) より，ブラッグ角は，11.8093° と計算される．式 (5.8) より，発散角は $4.17 \times 10^{-5}$ rad（注意：発散角の単位はラジアンである）であるから，これらを式 (5.9) に代入すると，$\Delta E = 1.9$ eV となる．同様に Si(311) モノクロメーターを用いたときは，$\Delta E = 0.95$ eV となり，このときのブラッグ角は，23.0718° である．面間隔の大きいモノクロメーターの方が分解能は高いが，ブラッグ角が大きくなる．モノクロメーターの角度には限界があるのでエネルギー分解能だけでなくブラッグ角にも注意する必要がある．

#### d. XAFS スペクトルの解析・処理

XAFS スペクトルは，分析対象とする部分が微小な変化であり，定量的スペクトルであるため，測定した吸収スペクトルを眺めても得られる情報はごく限られている．吸収スペクトルから分析対象となる EXAFS および XANES を抽出し，処理を加える必要がある．処理に密接に関連している EXAFS の理論について次に述べる．

**（1）EXAFS の理論** X 線の吸収は内殻電子の遷移確率に比例する．量子力学では遷移確率 $P(i \to f)$ は，始状態の波動関数 $\psi_i$ と終状態の波動関数 $\psi_f$ を用いて以下のように表すことができる．

$$P(i \to f) \propto \left| \int \psi_i^* \boldsymbol{\mu} \psi_f d\boldsymbol{r} \right|^2 \tag{5.10}$$

ここで，$\boldsymbol{\mu}$ は電子双極子モーメント，＊印は複素共役を表す．これ以降，便宜上，式 (5.10) 内の積分を $<\psi_i|\boldsymbol{\mu}|\psi_f>$ と書くことにする．

真空中に置かれた孤立原子による X 線吸収過程を考えると，始状態の波動関数 $\psi_i$ は 1s 電子波動関数 $\phi_{1s}$ と置くことができ，終状態の波動関数 $\psi_f$ は，原点から遠ざかる自由電子の球面波波動関数 $\phi_0(k)$ と置くことができる．$k$ は波数で，電子の運動量 $p$ に比例した量，$p = hk/(2\pi) = \hbar k$ となる．

したがって，自由電子の運動エネルギーは，電子の質量を $m$ とすれば，$(\hbar k)^2/2m$ とかける．自由電子の出射は光電効果によるものであり，電子の結合エネルギー（吸収端エネルギー）$E_0$ と入射 X 線のエネルギー $E$，自由電子の運動エネルギーとの間には次のような関係がある．

$$E = E_0 + \frac{(\hbar k)^2}{2m} \tag{5.11}$$

このとき，X 線の全線吸収係数 $\mu_0$ は遷移確率 $P(i \to f)$ に比例したものとなる．

$$\mu_0(k) = C |<\phi_{1s}|\boldsymbol{\mu}|\phi_0(k)>| \tag{5.12}$$

$C$ は比例定数である．式 (5.12) を計算し $\mu_0$ を $k$ に対してプロットすると，単調に減少する曲線が得られる．これは，図 5.2 において，吸収端より高エネルギー側の吸収から EXAFS 振動を取り除いた単調減少部に相当する．

次に，上記孤立原子から距離 $r$ 離れたところに原子を置いた系における X 線吸収過程を考える．始状態の波動関数 $\psi_i$ は上記と同じであるが，終状態の波動関数 $\psi_f$ は自由電子の波動関数 $\phi_0(k)$ に，隣接原子に反射され原点に戻ってくる散乱電子の波動関数 $\phi_b(k)$ が加わると考えられる．

$\phi_0(k)$ は解析的に求めることができて，これをハンケル関数とよんでいる．

$$\psi_\mathrm{f} = \phi_0(k) + \phi_\mathrm{b}(k) \tag{5.13}$$

散乱電子の波動関数 $\phi_\mathrm{b}(k)$ は，非常に小さな量で，$|\phi_0(k)| \gg |\phi_\mathrm{b}(k)|$ である．式 (5.12) と同様に全線吸収係数 $\mu$ を式 (5.10) に基づいて求めると，

$$\begin{aligned}\mu(k) &= C |<\phi_\mathrm{1s}|\boldsymbol{\mu}|\phi_0(k)+\phi_\mathrm{b}(k)>|^2 \\ &= C |<\phi_\mathrm{1s}|\boldsymbol{\mu}|\phi_0(k)> + <\phi_\mathrm{1s}|\boldsymbol{\mu}|\phi_\mathrm{b}(k)>|^2\end{aligned} \tag{5.14a}$$

最初の項の積分を $\boldsymbol{M}$，第 2 項の積分を $\boldsymbol{N}$ と置くと，

$$\begin{aligned}\mu(k) &= C(|\boldsymbol{M}|^2 + 2\,\mathrm{Re}(\boldsymbol{M}^*\boldsymbol{N}) + |\boldsymbol{N}|^2) \sim C(|\boldsymbol{M}|^2 + 2\,\mathrm{Re}(\boldsymbol{M}^*\boldsymbol{N})) \\ &= \mu_0(k) + 2C\mathrm{Re}(\boldsymbol{M}^*\boldsymbol{N})\end{aligned} \tag{5.14b}$$

いま，$z = x + iy$ ならば，$\mathrm{Re}(z) = x$ となる．

$\mathrm{Re}(Z)$ とは，複素数 $Z$ の実数部分をとるという意味である．また，$|\boldsymbol{N}|^2$ は，$\boldsymbol{M}$ に比べ十分小さい量なので無視した．式 (5.14b) の第 2 項が EXAFS 振動である．$\boldsymbol{M}$ や $\boldsymbol{N}$ の積分はできるが，絶対値を求めることはできないので，次のような規格化を行って EXAFS 関数を求めている．

$$\chi(k) = \frac{\mu(k-\mu_0(k)}{\mu_0(k)} = \frac{2\,\mathrm{Re}(\boldsymbol{MN})}{|\boldsymbol{M}|^2} \tag{5.15}$$

散乱電子は，1 往復するだけではなく吸収原子と隣接原子の間を何度も行ったり来たりを繰り返す．しかし，2 回目以降の散乱からの寄与は無視できるくらい小さい．散乱が 1 回だけ起こった場合について $\boldsymbol{N}$ の積分計算をすれば十分である．式 (5.15) は以下のようになる．

$$\chi(k) = \frac{1}{kr^2} f(k\,;\,\pi) \sin(2kr + \delta(k)) \tag{5.16}$$

ここで，$r$ は前記のとおり隣接原子までの距離，$f(k\,;\,\pi)$ は後方散乱因子 (backscattering amplitude) とよばれ，隣接原子に反射される確率である．軽元素に関しては $1/k^2$ に近い依存性を示す．$\delta(k)$ は，電子が吸収原子から離れる際，戻る際，あるいは，隣接原子に散乱される際に生じる"速度の変化"に起因する位相シフト (phase shift) である．

以上が EXAFS の理論であるがモデルとなっているのは隣接原子が 1 個の系である．原子分子の凝集体では，吸収原子周辺に多くの原子が存在する．周辺すべての原子について式 (5.16) が適用されるので，実際の EXAFS の式はこれらについて和をとった次の式となる．

$$\begin{aligned}\chi(k) = \sum_j \frac{N_j}{kr^2} S_j(k) \exp\left(-\frac{2r_j}{\lambda_j(k)}\right) \times \\ \exp(-2\sigma_j^2 k^2) f_j(k\,;\,\pi) \sin(2kr_j + \delta_j(k))\end{aligned} \tag{5.17}$$

ここで，$j$ は $j$ 番目の隣接原子団 (殻) を表す．式 (5.16) に比べいくつか因子が増えている．$N_j$ は原子間距離 $r_j$ に存在する原子の個数，$S_j(k)$ は終状態で全電子の波動関数が再配列されるために生じる減衰因子，$\lambda_j(k)$ は物質内での電子の平均自由行程で XPS の脱出深度に相当す

る量, $\sigma_j$ はデバイ-ワラー (Debye-Waller) 因子であり熱振動や構造の乱雑さに由来する平均距離 $r_j$ からの原子位置の偏差である.

### e. EXAFS スペクトルの解析

銅箔の Cu K 吸収端でのスペクトルの解析を順を追って実施しよう. 多くの EXAFS の解析ソフトは, 以降にかかれた手順でスペクトルの処理を行っている. 私たちがこれから解析するスペクトルを図 5.5 に示す.

EXAFS の解析プログラムには有償・無償のものが数多く存在する. どのようなプログラムがあるのか, あるいはどうすれば手に入れることができるのかについては, 国際 XAFS 学会 (IXS) のホームページに説明されている.
http://ixs.iit.edu/

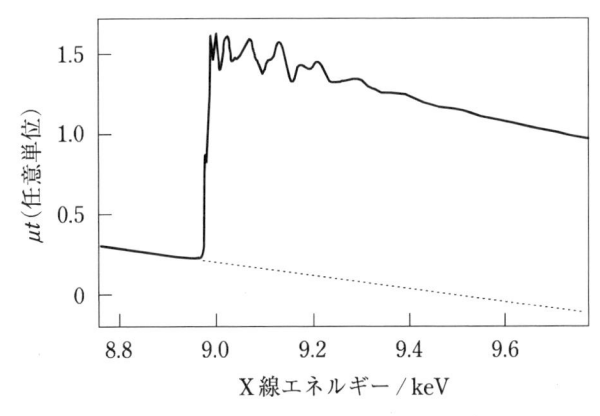

図 5.5 銅箔 XAFS スペクトル

**(1) XAFS スペクトル $\mu t$ を求める** 図 5.5 のスペクトルには目的の Cu K 吸収 XAFS スペクトル $\mu t$ 以外に Cu L 殻電子の吸収や, 測定試料まわりの空気による吸収, さらに, 式 (5.7) で現れる定数が含まれている. これらの不必要な吸収を取り除かねばならない. 吸収端より低エネルギー部分 (プリエッジとよぶ) を適当な関数で近似し, それを高エネルギー部分にまで外挿した曲線をスペクトルから差し引くことによって $\mu t$ を得る. 外挿部分は図では破線で示した.

近似関数として通常よく用いられるのは, $CE^{-3}+DE^{-4}+A$ である. $E$ は X 線エネルギー, $C, D, A$ はプリエッジ部分を近似最適化して決定する定数である. またこれとは別に, $CE^{-2.75}+A$ という関数は, 非常によい近似関数であることが知られている.

**(2) EXAFS 関数の抽出** 図 5.6 は, $CE^{-2.75}+A$ を用いてプリエッジ部分を差し引いた結果であり, これが, EXAFS の理論で対象となったスペクトル $\mu t$ である. 次に必要なことは, EXAFS 振動を抽出することである. 式 (5.14) における $\mu_0 t$ を見積もらねばならない. $\mu_0 t$ 曲線には三次スプライン関数がよく用いられている. 滑らかに連続する複数の三次関数を変曲点ができないように EXAFS 振動部分に最小二乗近似させ, $\mu_0 t$ とするのである. このようにして見積もられた $\mu_0 t$ を, 図 5.6 に点線で示した. 差し引きによって得られた EXAFS 関数

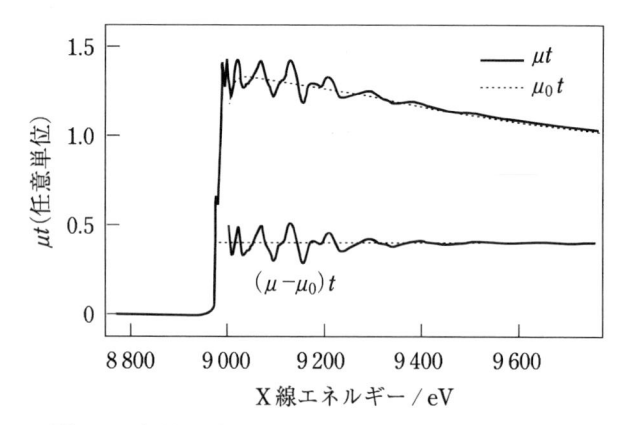

図 5.6 銅箔 K 殻 XAFS スペクトルと EXAFS 振動

$(\mu-\mu_0)t$ も図に併記してある．

**（3）EXAFS 関数の規格化とエネルギー変換**　　抽出した EXAFS 関数は，$\mu-\mu_0$ ではなく，厚さ $t$ の因子がかかっている．したがって，試料の厚さが変わればその振幅の大小が変わってしまう．これを回避するため，$(\mu-\mu_0)t$ をさらに，バックグラウンド $\mu_0 t$ で規格化して，厚さ $t$ をキャンセルしてやらなければならない．このようにして求められた EXAFS 関数 $\chi$ は，試料の厚さに依存しない"定量的"なものとなる．

$$\chi = \frac{\mu-\mu_0}{\mu_0} \tag{5.18}$$

式 (5.18) と式 (5.15) を比べれば，実験データからもとめた EXAFS 関数 $\chi$ が理論から導かれた EXAFS 関数と対応していることがわかる．理論的には，EXAFS 関数 $\chi$ は波数 $k$ の関数であるから，エネルギー $E$ を波数 $k$ に変換せねばならない．変換には，式 (5.11) を用いるが，そのためには吸収端エネルギー $E_0$ に関する情報が必要である．$E_0$ の値としては，吸収端ジャンプの傾斜のもっとも大きな点（ジャンプ部分のスペクトル曲線をエネルギーで微分したときの極大点）のエネルギーをとることが多い．

図 5.6 で抽出した EXAFS 振動を見ると，高エネルギー部分では振幅が減衰して極めて小さくなっている．減衰した部分を強調するために $\chi(k)$ に $k^n$ の重率を掛ける．$n$ は通常 1 ないし 3 の値を採用するが，まれに 2 を用いる例もある．$n=1$ とするのは EXAFS の式 (5.16)，(5.17) に $1/k$ の因子が入っておりこれを取り除くという意味があり，$n=3$ とするのは，$1/k$ の因子に加え，後方散乱因子が $1/k^2$ の減衰因子であることを考慮することによる．図 5.7 にこのようにして得られた Cu の $k^3\chi(k)$ を示す．$\chi(k)$ 自体は規格化されているので無次元である．図では $\chi(k)$ に対して $k^3$ の重率をかけているので，縦軸の単位が

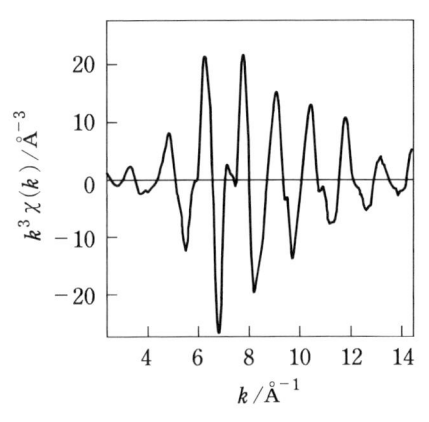

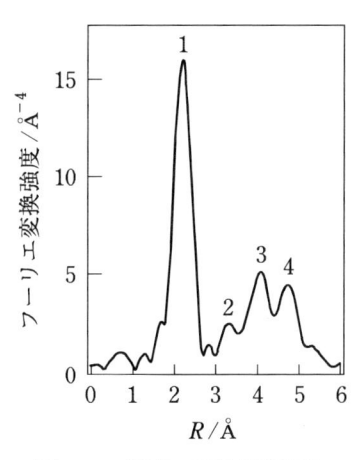

図 5.7 $k^3$ 重率をかけた規格化 EXAFS スペクトル

図 5.8 銅箔の動径構造関数

$Å^{-3}$ となっている.

**(4) フーリエ変換**　EXAFS の式 (5.18) は複雑な式であるが，よく見ると，振動数の異なる正弦関数の足し合わせであることがわかる．変数が $k$ であるから，ここでいう振動数とは，原子間距離 $r_j$ のことである．このような関数から，振動部分を分離する手法としてフーリエ変換法を適用することができる．つまり，図 5.7 をフーリエ変換すれば，中心原子まわりの原子間距離にピークをもつパワースペクトルを求めることができるということである．図 5.7 でスペクトルの両端が滑らかに 0 となるよう窓関数をかけてフーリエ変換してやれば動径分布関数に相当するものが得られる．

　図 5.8 は，$k$ の範囲 $\Delta k = 3 \sim 13 \, Å^{-1}$ でフーリエ変換を行った結果である．図中 1, 2, … と数字が打ってあるのが，中心銅原子からみた第 1 隣接，第 2 隣接，… の原子団の存在位置である．これは，面心立方構造の原子間距離によく対応している．EXAFS の式 (5.18) 中の位相シフトは $k$ に対して傾きが負の一次関数であるため，図 5.8 のピーク位置は実際の結晶中の原子間距離に対し少し小さめの距離となっている．また，EXAFS の式 (5.18) には，$1/r_j^2$ の因子が入っているので，原子間距離が大きい原子団ほどピーク高さが小さくなる．しかし，このように動径分布関数に対応した"動径構造関数"が得られるということが EXAFS の解析では非常に重要なことであり，この動径構造関数を眺めることにより測定した試料が，規則的構造をもっているかどうか，あるいは，中心原子と隣接原子の間の距離が知られた参照試料と比べ長いのか短いのか，ということがわかる．

**(5) カーブフィッティング**　フーリエ変換の各ピークにつき，式 (5.17) を適用してシミュレーションを行う．$S_j(k)$, $f_j(k;\pi)$, $\delta_j(k)$

フーリエ変換による動径構造関数が最初に検討されたものは，結晶 Ge と非晶質 Ge のものであった．結晶 Ge では，第 2 隣接以降の Ge 原子の存在がピークとしてはっきりわかるが，非晶質 Ge では，第 2 隣接以降の Ge に相当するピークは不明瞭であった．

は構造のわかっている物質のEXAFSから実験的に求めることができ，また，理論計算により，非経験的に求めることも可能である．これらを用いて，式(5.17)により，EXAFSを発生させ，実験で得られたEXAFS関数に最小二乗近似させ，パラメーターとして，$N_j$, $r_j$, $\sigma_j$ などを決定することができる．配位数 $N_j$ の精度は±25％程度と見積もられるが，距離 $r_j$ に関しては±0.01Åの精度で決定することができる．ただし，近い距離に二つの隣接原子が存在する場合，これらを分離できないことがあり，得られた数値は平均値であると認識されている．

**（6）XANESスペクトルの規格化**　XANESスペクトルの定量的議論を行うにはEXAFSスペクトルと同様に高さを規格化してやらねばならない．用いるスペクトルは，図5.6の $\mu t$ の8940～9040 eVの領域である．今度はバックグラウンド $\mu_0 t$ をXANES領域まで外挿し $\mu t / \mu_0 t$ を実行する．$\mu_0 t$ の外挿は，バックグラウンド $\mu_0 t$ を $CE^{-3} + DE^{-4}$ や $CE^{-2.75}$ で近似し，$C$ や $D$ を決定して関数を発生させることにより行うとよい．

---

### ■EXAFSスペクトルの距離分解能■

EXAFSで求められる結合距離の分解能はどの程度であろうか．単純なモデルで考察を行おう．中心原子まわりに2個の原子が存在しその中心原子からの距離を $r_1$, $r_2$ であるとする．EXAFS関数が正弦関数だけで表せるとするとこの系のEXAFS関数 $\chi$ は以下のようになる．

$$\chi = \sin(2kr_1 + \delta) + \sin(2kr_2 + \delta) = 2\sin(2kr_A + \delta)\cos(k\Delta r)$$

このとき，$r_A = (r_1 + r_2)/2$, $\Delta r = |r_1 - r_2|$ である．この関係式は正弦波の"うなり（beat）"現象とよばれる．$r_A$ が小さい場合，この関係式をプロットすると，振動数 $r_A$ の正弦関数は $k$ の増加とともにだんだん減衰してゆき，ついには $k\Delta r = \pi/2$ となる $k$ のときに0となる．つまり，測定したEXAFS関数を0に収束させる上限値 $k_{max}$（図5.7，5.8以降では $k = 13 Å^{-1}$ を上限としてその後の解析を行っているから，上限値は13である）が，$\Delta r(=\pi/2k_{max})$ を決定することになるのである．これを図5.8のデータに適用すれば $\Delta r = 0.12$ Å となる．動径構造関数の1本のピークが複数の結合からなっていても，その原子間距離の差が0.12Å以下であれば，カーブフィッティングによって分解してはいけないことになる．

分解能以下の原子間距離の違いがある場合は，それらの原子が平均位置からずれたものとして扱い，その偏差の大きさをデバイ-ワラー（Debye-Waller）因子に繰り込むことになる．その原理を以下に示す．

$\cos(k\Delta r)$ を二次までテイラー（Taylor）展開すると，

$$\cos(k\Delta r) \sim 1 - (k\Delta r)^2/2$$

であり，これは $\exp(-k^2 \Delta r^2/2)$ のテイラー展開と一致する．両原子の平均位置 $r_A$ からの偏差を $\sigma$ とおくと $\sigma = \Delta r/2$ であるから，

$$\exp(-k^2 \Delta r^2/2) = \exp(-2\sigma^2 k^2)$$

となり，EXAFS関数 $\chi$ は次の式となる．式(5.17)と比べていただきたい．

$$\chi = 2\exp(-2\sigma^2 k^2)\sin(2kr_A + \delta)$$

これはデバイ-ワラー因子をもつ2個の原子が距離 $r_A$ に存在するときのEXAFSを意味している．

このように規格化された銅の XANES スペクトルを図 5.9 に示す．スペクトル上限が 1 に規格化されていることがわかる．このような処理を行えば，濃度の異なる試料のスペクトルも同じように解析の対象にすることができる．ちなみに，吸収端中ほどに小さな吸収が見られるが，これは，Cu 1s → 4p 電子遷移に帰属されており，このピークを 8980.6 eV としてモノクロメーターのエネルギー較正に用いられている．

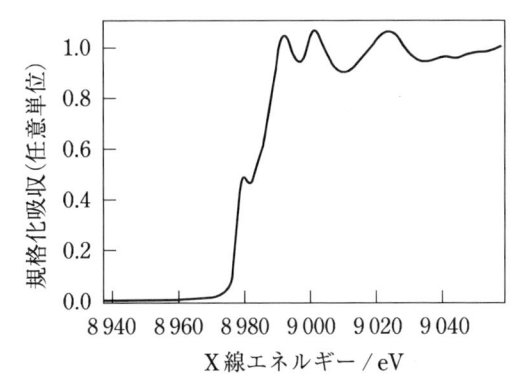

図 5.9 規格化された XANES スペクトル

### f．XAFS の応用

X 線は，透過率が高いため，測定に当たって試料まわりの雰囲気をあまり気にしなくてよい．高圧ガス雰囲気下での測定もできる．したがって，材料が実際に使われている雰囲気で測定することが可能である．また，基本的に試料の相にも依存しない手法であるから，気体や溶液のスペクトルの測定も可能である．ここではアモルファス相の物質である触媒試料の活性中心周辺の構造解析に使われた例をあげる．

バナジウム酸化物は炭化水素の部分酸化などの工業触媒として，あるいは，脱硫・脱硝などの環境触媒として知られている．一般に，五酸化バナジウムそのものを触媒として用いるのではなく，高表面積無機物表面に分散した状態で利用されている．分散状態においては，バナジウムイオンはもはや酸化バナジウム結晶とはまったく異なった構造で存在する．高表面積シリカ上のバナジウム酸化物触媒（$V_2O_5/SiO_2$）の構造の機器分析は古くから行われており，赤外，紫外可視，ラマン，電子スピン共鳴，XPS など様々な機器が利用されたにもかかわらず，その構造について統一的な見解が得られていなかった．これに対し XAFS 分析法が明確な結果を提示することができたのである．

図 5.10 に $V_2O_5/SiO_2$ の XANES スペクトル，図 5.11 に $V_2O_5/SiO_2$ の EXAFS スペクトルをフーリエ変換して得られた動径構造関数を示す．それぞれの図は，アルゴンガス雰囲気下（乾燥状態）および水蒸気

本文中で出てくる担持触媒を表す記号 A/B は，B が担体，A が担持された活性成分を表すもので IUPAC で決められた記号である．

存在下(水和状態)で測定を行ったものの両方を掲載してある．XAFS測定は試料の状態や条件を選ばない手法であるから，このようなことができるのである．いずれの図においても一見してわかるように，乾燥状態と水和状態でスペクトルが大きく異なっている．明らかに，水分子の吸着により構造が変化しているものと断言できる．

詳しくスペクトルを解析するとXANESスペクトルでは，吸収端前に鋭いピークが見られるが，これは，プリエッジピークとよばれるもので，V1s-3d電子遷移によるものである．通常この電子遷移は禁制であるが，バナジウムイオンまわりの対称性が正八面体から歪むに従い強度が増すことが知られている．正四面体構造をとるときにはとくに強度が高くなる．このプリエッジピーク強度から乾燥状態における試料ではバナジウムイオンは酸素四面体中心に位置するものと解釈された．さらに試料を水蒸気下に置くことにより，プリエッジピーク強度が減少し，イオンまわりの対称性が八面体に近くなったことを表す．つまり，もともと$VO_4$四面体構造のバナジン酸イオンに水分子が配位して$VO_6$八面体構造に変化したことを表す．この構造変化は，図中吸収端エネルギーの変化にも対応している．

次に動径構造関数を見てみよう．乾燥状態では1.5Åあたりに1本のピークが見られる．これは距離から判断して，V-O結合を表わしている．一方，長距離部分に目立ったピークがない．これは，バナジウム酸

**プリエッジピーク**
プリエッジピークは正しくはV1sから$VO_x$クラスターのHOMOへの遷移によるものである．HOMOはおもに，V3dオービタルからなっているが，$VO_x$クラスターが，正八面体構造から歪むに従い，V4pオービタルが混成してくる．

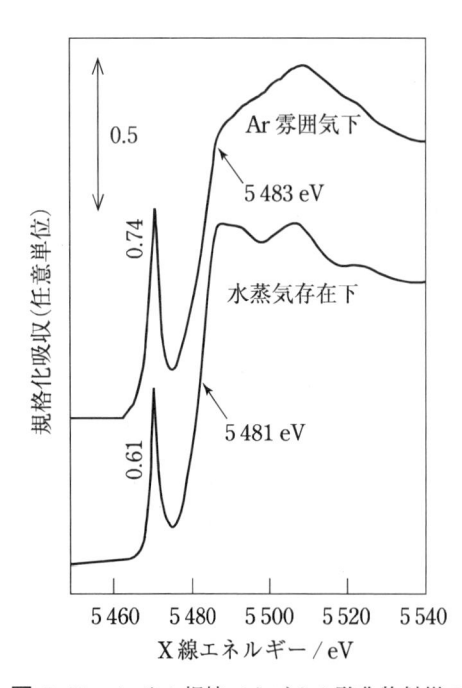

図5.10 シリカ担持バナジウム酸化物触媒のVK殻XANESスペクトル

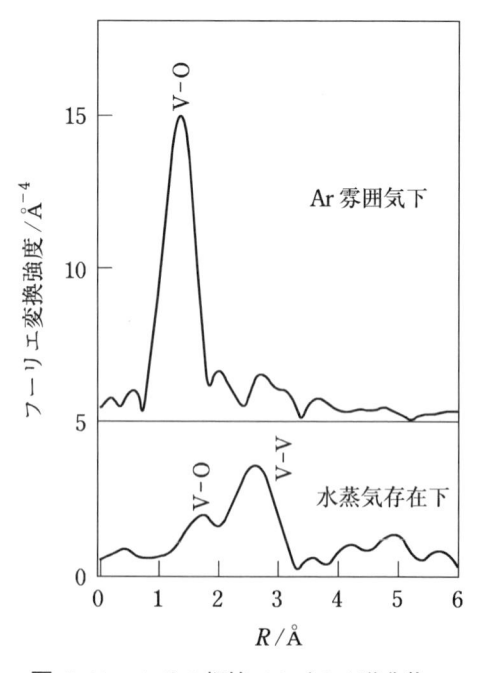

図5.11 シリカ担持バナジウム酸化物のバナジウム周りの動径構造関数

化物がシリカ表面上で孤立した単核酸化物として分散していることを示す．水和状態では，このV-O結合のピーク強度が激しく減少し，逆に，2.8Åに新しいピークが出現している．これは，近接バナジウムイオンによる散乱を表している．水分子が吸着する結果，表面のバナジウムイオンが凝集することを意味している．このように，シリカ表面のバナジウムイオンは乾燥状態では$VO_4$四面体構造をもち，高分散で存在しているが，水分子と相互作用することにより，$VO_6$八面体構造をもつ凝集した金属酸化物となることがXAFSで始めて見出された．他の分析手法では誤った結論を導き出しているか，あるいは，種々条件下で様々に変化するバナジウムイオンのある一面だけを捉えていることがわかったのである．固体上の金属イオン種はダイナミックに動き回っているのである．

## 5.2 レーザー計測と分析

### a. レーザー計測の利点

　近年，レーザー装置の普及・発展は著しい．性能向上・小型化・低価格化によって，レーザーを利用した計測・分析は幅広く普及し，今後さらに必要不可欠になる．レーザー照射により誘起される種々の現象（蛍光，ラマン散乱，第二高調波など）をもとに，物質の組成，構造，電子状態，温度など様々な情報を得ることが可能である．しかしそのような物性を正確に，定量的に調べるだけであれば，ほかに適した手法が存在する場合が多い．レーザーを用いる利点は定量性ではなく，励起状態など過渡的な情報を得る時間分解測定や，試料の局所領域を分析する空間分解測定ができる点にある．

### b. レーザーと時間分解計測

　レーザーがもっとも得意とするのが時間分解計測である．それはレーザーを電気・磁気などでは得られない，極めて時間の短い"極短パルス"にできるからである．もっともイメージしやすい時間分解計測はストロボ写真である．真っ暗な部屋の中で野球のボールを投げたとき，カメラのシャッターを開放にしたままストロボ光を断続的に照射すると，飛跡に沿ってボールが点々と連なった写真が得られる．ボールを投げてからストロボ光照明までの時間がわかっていれば，その時間にボールがどの位置に存在するのかを時間分解計測したことになる．その際，時間分解能（どれくらい短い時間間隔でボールの飛跡を測定できるか）はストロボ光が光っている時間幅（パルス幅）で決まる．より高速な現象を捉えるには，高い時間分解能，すなわち短いパルス幅が必要

**レーザー**
ヒューズ研究所のT.H. Maimanは1960年，両端に銀を蒸着したルビー棒を写真用のフラッシュランプで励起し，世界で初めてレーザー発振に成功した．レーザー（LA-SER）はlight amplification by stimulated emission of radiation（誘導放出を利用した光増幅）の頭文字をとった言葉である．

である．150 km h$^{-1}$ の剛速球を投げるピッチャーのボールは，パルス幅0.1秒のストロボ光では正確にボールの位置を知ることはできない（ボールは長さ4m程の細長い棒のように写るであろう）．

#### c．時間分解写真測定

このようにレーザーでつくったパルス光をストロボ光として撮影した時間分解写真が図5.12 (a) である．これは液体（塩化ベンジル）表面に励起光（これもレーザーパルスである）を照射したのち，液体が飛散していく様子（液体のレーザーアブレーション）を時間分解写真撮影したものである．実験システムは図 (b) のようになっており，液体の飛散を誘起するためのレーザーパルスを照射した後，ある時間をおいてストロボ光となるレーザーを照射する．ここではレーザーパルスを直接ストロボ光として用いるのではなく，レーザーで色素溶液を励起し，色素からの蛍光をストロボ光としている．これはレーザーが，可干渉性が高いコヒーレント光であるため，レーザーで直接照明すると干渉によるスペックルが生じ，鮮明な画像が得られないためである．両レーザーの時間間隔は，任意のタイミングで電気パルスを生成できるデジタル遅延パルス発生器によって制御され，ナノ秒からミリ秒領域の時間分解写真が測定可能である．測定結果から，励起光照射後80 ns 程度から液面の盛り上がりが見え始め，数百 ns～10 μs にかけて衝撃波が広がっていく様子がわかる．数 μs～80 μs にかけてジェット状の噴出物が，その後数 ms にかけて液滴の飛散が起こり，50 ms 後には液面が元に戻っている様子が観測できる．

#### d．時間分解干渉画像計測

光の干渉を利用すれば，ナノメートルオーダーのわずかな表面形状の変化を，時間分解計測可能である．マイケルソン干渉計を利用した測定システムを図5.13 (a) に示す．レーザー光はビームスプリッターで二手に分けられ，一方は参照用ミラーで，他方は試料表面で反射され，再びビームスプリッターで合成されてCCDカメラ上に結像する．試料を僅かに傾けることによって，図5.13 (b) のような干渉縞が観測される．試料の表面形状が変化すると光路差が生じるため，干渉縞が横方向にシフトする．たとえば縞の間隔 $T$ の干渉縞が $x$ だけずれた場合，表面形状は

$$\Delta = \frac{x}{T}\frac{\lambda}{2} \tag{5.19}$$

だけ変化したことがわかる．$\lambda$ はレーザーの波長である．干渉にはパルス幅10 ns のパルスレーザー（Nd：YAGレーザーの第二高調波，波長532 nm）を用いているため，ナノ秒の時間オーダーでナノメートルの表面形状変化を測定できる．図5.13 (c) は，プラスチック材料であるポ

---

**スペックル**
ランダムな凹凸や屈折率分布をもつ表面や媒質によってレーザー光が散乱あるいは回折すると，斑点状の強度分布が生じ，これをスペックルパターン（あるいは単にスペックル）という．

**干渉計測で許される光路差**
マイケルソン干渉計ではビームスプリッターで分けられた後の2本の光路長を正確に一致させる必要がある．許される誤差は用いる光のコヒーレンス長（可干渉距離）で決まり，レーザーは一般に数cm から数 m，特殊なものは数 km と長いため，光干渉計測には欠かせない光源である（ちなみに自然光では数 μm 程度）．

5.2 レーザー計測と分析

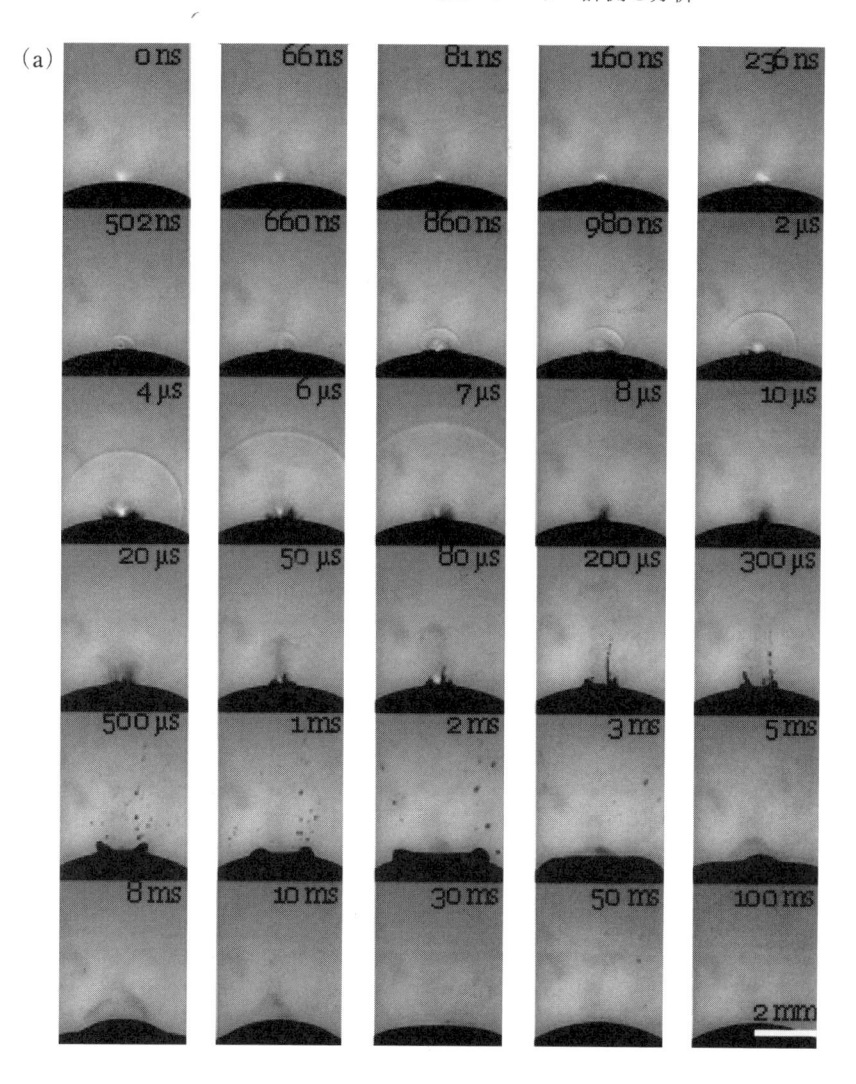

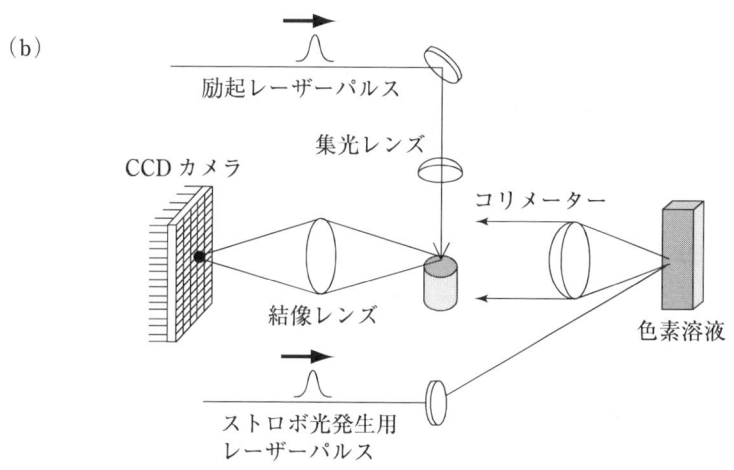

図 5.12 液体(塩化ベンジル)レーザーアブレーションの時間分解写真(a)と測定システム(b). 写真上方からレーザーパルスを照射した後の液面の変化を,横方向から撮影している. 写真下方に黒く見える部分が液体である.

リメチルメタクリレート薄膜に，パルスレーザーを照射したときに誘起される過渡的な表面形状変化を，本手法により調べた結果である．横軸がパルスレーザー照射後の時間，縦軸が薄膜の膨張量を表している．わずか数百 ns の間に，膨張と収縮を繰り返していることがわかる．このような測定は，高強度パルスレーザーで材料を加工するレーザーアブレーションの機構解明につながる新しい研究として注目されている．

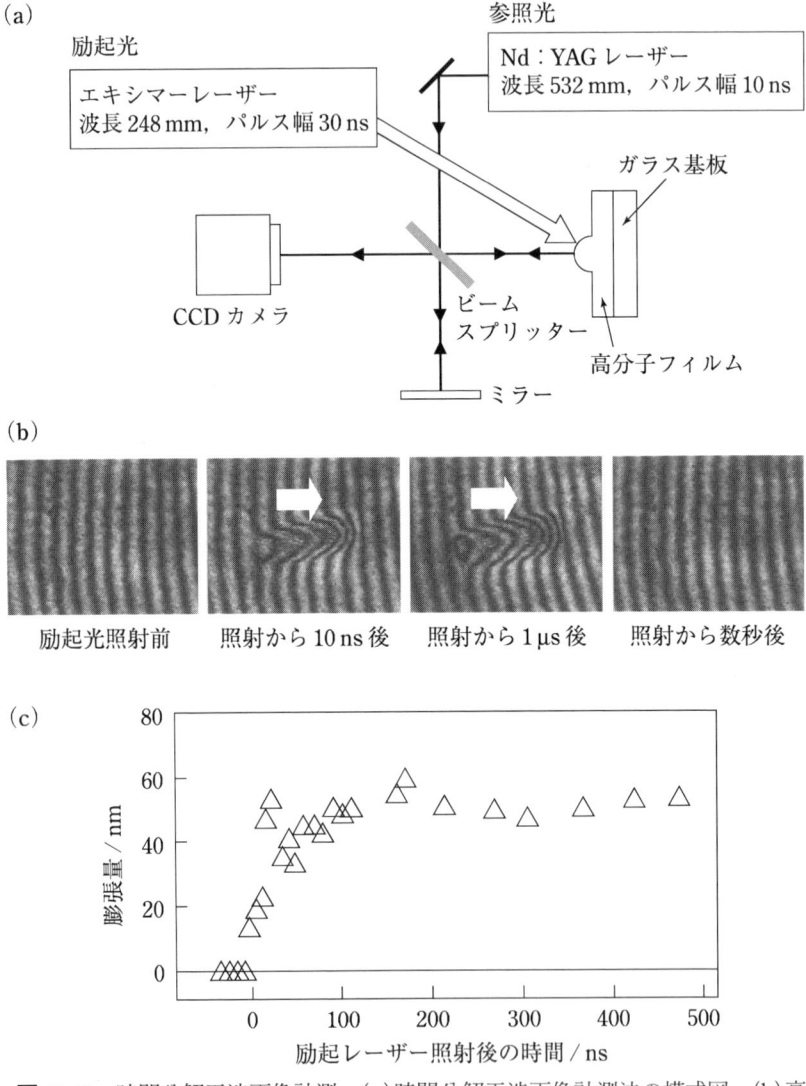

図 5.13 時間分解干渉画像計測．(a)時間分解干渉画像計測法の模式図，(b)高分子薄膜の時間分解干渉画像の例．励起レーザーパルスを照射した部分の干渉縞が矢印の方向にシフトしている．干渉縞1本分の変化が波長の半分(266 nm)の表面形状変化(ここでは膨張)に相当する．(c)励起レーザーパルス照射後のポリメチルメタクリレート薄膜の表面形状変化を本手法で解析した結果．

### e. 超高速時間分解分光測定

原子や分子が光を吸収すると，原子や分子を構成している電子の電子状態が変化し，より高いエネルギーをもった励起状態へ遷移する．その後，原子・分子は励起状態からエネルギーを光や熱の形で放出して，元の状態（基底状態）に失活する，あるいは光化学反応により他の状態に移行する．このような励起エネルギー緩和過程や光化学反応初期過程は，ナノ秒，ピコ秒，ときにはフェムト秒オーダーの極めて短い時間に起こる現象である．この際の，時々刻々の電子状態の変化を調べるもっとも直接的で有効な手法が，短パルスレーザーによる時間分解分光測定である．

一般的な時間分解分光測定のシステムを図5.14に示す．チタンサファイアレーザーからのパルス光は二手に分かれ，一方は試料を励起するための励起光として試料に照射される．その後 $\Delta t$ の時間をおいてもう一方のパルス光が試料に到達し，励起後 $\Delta t$ における分光情報が得られる．励起光をポンプ光，分光測定するパルス光をプローブ光とよび，このような時間分解分光測定は別名ポンプ-プローブ測定とよばれる．ナノ秒以上の遅い現象を測定する場合，ポンプ光とプローブ光に別の光源を使い，それぞれの照射のタイミングをデジタル遅延パルス発生器などを用いて電気的に制御することが可能である．

**フェムト秒レーザー**

数 fs〜数百 fs のパルス光を発生する，いわゆるフェムト秒レーザーが近年急速に普及し，注目されている．フェムト秒レーザーの瞬く間には，1秒間に地球を7周半する光でさえ，わずか数十〜数ミクロンしか進むことが出来ず，われわれが日常目にするあらゆるものがまったく動かないといってよい．目に見える物の運動をとらえるためには，これほど極端に短いパルス光は必要ないが，物質中の電子の応答・ゆらぎ，分子内や分子間での電子やエネルギーの移動など，他の手法では観測できない瞬間的な現象を，超短パルス光によってとらえることができる．

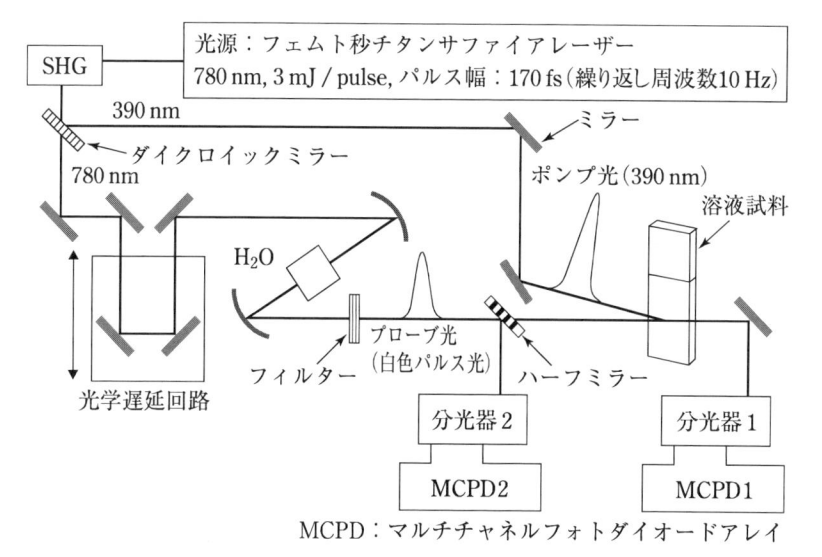

図 5.14 時間分解分光測定システムの例．光源にフェムト秒チタンサファイアレーザーを用いた過渡吸収スペクトル測定のための時間分解分光測定システム．分光器1で，試料を透過したプローブ光のスペクトルを測定する．ポンプ光を照射しないときと，ポンプ光を照射してから $\Delta t$ 後のスペクトルの比から，過渡吸収スペクトルを得る（本文参照）．分光器2でプローブ光の揺らぎをモニターし，補正している．波長400〜760 nm のスペクトル測定が可能である．

しかし，ピコ秒，フェムト秒オーダーになると，両パルス光のタイミングを電気的に制御することは不可能である．そこで，一つの光源から出たパルス光を二つに分け，両パルス光が試料に達するまでの距離を変えることによって，パルス光照射の時間間隔を制御する．この距離を調節しているのが図中の光学遅延で，レール上に配置したミラーを動かすことにより，プローブ光の光路長を変化させることができる．光は1 nsで約30 cm進むため，励起後10 psの分光測定をしたい場合には，ポンプ光よりもプローブ光の光路が3 mmだけ長くなるように設定すればよい．

光学遅延による高速分光では，ポンプ光とプローブ光に別々の光源を用いることができない．そこで第二，第三高調波やパラメトリック発振などを利用して波長変換を行い，種々の測定・試料に対応している．なかでも，近年よく用いられるのが，水や有機溶媒にピコ秒・フェムト秒の超短パルス光を集光することにより発生する白色パルス光である．高輝度で，かつ数百nmに渡る広い波長域をもち，今後の超高速分光測定において極めて重要な光源である．

図5.14は励起状態の吸収スペクトル，いわゆる過渡吸収スペクトル測定のためのシステムであり，フェムト秒パルスレーザーを水に集光することにより発生する白色パルス光を，プローブ光として試料に照

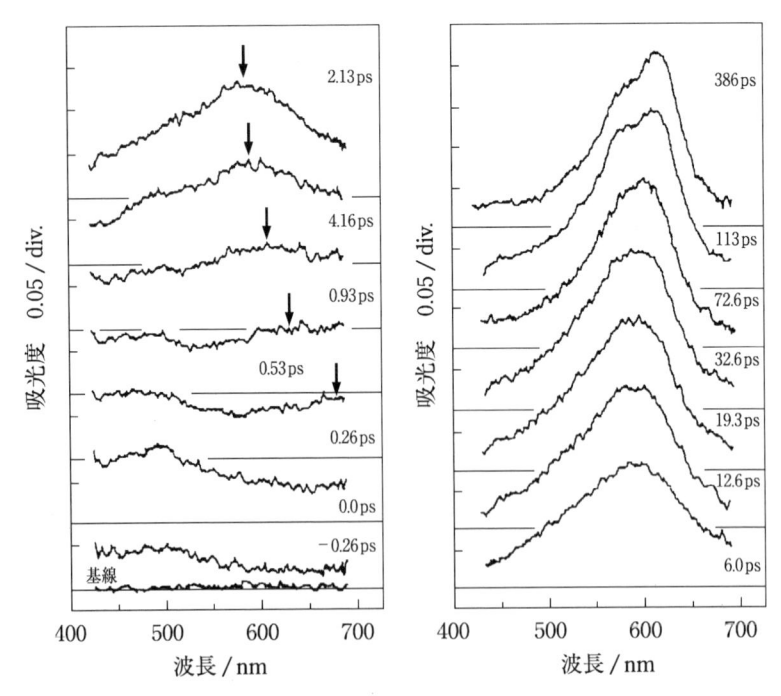

**図 5.15** スピロオキサジン・1-ブタノール溶液の過渡吸収スペクトル．励起光の波長は355 nm．図中の時間は，励起光到達後の遅延時間を表している．
[N. Tamai, H. Masuhara, *Chem. Phy. Lett.*, **191**, 189 (1992)]

射し，マルチチャネル型分光測光器により透過スペクトルを測定する．ポンプ光で試料溶液を励起後，光学遅延を経由して $\Delta t$ 秒後に到達して試料を透過したプローブ光のスペクトル $I_\mathrm{p}(\Delta t, \lambda)$ を測定して

$$\Delta A(\Delta t, \lambda) = \log \frac{I_\mathrm{p}(\lambda)}{I_\mathrm{p}(\Delta t, \lambda)} \tag{5.20}$$

から過渡吸収スペクトルが得られる．ここで $I_\mathrm{p}(\lambda)$ は励起光を照射しないときの（すなわち定常状態の）プローブ光のスペクトルである．

過渡吸収の測定例として，図5.15にスピロオキサジン（トルエン溶液）の過渡吸収スペクトルを示す．スピロオキサジンは光吸収によりメロシアニンに構造変化し，その際の吸収スペクトル変化により無色の溶液が青色に変化する，いわゆるフォトクロミック分子である．励起直後に現れる460 nm付近の吸収は第一励起一重項状態（$S_1$）からの過渡吸収であり，減衰の時定数から700 fsで直ちに緩和することがわかる．その減衰に対応して長波長側にブロードな吸収が立ち上がり，470 fs程度で短波長側へシフトするスペクトルが観測できる（図中矢印）．これはスピロオキサジンからメロシアニンへ変化する途中の中間体からの吸収と考えられる．その後，386 psまで現れている600 nm付近の吸収は，メロシアニンの生成に対応している．この過程で，スペクトルの形状が徐々にシャープになっているが，これは分子のもつ振動余剰エネルギーの熱的な緩和を示している．

### f．レーザーと空間分解計測

ナノテクノロジーの発展に伴い，より小さな領域を選択的に計測・分析する必要性が高まっている．一見均一に見える固体材料でも，表面・界面やドメイン構造，欠陥などが存在し，性質も不均一である場合が多い．レーザーは単色性，可干渉性に優れるため，キセノンランプや水銀ランプなどの他の光源よりも小さなスポットに集光できる．さらには近接場光学顕微鏡など，従来の光学顕微鏡を上まわる空間分解能を有する測定法も開発されている．

### g．レーザー走査顕微鏡

空間分解能をあげるもっとも一般的な方法は，レンズを用いてレーザー光を試料に集光する手法である．波長 $\lambda$ の平行光線をレンズで集光すると，集光スポットの幅 $\phi$ はおよそ

$$\phi = \frac{\lambda}{2\,n\sin\theta} \tag{5.21}$$

で与えられる大きさになる．$n$ は周囲の媒質の屈折率，$\theta$ はレンズで集光される最も外側の光線と光軸がなす角度である．すなわち角度 $\theta$ が大きいほどスポット径が小さくなり，高い空間分解能が得られるが，物

**フォトクロミズム**
フォトクロミズムとは，ある物質が光照射により色（吸収スペクトル）の異なる物質や状態に変化し，これが再び他の波長の光照射や熱により元に戻る可逆的な光反応特性のことである．有機分子系のフォトクロミズムは光励起による分子構造の変化（光異性化）に起因する．

**開口数**
式(5.21)の分母の $n\sin\theta$ を開口数（numerical aperture：略してN.A.）といい，分離能や焦点深度などレンズの性能を決定する重要なパラメーターである．

理的に $\theta < 90°$ であるから，スポット径は波長の半分程度にしか小さくできない．これは光の回折に基づくため回折限界とよばれている．もちろん用いる光の波長を短くすれば（すなわち式(5.21)の $\lambda$ を小さくすれば），空間分解能が向上する．しかし短波長側には一重結合や原子に基づく吸収があり，波長が 300 nm 付近になると，顕微鏡に使われている光学部品が光を吸収するため利用できない．高倍率の顕微鏡用対物レンズでは，レンズと試料の間を高屈折率のオイルで満たすことにより，周囲の媒質の屈折率 $n$ を大きくして空間分解能を向上させている．

顕微鏡を用いてレーザーを試料上に集光し，試料からの透過光や反射光，あるいは蛍光やラマン散乱光などを計測することにより局所領域の分析が可能である．試料を焦点面内で二次元的に走査しながら各位置での信号光を測定すれば，二次元光学像が得られ，このような測定システムをレーザー走査顕微鏡とよぶ．フォトダイオードや光電子増倍管などの光検出器の前に，集光スポットからの信号のみが検出器にはいるようにピンホールを配置すると空間分解能が向上する（図 5.16）．このような光学系の配置を共焦点という．共焦点顕微鏡は光軸方向にも高い空間分解能を有しており，三次元的に試料を走査して，三次元光学像を測定することが可能である．

多光子吸収に基づく蛍光や，第二高調波などを信号光として検出する場合，通常の散乱光や蛍光測定に比べて空間分解能は高くなる．これはレーザー強度に対して信号光の強度が非線形であるためである．図 5.17 に，二光子吸収に基づく蛍光を測定する場合を例に説明する．通

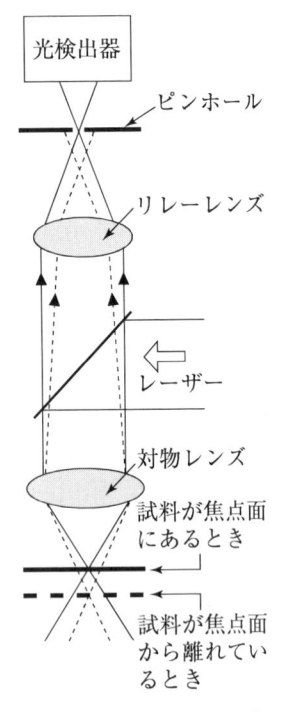

図 5.16 共焦点光学系の模式図．レーザーの集光位置からの発光のみが検出器にはいるよう，ピンホールが配置されている．焦点以外の位置からの出た光（破線）はピンホール上に結像しないため，検出器にほとんど入ってこない．

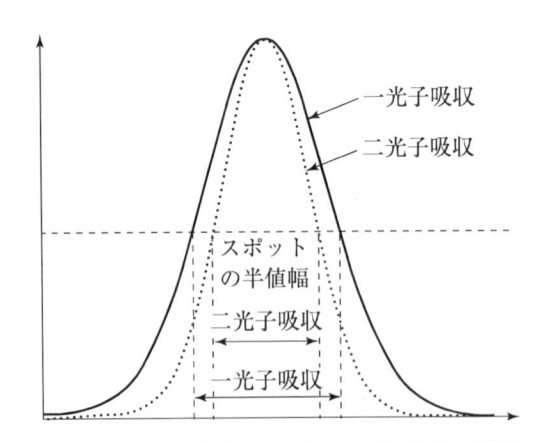

図 5.17 二光子吸収による高空間分解測定の原理．実線：励起光の集光スポットプロファイル．通常の一光子吸収に基づく蛍光強度は励起光強度に比例するため，蛍光スポットのプロファイルも同じ形状になる．破線：二光子吸収に基づく蛍光の強度は励起光強度の 2 乗に比例するため，発光スポット形状は励起光の集光スポットを 2 乗した形になり，一光子吸収に比べてスポットの半値幅が小さくなる．

常の光吸収の確率は励起光強度に比例する．したがって試料にレーザーを集光した場合，試料からの蛍光の強度分布は，レーザーの集光スポット形状と同じになる．一方，二光子吸収の確率は励起光強度の2乗に比例する．そのため二光子吸収による蛍光の強度分布は，レーザーの集光スポット形状を2乗した形になり，実効的な蛍光のスポット形状が小さくなる．しかし，このような非線形な光学効果が起こる確率は小さいため，高強度のレーザーやピーク出力の高いパルスレーザーが必要となる．

### h. 近接場光学顕微鏡

以上で述べてきた，レンズによる集光光学系とはまったく異なる発想で，高空間分解測定が実現できる．図5.18に示すように，点光源から出た光をレンズで集光すると，上述の回折限界により，集光スポットは波長の半分程度の大きさに広がってしまう．ところが，点光源を，試料のごく近傍に近づけることができれば，試料上に照射される光の大きさは，光源とほぼ同じ大きさになると予想できる．この原理に基づいて，従来の光学顕微鏡では達成できない高空間分解能を実現したのが近接場(走査型)光学顕微鏡 (near-field scanning optical microscope；NSOM または SNOM) である．NSOM にもさまざまなタイプのものがあるが，もっとも広く用いられている開口型，照明型とよばれるタイプの NSOM について以下で説明する．

点光源として，先鋭化した光ファイバーの先端に，アルミニウムを蒸着して作製した微小開口を用いる．これはファイバープローブとよばれ，通常 50～150 nm 程度の開口をもつ．

**近接場光学顕微鏡**
単純に点光源と書いているが，実際には光の波長よりも小さな光源(たとえば光ファイバー先端に設けられた微小開口)から光はほとんど出てこない．というのも，そのような光源から出ようとした光の大部分は，光源の大きさ程度の距離で，指数関数的に減衰してしまうからである．このような微小光源の近傍の，非伝播光が存在する領域を近接場とよぶ．すなわち近接場光学顕微鏡では試料を光源に近づけ，近接場に局在する非伝播光を照明光や励起光として利用する[5]．

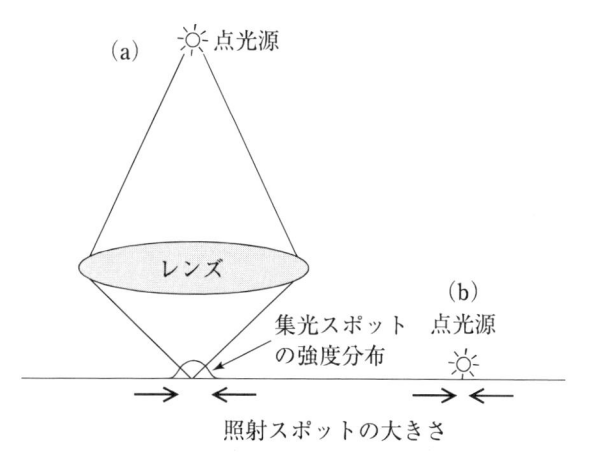

図5.18 集光光学系と近接場光学顕微鏡による空間分解測定．(a)レンズによる集光では，回折限界で決まる大きさよりも小さな領域に集光できない．(b)点光源を試料の近傍に近づけると，より小さな領域に光を照射できる．

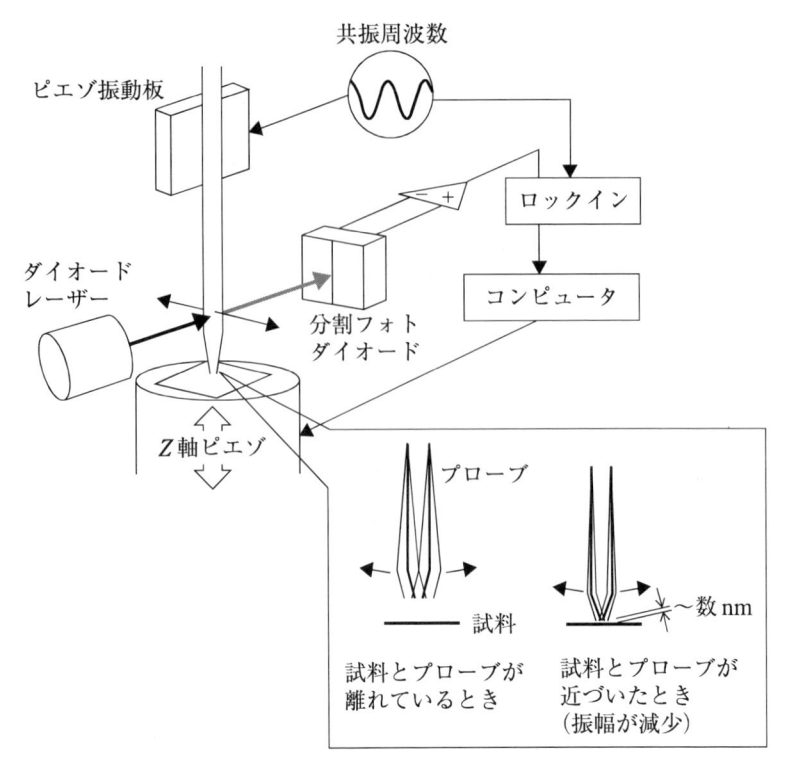

**図 5.19** シェアフォース距離制御法の原理とシステム構成．試料ステージを上下させて，プローブの振動振幅や位相のずれが一定になるように，フィードバック制御している．

この点光源を試料に近接させる際に，ファイバープローブと試料間の距離が変化すると，試料に照射される光強度が変化する．したがって，この距離を高精度に制御する必要があり，シェアフォース方式とよばれる距離制御方法が採用されている．原理図を図5.19に示す．プローブをピエゾの振動板を用いて固有振動数で横方向に振動させる．横方向からレーザーをプローブに照射し，その散乱をプローブの固有振動数でロックイン検出して振動をモニターする．サンプル表面が数十～数nmの距離に近づくにつれ，振動の振幅が弱くなり位相も変化するため，振幅の減少や位相のずれを一定にするようにサンプルを上下に動かして距離を制御する．さらにシェアフォース式距離制御により，試料の高さ情報，表面形状も測定できる．これは従来の光学顕微鏡にはないNSOMの大きな特徴である．

NSOMを用いた蛍光測定システムを図5.20に示す．レーザーをカップラーを介してファイバープローブに導入する．ファイバープローブ先端の微小開口から出射するレーザー光で，試料表面の微小領域を励起する．得られる蛍光を対物レンズで集光し，リレーレンズを介して各検出器の受光面に結像するよう光学系を構成している．光検出

**プローブの加振とシェアフォースの検出**
ここではプローブの加振にピエゾ振動板，シェアフォース変化の検出にダイオードレーザーを用いているが，現在では小さな音叉（チューニングフォーク）にファイバープローブを取り付け，振動の励起と検出を行う方法が主流になりつつある．

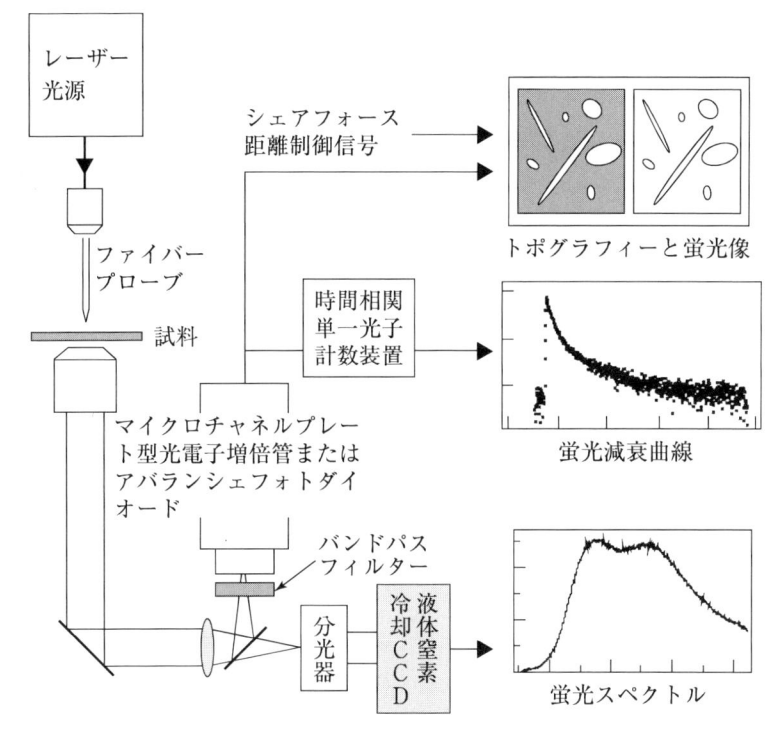

図 5.20　近接場光学顕微鏡を用いた時間分解蛍光分光システム

器には，高感度のマイクロチャネルプレート型光電子増倍管やアバランシェフォトダイオードがおもに用いられる．ピエゾ駆動素子によって試料位置を走査しながら，試料上の各位置における蛍光強度を測定することによって蛍光像を得る．試料上の一点にプローブを固定し，蛍光を分光器と液体窒素冷却CCDカメラに導入することにより蛍光スペクトルを得る．また，励起光源にモードロックパルスレーザーを用い，検出器からの信号を時間相関単一光子計数装置で処理することにより，蛍光減衰曲線の測定ができる．

光学像の空間分解能はほぼプローブの開口径に等しく，通常50〜150 nm程度である．一般に蛍光スペクトルや蛍光減衰曲線の波長分解能・時間分解能は，用いる分光器や時間相関単一光子計数装置で決まる．したがって，ここで述べたようなシステムにより，従来のバルクにおける測定と同等の蛍光解析を，光学顕微鏡を超える空間分解能で，表面形状と共に行うことが可能である．

応用例として，図5.21にテトラセン微結晶膜上に成長させたアントラセン微結晶のトポグラフィー（a）と蛍光像（b,c）を与える．（b）と（c）はそれぞれ波長550±20 nmおよび450±20 nmの蛍光像で，前者がテトラセン，後者がアントラセンの蛍光である．（b）の蛍光像は（c）に比べ蛍光の強い部分がより中心付近に集中している．次に結晶の中

**単一光子計数法**

光電子増倍管やアバランシェフォトダイオードなどの光検出器で微弱光を測定すると，信号増幅率が高く暗電流が小さいため，1光子に相当する信号を一定レベルの電気パルスとして検出することが可能である．したがって入射した光の強度は，一定時間内のパルスを計数することにより得られる．このような光検出法を単一光子計数法とよぶ．微弱なパルスレーザー光で試料を励起すると，励起光1パルスに対しても蛍光も1光子以下しか検出されないような条件をつくることができる．励起光と蛍光の両パルス間の時間相関をとることにより蛍光減衰曲線が得られ，これを時間相関単一光子計数法という[6]．

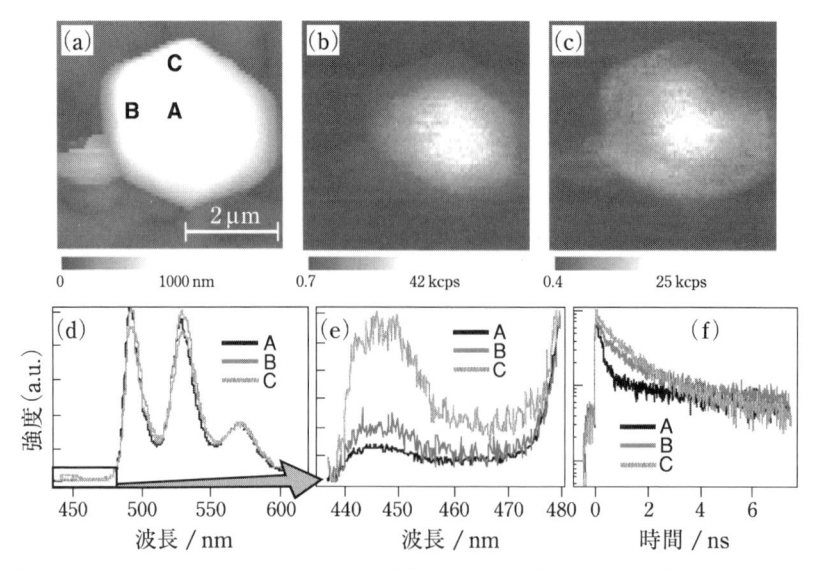

図 5.21 アントラセン-テトラセン昇華膜のトポグラフィー (a) と観測波長 550±20 nm (b) 450±20 nm (c) における蛍光像. 励起波長は 380 nm. スキャンスピードは 400 nm/s, 観測点は横 256 点×縦 64 点. (d)(e) はトポグラフィー中に示した A, B, C 点での蛍光スペクトル. (e) は (d) 中の黒枠部分の拡大図. (f) は A, B, C 点での蛍光減衰曲線. 観測波長は 450±20 nm.

**エネルギー移動**

この系ではホスト結晶であるアントラセンがエネルギー供与体, ゲスト分子のテトラセンがエネルギー受容体である. 励起光の照射によりアントラセン結晶中に生成した励起状態 (フレンケル励起子) が, 同種分子間のエネルギー移動により隣接分子にエネルギーを渡し, その過程が繰り返されることにより励起子の拡散が起こる. 励起状態はある確率で輻射あるいは無輻射失活するが, テトラセン分子の近傍で生成した, あるいは拡散によりそこまでたどり着いた励起子がテトラセン分子へのエネルギー移動を起こす. したがってエネルギー供与体から受容体へのエネルギー移動収率は多くの場合受容体分子の濃度に比例する.

央付近の A 点と, 結晶の端に近い B, C 点において測定した蛍光スペクトルと蛍光減衰曲線を示す. 各点での蛍光スペクトルはすべてテトラセンモノマーに特有の 3 本のピークをもっているが, 相対的なアントラセンの蛍光強度が測定した場所に依存しており, 結晶の中心に近い A 点では最も小さいことがわかる (図 5.21(d), (e)). また, アントラセンの蛍光減衰曲線 (図 5.21(f)) も場所によって異なり, 結晶の中央付近 (A 点) における蛍光寿命はほかよりも短い. これらの結果から, アントラセン結晶の中心付近ではエネルギー移動効率が高く, アントラセンの蛍光がより強く消光されていることが明らかとなった. これは, 一見均一に見えるアントラセン微結晶であるが, 内部にテトラセンを含んでおり, テトラセン濃度が中心付近でより高いためであると説明されている.

このように近接場光学顕微鏡は, 高空間分解能と表面形状測定という特徴を併せもち, 固体や薄膜の光物理・光化学的性質を調べる強力な計測・分析手法である. しかし, プローブに蒸着されているアルミニウムが蛍光を消光するという報告や, 照射できる光の波長, 強度に制限があるなどの問題点も指摘されており, これらを克服するための様々な研究や新しいプローブの開発が現在も進行中である.

## 演習問題（5章）

**5.1** 0.1 M 硫酸銅(II)水溶液がある．銅K吸収端のXAFSスペクトルの測定を行いたい．吸収の最大が4となるには，光路長を何 mm とすればよいか．また，そのときの吸収ジャンプはどれぐらいとなるか．溶液の密度は水と同じと仮定せよ．$(\mu/\rho)_s = 9.63$ であり，残りの元素のは例題5.1のものを用いよ．

**5.2** $\Delta\theta = l/R$ $(R \gg l)$ を証明せよ．
（$\Delta\theta$：発散角，$R$：光源とスリット間の距離，$l$：スリット幅）

**5.3** モリブデンのXAFS測定を行いたい．モリブデンのK吸収端エネルギーは，20.0 keV である．モノクロメーター結晶として，Si(111) および Si(311) を使える場合，どちらを使うほうがよいだろうか．それぞれの結晶の面間隔は例題5.2にかかれてある．

**5.4** プリエッジ部分の近似関数として，$CE^{-3} + DE^{-4} + A$ と $CE^{-2.75} + A$ が紹介されているが，なぜ，後者の方がよい近似関数なのか．

**5.5** EXAFSの表式にはデバイ-ワラー (Debye-Waller) 因子が含まれているが，この因子は通常 0.05〜0.1 Åほどである．つまり，これだけ，原子は平均位置からずれるということを表している．この因子が大きくなると，動径構造関数のピークの形状はどのように変わるだろうか．

### ■参考文献

1) B.K. Teo, "EXAFS", Springer-Verlag (1986).
2) 宇田川康夫 編, "X線吸収微細構造", 学会出版センター (1993).
3) 大西孝治, 堀池靖浩, 吉原一紘 編, "固体表面分析 I", 講談社サイエンティフィク (1995).
4) 石井忠男, "EXAFSの基礎", 裳華房 (1994).
5) 大津元一, 河田 聡, 堀 裕和 編, "ナノ光工学ハンドブック", 朝倉書店 (2002).
6) 中原勝儼 編, "分光測定入門", 学会出版センター (1987).

# これからの環境分析化学　6

快楽的生活の副産物として地球環境の破壊と汚染という大きな問題を抱えることになった．しかし，人間の知恵によりこれらの問題を解決しようとの努力がなされようとしている．事実を知るだけではなく，克服するエネルギーは膨大なものである．しかし，われわれが犯してきたことに対し，人類の平和を取り戻すために最大の努力をしなければならない．ここでは事実を知るための基本的分析技術および最新の前処理の知識を得ることを目的とする．

## 6.1 大気環境分析

大気の成分は長い期間に様々に変化して，現在の組成に到達したものである．このように長い期間でなくても，大気にはいろいろな原因によっていろいろな物質が加わってきた．このうち，人や動物の健康を害したり，生態系に影響を及ぼしたりするような物質が加わることを大気汚染という．大気汚染の原因には，自然的なものと人為的なものがある．このような大気汚染を把握するために様々な分析手法が用いられ

**環境基準**
国や地方公共団体が公害防止対策を進めるために定められた目標．人の健康を保護し，生活環境を保全する上で維持されることが望ましい基準．国や地方公共団体が公害対策を進めていく上での行政上の目標として定められるものである．現在は，大気汚染，水質汚濁，土壌汚染，騒音について定められている．また，国民の健康を適切に保護できる，十分に安全性を見込んだ水準で定められていることから，この基準を超えたからといって，すぐに健康に悪い影響が現れるというものではない．

表 6.1 大気汚染物質の環境基準

| 物　　質 | 環 境 基 準 |
|---|---|
| 二酸化硫黄 | 1時間値の1日平均値が 0.04 ppm 以下であり，かつ1時間値が 0.1 ppm 以下であること |
| 一酸化炭素 | 1時間値の1日平均値が 10 ppm 以下であり，かつ1時間値の8時間平均値が 20 ppm 以下であること |
| 浮遊粒子物質 | 1時間値の1日平均値が $0.10\ mg\ m^{-3}$ 以下であり，かつ1時間値が $0.20\ mg\ m^{-3}$ 以下であること |
| 二酸化窒素 | 1時間値の1日平均値が 0.04 ppm から 0.06 ppm までのゾーン内またはそれ以下であること |
| 光化学オキシダント | 1時間値が 0.06 ppm 以下であること |
| ベンゼン | 1年の平均値が $0.003\ mg\ m^{-3}$ 以下であること |
| トリクロロエチレン | 1年の平均値が $0.2\ mg\ m^{-3}$ 以下であること |
| テトラクロロエチレン | 1年の平均値が $0.2\ mg\ m^{-3}$ 以下であること |
| ジクロロメタン | 1年の平均値が $0.15\ mg\ m^{-3}$ 以下であること |
| ダイオキシン類 | 1年の平均値が $0.6\ pg\text{-}TEQ\ m^{-3}$ 以下であること |

表 6.2　ダイオキシン類の排出基準

| 特定施設 | 規模用件 | | 排出基準* ng-TEQN$^{-1}$m$^{-3}$ | |
|---|---|---|---|---|
| | | | (a) | (b) |
| 焼結鉱製造用焼結炉：銑鉄の製造の用に供するものに限る | 原料処理能力：1 t/時以上 | | 1 | 0.1 |
| 製鋼用電気炉：鋳鋼・鍛鋼の製造の用に供するものを除く | 変圧器定格量：1000 kVA以上 | | 5 | 0.5 |
| 亜鉛回収施設：原料として製鋼用電気炉の集じん灰を使用するものに限る | 焙焼炉, 焼結炉, 溶鉱炉, 溶解炉, 乾燥炉：原料処理能力 0.5 t/時以上 | | 10 | 1 |
| アルミニウム合金製造施設：アルミくずを使用するものに限る | 焙焼炉, 乾燥炉：原料処理能力 0.5 t/時以上, 溶解炉：容量 1 t 以上 | | 5 | 1 |
| 廃棄物焼却炉 | 火床面積：0.5 m$^2$以上または焼却能力：50 kg/時以上 | 4 t/時以上 | 1 | 0.1 |
| | | 2〜4 t/時 | 5 | 1 |
| | | 2 t/時未満 | 10 | 5 |

\* (a) 平成12年1月14日以前に設置された施設
　(b) 平成12年1月15日以降に設置された施設

ている．ここでは，まず大気の採取方法について述べ，大気汚染の原因である種々の化学成分の分析法について機器分析を中心に述べる．また，各物質の環境基準について表6.1にまとめた．排出基準については地域や施設により異なるので環境省などのホームページを参照されたい．なお，ダイオキシン類の排出基準については参考のため表6.2にまとめた．

### a. 試料採取地点

　試料空気をサンプリングする際，測定目的によって試料採取容器が選定され，いくつかのサンプリング方法によって行われる．

　大気中の汚染物質は常に均一濃度で保たれているわけではない．とくに発生源がサンプリング地点に近い場合には時間的な濃度変動があることから，その地点での平均濃度を得るためには試料採取に長時間をかけることが望ましい．

　大気中の汚染物質濃度は場所や時刻によって異なっている．各地点の測定値がその周囲の空気質を代表するものでなければならない．しかし，測定地点の汚染物質濃度は付近の汚染源の存在，周囲の自然環境や人工的な構造物（たとえば丘，樹木，池，沼，建築物，道路など）の存在，測定地点の高度などによって左右される．したがって，地形や構造物等の複雑な影響を最小限に止めるように地域を代表する測定地点を選ばなければならない．

**排出基準**
固定あるいは移動発生源から法律上許される最大汚染物質量を示したもの．環境基準を達成するため，公害源となる汚染物質を排出する最高値を定めたもの．工場や事業場に対する具体的な規制．大気汚染防止法，水質汚濁防止などで基準値が定められている．また，各地の実情に応じてより厳しく規制する上乗せ基準を設定する権限が各都道府県知事に与えられている．

人間の活動範囲と大気汚染の人体影響を考慮した場合，地上1.5～2mの地点に設置するのがもっとも望ましい．しかし平坦地はともかく，とくに建物の密集している市街地においては，地上に設置することはその周辺地域の汚染度を代表しないおそれがあることから，その地表面にある建物などの影響をできるだけ除く必要がある．

### b．試料採取法

**（1）自然換気法** 試料採取容器の口を開き，測定地点に固定して自然換気に従い，大気が容器の中に入るのを待った後，口を閉じてサンプリングする方法である．この方法の利点は，測定地点でのある時間範囲内の平均濃度が得られるが，それほど厳密な測定法ではない．

**（2）真空法** 試料採取容器を測定前に真空にしておき，測定地点でバルブを開くだけでサンプリングできる方法である．この方法の利点は，瞬時にサンプリングする必要がある測定などに適している．

**（3）流しとり法** 測定場所で試料採取容器の一方の試料採取口よりエアポンプなどで吸引し，他方の試料採取口より試料ガスを導入する方法である．この方法は時間的にまた試料ガスの代表性において，大気サンプリングをするうえでもっとも適した方法である．

**（4）置換法** 容器内にバッグを入れ，容器内のガスを出し入れすることで，バッグ内の試料空気を出し入れする方法である．バッグ内の試料空気を出し入れできるなど便利な点が多いが，バッグの材質については測定成分によって選定しなければならない．

**（5）濃縮捕集法**

(i) 吸着法：吸着剤を充填した管に試料ガスを通気させて目的成分を含む物質を吸着捕集する方法である．吸着剤としては活性炭，シリカゲル，モレキュラーシーブ，アルミナ，ガスクロマト用充填剤などが利用されているが，それらのうち活性炭がもっとも広く使用されている

(ii) 低温濃縮法：寒剤を用い低温に保った容器の中に試料採取管を入れ，寒剤におけるその成分の蒸気圧より高濃度の成分が捕集される原理を利用している．しかし目的成分の捕集効率は，その成分の温度における蒸気圧値と試料濃度との差や，捕集剤に対する溶解度や吸収率，トラップの形状，ガス流量などに依存している．

(iii) 吸収剤反応法：大気中のアルデヒドの測定に用いられているDNPH法などがある．

(iv) 反応液吸収法：インピンジャーの中に測定成分に合った反応吸収液を入れ，環境大気中のガス状物質を一定の吸引流量でサンプリングする方法である．

---

**活性炭**
粉末状，顆粒状またはペレット状の無定形炭素．無数の微細孔を有するので単位容積あたり，非常に大きな表面積をもつのが特徴である．

**モレキュラーシーブ**
分子スケールでのふるい作用を示す多孔質の固体で，選択性の高い吸着剤．シリカゲルやアルミナの細孔は不均一であるが，モレキュラーシーブは均一の大きさの細孔を有しており，細孔径を超える分子は排除され吸着しない．

**DNPH**
2,4-ジニトロフェニルヒドラジン．アルデヒド，ケトン，キノンなどのカルボニル化合物と容易に脱水縮合してヒドラゾンを生ずる．

### c. 硫黄酸化物分析計

環境用硫黄酸化物分析計は，大気中の二酸化硫黄濃度を測定するための計器であり，JIS B 7952 に自動計測器として，溶液導電率方式，炎光光度検出方式，電量方式および紫外線蛍光方式のものについて規定されている．環境測定においては溶液導電率方式が多く用いられているが，最近は紫外線蛍光方式のものが増加している．

**（1）溶液導電率方式** この方式は，大気中の二酸化硫黄が吸収液中の過酸化水素と反応して，硫酸イオンを生じ，吸収液の導電率を増加させるときの導電率変化から，大気中の二酸化硫黄濃度を求めるものである．

［反応式］ $H_2O_2 + SO_2 \longrightarrow H_2SO_4$

溶液導電率方式には，間欠型と連続型があるが，1時間周期で測定を行う間欠型では，0〜0.05 ppm の高感度測定が可能であり，多く使用されている．また，間欠型は自動ゼロ点調節により，約 $0.4\,mS\,m^{-1}$ という導電率の低い吸収液を使用しても，安定した測定ができる．測定は，3〜5レンジを自動的に切り換えて行い，広範囲で有効である．干渉成分としては，二酸化炭素，アンモニアなどがあるが，自動ゼロ点調整や粒状シュウ酸トラップまたはアンモニアスクラバーなどで除去できる．この方式の構成例を図 6.1 に示す．

**導電率**
電気抵抗の逆数．一般には水溶液について，面積 $1\,cm^2$ の電極板 2 枚を 1 cm の距離に相対して浸漬したときの電極間の電気抵抗の逆数（単位は，$S\,cm^{-1}$ で，常用単位は $\mu S\,cm^{-1}$）．

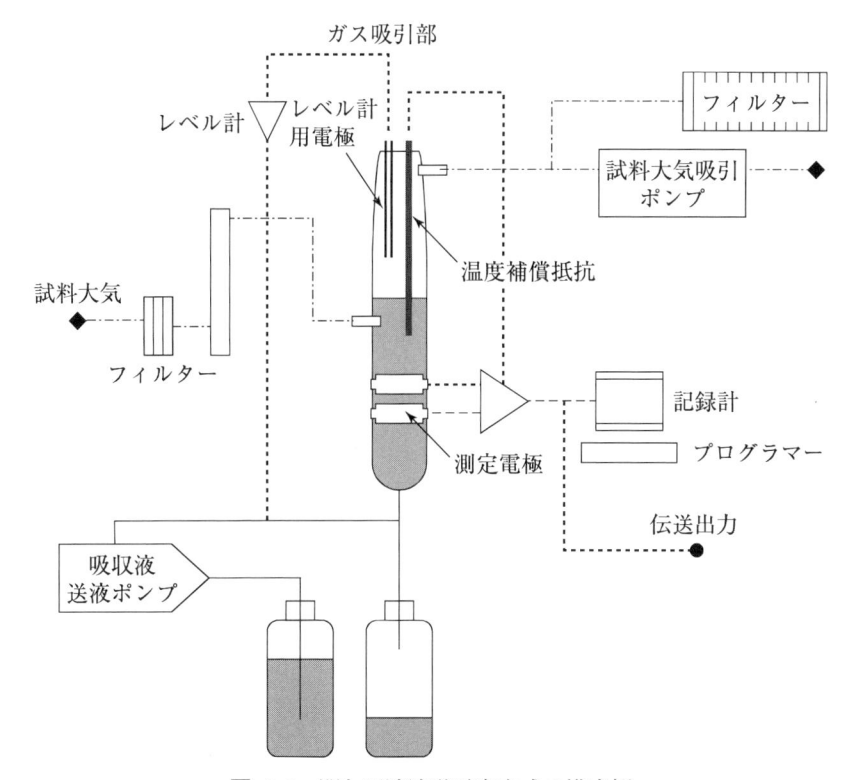

図 6.1 間欠型溶液導電率方式の構成例

**励起状態・基底状態**
エネルギーのもっとも低い状態を基底状態，基底状態よりもエネルギーの高い状態を励起状態という．たとえば，水素原子の電子エネルギーでは1s原子軌道の状態が基底状態であり，それ以外の原子軌道状態は励起状態である．励起状態は不安定であり，いずれは基底状態に戻る．

**蛍　光**
一般に基底状態の分子が光を吸収すると，その電子の一つが空の軌道に励起され，励起状態が生成し，その電子スピンは通常基底状態と同じ一重項状態にある．一重項励起状態はある確立でそのエネルギーを光子として放出して基底状態に戻る．このように，スピン多重度の等しい状態間の遷移に伴う発光が蛍光である．

**（2）炎光光度検出方式** この方式は，大気中の二酸化硫黄を水素炎で還元して励起状態の $S_2^*$ を生じさせ，この $S_2^*$ が基底状態に戻るときの発光スペクトルのうち，394 nm の発光強度から大気中の二酸化硫黄濃度を求めるものである．高感度で水分の影響がないという利点はあるが，他の硫黄化合物や二酸化炭素の影響を受ける．

**（3）紫外線蛍光方式** この方式は，大気中の二酸化硫黄に紫外線を照射して励起状態の $SO_2^*$ を生じさせ，この $SO_2^*$ が発する蛍光の強度を測定して，大気中の二酸化硫黄濃度を求めるものである．蛍光を発する芳香族炭化水素の影響があるので，透過膜チューブやスクラバーで除く必要がある．

**（4）赤外線吸収方式** 赤外線吸収方式は，二酸化硫黄の 7.3 μm 付近における赤外線の吸収量の変化を選択的に測定し，排ガス中に含まれる二酸化硫黄を連続的に求める．図 6.2 に，赤外線吸収方式（赤外線ガス分析計）の原理図を示す．光源から照射される二つの光束により試料セルおよび基準セルにおける吸収量の差を検出器にて電気信号として検出する．試料排ガス中に含まれる二酸化炭素および水分は，妨害成分として干渉影響が無視できないので光源フィルターおよび検出器の組合せによりこれらの影響を少なくする工夫がなされている．

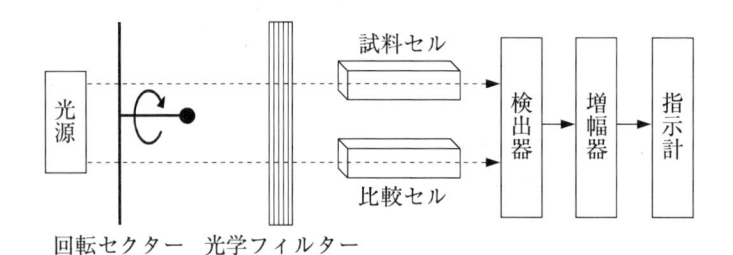

図 6.2 赤外線吸収方式による分析計の構成例

**（5）その他の方式** 上述してきた方式以外にも硫黄酸化物の測定方式には，中和滴定法，アルセナゾⅢ法（沈殿滴定法），パラロザニリン法などがある．

**アルセナゾⅢ法**
$SO_4^{2-}$ の Ba 標準液による沈殿滴定．試料溶液をとり，この4倍量のイソプロピルアルコール，氷酢酸および 0.2 % アルセナゾⅢ水溶液を加え，$Ba^{2+}$ 標準液で滴定し，1分間継続して青色を呈する点を終点とする．

**d. 一酸化炭素分析計**

大気中の一酸化炭素（CO）は，近年の環境浄化に伴い，測定範囲の低濃度化（フルスケール 10 ppm 以下）が必要条件となっており，測定値の信頼性・安全性の維持のため，分析計，サンプリング系のハードとソフトの両面から技術的改良がなされている．

**（1）赤外線吸収方式** CO 分子は固有の波長（4.7 μm 付近）の赤外線を吸収する特性をもっており，圧力が一定のガス体では，濃度に対応した吸収を示す．高感度化を実現するために，ゼロ点の安定性の向上，

干渉影響の低減などによる信頼性向上をはかった一例として，流体変調方式がある．従来の回転セクターによる光学系の変調をロータリーバルブの使用によりゼロガスと試料ガスを一定の周期で交互に切り換え，試料ガスの赤外線吸収によって生ずる変調効果を利用したものである．この方式は，ゼロドリフトは原理的に生じないという特徴に加え，従来の方式では光路エネルギーバランスの調整の幾何学的な光学ずれによる位相バランスの調整といった，いわゆる光学調整が必要であったものが，原理上不要となっている．またサンプリング系の付加により，ゼロガス，試料ガス中のベースガスを合わせることによっても，干渉影響の低減を実現している．この方式の構成例を図6.3に示す．

**位　相**
単振動や波動のような周期運動において，一つの周期中のような位置を示す語で，二つ以上の振動や波動の起点が同一の時刻と場所にあるときは，二つ以上の波は同位相にあるという．時間的にずれているときは位相差があるという．

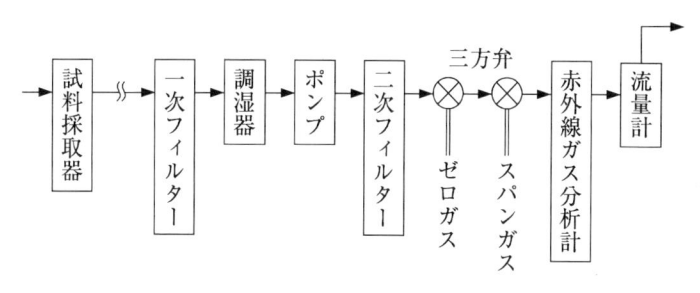

図 6.3　一酸化炭素分析計の構成例

**（2）定電位電解方式**　定電位電解法によるCO測定は，ガス透過性隔膜を経由して電解液中に拡散したCOを定電位に保たれた電極上で電気化学的に酸化し，その際発生する電解電流によってCOを定量するものである．検出器としてガス透過性隔膜，作用電極，対電極などを備えた電解槽，定電位電源，増幅器などで構成されており，小型軽量であるため移動測定に便利である．干渉成分としては炭化水素などがあるため，吸着管により除去する必要がある．

**e. 窒素酸化物分析計**

大気汚染物質としての窒素酸化物の多くは高温燃焼に伴って発生し，主に自動車や各種燃焼炉などの排ガスに含まれ，大気中に放出される．1973年に二酸化窒素について環境基準が制定され，ザルツマン試薬を用いる吸光光度法による連続測定が義務づけられている．連続分析計としては1974年にJIS B 7953（1981年改定）が制定され，吸光光度法と化学発光法が規定された．

環境大気中に含まれる窒素酸化物はおもに二酸化窒素（$NO_2$）と一酸化窒素（NO）である．吸光光度法は原理的に$NO_2$分析法であり，化学発光法はNOの分析法である．

**（1）吸光光度法**　吸収液としてのザルツマン試薬（$N$-1-ナフチルエチレンジアミン二塩酸塩，スルファニル酸および氷酢酸の混合溶液）

**吸光光度法**
物質あるいは元素に特有の光の吸光度を測定し，物質を定量する方法．目的試料が特定の波長の光を吸収する度合いを測定して目的試料の濃度を求める方法．あらかじめ濃度と吸光度の関係を求めておけば，試料溶液の吸光度を測定することによって濃度を求めることができる．

**吸光度**
物質が一定の波長の光を吸収する程度．光の透過率の逆数の常用対数．

一定量に，一定流量の試料大気を一定時間通気させると，試料大気中に含まれる$NO_2$が吸収され，吸収液と反応して赤紫色に発色する．この発色を545 nm 付近の吸光度を測定することにより$NO_2$濃度を測定する．NO は吸収液と反応しないので，$NO_2$吸収後の試料大気を酸化液（硫酸酸性過マンガン酸カリウム溶液）に通し，$NO_2$に変えてから同様の方法で測定する．

分析計は試料大気の流れに従ってフィルター，流量計，$NO_2$用吸収びん，酸化びん，NO 用吸収びんの順に配列され，他に試料大気吸引ポンプ，吸収液タンク，吸収液定量供給部，吸光度測定部，プログラマー，指示記録計などから構成され，1時間を周期とする間欠測定方式である．測定記録は周期の始めにゼロ点調整を行い，試料大気の通気測定がすすむに従って上昇し，周期の終りに1時間平均濃度を示す方式である．構成例を図6.4に示す．この方式は環境基準濃度レベルの$NO_2$を長期間安定に測定できるため環境基準による大気汚染の評価のための測定法に指定されている．

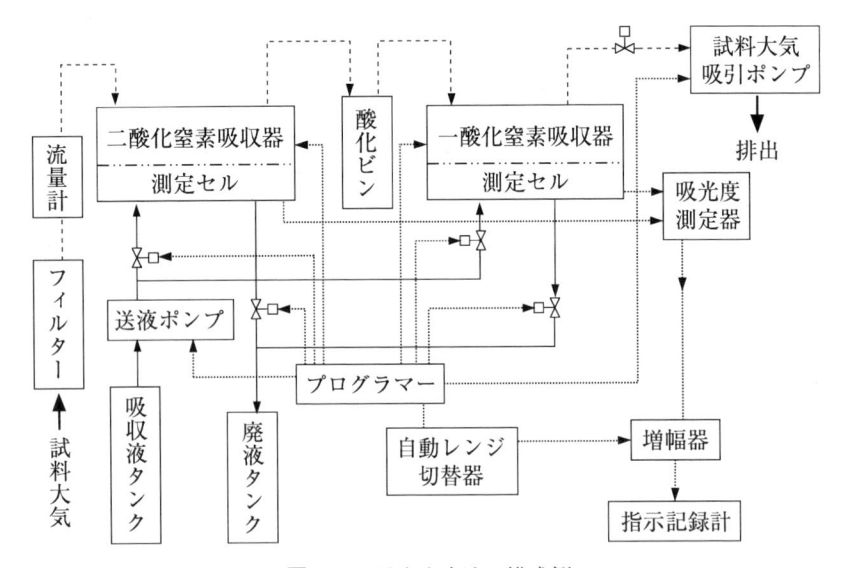

図 6.4　吸光光度法の構成例

**化学発光法**
化学発光は，化学反応によりひき起こされる発光．その化学発光における発光スペクトルの解析から定性分析を，その光量から定量分析を行う方法をいう．

**（2）化学発光法**　化学発光方式は，NO とオゾン（$O_3$）が反応して，$NO_2$になるとき放射される光の強さを測定して，NO 濃度を測定するものである．この発光強度は，NO 濃度と比例関係にあり，また，排ガス中に共存する他の成分は光を出さないことから NO のみを選択的に測定することができる．この反応の機構は次式で示される．

$$NO + O_3 \longrightarrow NO_2^* + O_2 \tag{6.1}$$

$$NO_2^* \longrightarrow NO_2 + h\nu \tag{6.2}$$

式(6.1)は，NO が $O_3$ によって，励起分子の $NO_2^*$ になることを示

し，式 (6.2) は，その $NO_2^*$ が，光のエネルギー $h\nu$ を放出することを示している．化学発光方式の分析計は，$NO_x$ の広い範囲にわたって直線性を示し，検出感度が高く，さらに，他の成分の干渉影響が少ないなどの特徴をもっている．この方式の構成例を図 6.5 に示す．

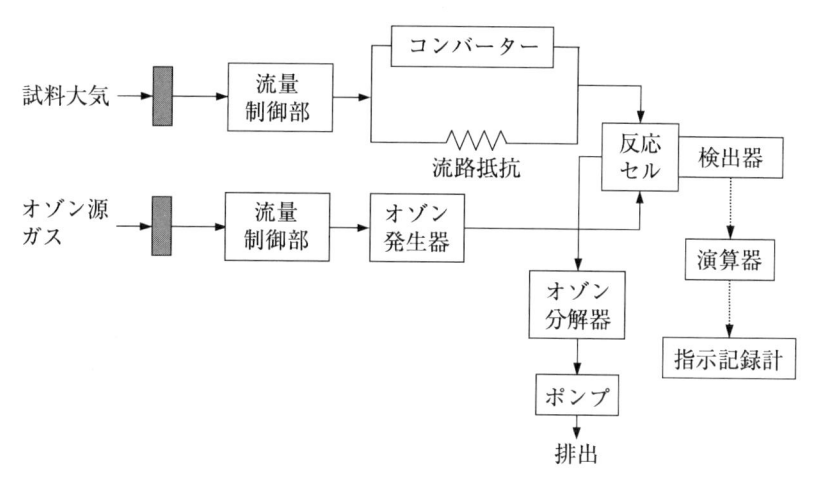

**図 6.5** 化学発光法の構成例

**（3）赤外線吸収方式** 赤外線吸収方式は，NO が 5.3 μm 近辺の赤外線を選択的に吸収する特性を利用したものである．この原理は，$SO_2$，CO，$CO_2$，などの分析計に用いられるものとまったく同じで，その吸収特性は，ランバート-ベールの法則として次の式で示される．

$$I = I_0 \exp(-kct) \tag{6.3}$$

ここで，$I_0$ は入射赤外線の強さ，$I$：透過赤外線の強さ，$k$ は気体によって定まる定数，$c$ は気体の濃度，$t$ は気体（セル）の厚さである．

NO の赤外線吸収特性は，式 (6.3) のように，濃度と吸収量との関係が，指数関数として示される．赤外線吸収方式は，構造が単純で，試料ガス流量の影響を受けないなどの特徴をもっている．また感度も高く，安定性も優れている．化学発光方式および赤外線吸収方式は，基本的に NO 分析計であるため，$NO_2$ も同時に測定するには $NO_2$ を NO に還元変換してから間接的に $NO_2$ も測定する機構が必要である．

**（4）紫外線吸収方式** 紫外線吸収方式は，NO が 195〜230 nm，$NO_2$ が 350〜450 nm 付近で紫外線を吸収する特性を利用したものである．

**f．酸 素 計**

酸素濃度の測定法としては，酸素の常磁性を利用する方式と酸素の電気化学的な性質を利用するジルコニア法がある．これらの酸素計は工業プロセス用として用いられるものと同じ原理のものであるが，同

**常磁性**
自発磁化がなく，外部磁場によってその磁場と同じ向きに磁化をもつようになる物質の磁気的な性質．

原理のものを公害計測器として証明行為に使用する場合は計量法による検定に合格したものでなければならない．

酸素は常磁性体であって磁場に吸引されるという性質がある．窒素酸化物も常磁性体であるが，通常共存する濃度は非常に小さく，測定への影響はほとんどない．常磁性を利用する酸素分析計は，磁気力式と磁気風式に分類できるが，ここでは前者の一例について検出器の構造を説明する．

圧力検出型磁気力方式は，不均一な磁界中に酸素（常磁性の気体）が存在すると，酸素は磁界の強い方に引きつけられ，その部分の圧力が上昇する．この圧力上昇を非磁性体の気体（たとえば $N_2$）を使って，磁界外に取り出し，変化を検出する．検出部が試料ガスに触れないので，腐食性ガスに強い．試料ガスの熱的性質（熱伝導率など）や，加熱性ガスによる指示誤差がない．補助ガスが少量必要だが，ゼロドリフトの少ない特徴がある．酸素の電気化学的性質を利用したジルコニア式酸素計は，高温の酸化ジルコニウムを酸素濃度が異なる二つのガスを区切るように設ける(図6.6)．二つの界面間に酸素濃度の比の対数に比例した起電力が発生する．原理的に測定出力は酸素濃度の対数に比例するので低濃度の酸素を精度よく測定できる．

**磁気風式**
測定室の中に二つの磁極があり，その間にガラス被覆したリング状の熱線素子が挿入されている．常磁性である酸素は磁界のもっとも強い熱線の周辺に吸引されるが，そこで熱線で加熱されると磁性が弱くなり，下側の冷たいガスに押し上げられて測定室内に磁気風と称する風が生じる．磁気風の強さは測定ガス中の酸素濃度に比例する．二つの熱線はホイートストンブリッジを構成し，抵抗変化をブリッジの不平衡電圧として検出している．感度を一定にするためブリッジには一定電流が流されている．

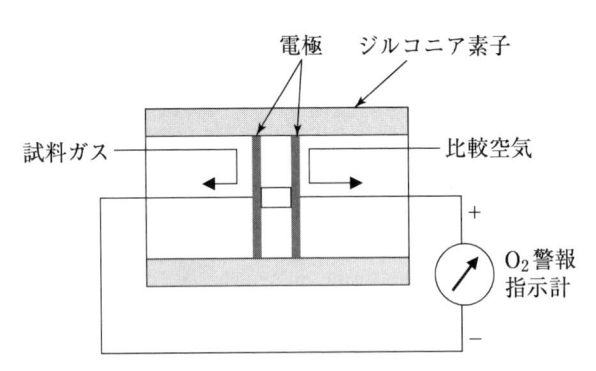

図 6.6 ジルコニア法による酸素分析計の原理

### g. 浮遊粒子物質濃度計

浮遊粒子状物質とは，大気ないし室内空気中に浮遊する固体および液体粒子であって，粒径がおおよそ10 μm以下のものをいう．浮遊粒子の形状や比重など物理的性質は，発生原因によりさまざまであり，また，化学的組成も異なる．このため，粒子の大きさは，流体力学的挙動すなわち沈降速度が等価となる比重1の球形粒子の直径 (μm) として表される．また，その濃度は，単位容積の空気中に含まれる粒子の質量として，質量濃度 ($mg\ m^{-3}$) で表される．一方，自動計測器としての濃度計は，直接粒子の質量を検出するものではなく，それと一定の相対的

**沈　降**
液体または気体中に分散した粒子が，重力，遠心力などの外力によって，一定方向に移動し，不均一な分散状態になる現象をいう．

関係にある物理量を検出して，相対的に粒子の質量濃度を測定している．

浮遊粒子状物質の濃度計には，光の散乱，共振周波数の変化，放射線（β線）の吸収などが測定原理として用いられている．

図6.7は，光の散乱を応用するもので，暗室内で浮遊する粒子に光を照射するとき，粒子の物理的性質が同一であれば，浮遊粒子による散乱光量はその量に比例することを応用している．この場合，散乱光の強弱に応じて変わる光電流を積分してパルス信号に変換し，パルス輝度を質量濃度に対応させている．この方式は，濃度変化に感度よく追従することから，連続モニタリングに適する．一方，質量濃度は一定でも粒子の形状や屈折率などの違いで散乱光量が変わることから，質量濃度との対応には手分析と比較測定を必要とする．

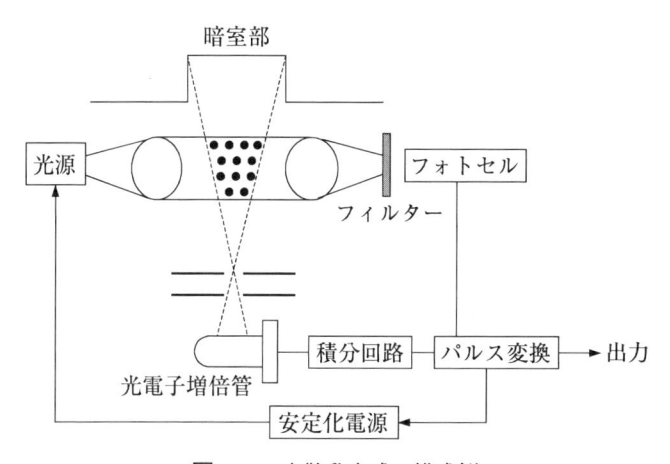

図 6.7 光散乱方式の構成例

ピエゾバランス方式は，共振周波数の変化から粒子の質量を求めるもので，圧電素子（水晶振動子）の共振周波数がこれに付着した粒子の質量に比例して減少することを応用している．この場合，圧電素子の表面への粒子の付着捕集には，捕集効率のよい静電集じん方式がとられている．この方式は，検出信号が粒子の質量に直接比例することから，原理的に質量濃度との対応性に優れている．一方，繰り返し測定で，測定を何回か繰り返すごとに圧電素子の洗浄を必要とする．

β線吸収方式は，β線の吸収が透過物質の質量に比例することを応用して，浮遊粒子を捕集する前と捕集後の沪紙にβ線を透過し，β線の吸収量の差から粒子状物質の質量を求めるものである．この方式は検出信号が粒子の質量に直接比例することから，原理的に質量強度との対応性に優れている．

**共振周波数**
共振とは，振動体が固有の，また，それに近い振動数の音波を外から受けるとき，自然に振動をはじめる現象をいう．共振周波数とは，その共振を起こす周波数のことをいう．

**放射線（β線）**
物体から電磁波または粒子線が放出される現象を放射といい，粒子線とγ線とをまとめて放射線という．放射線の一種であるβ線は，$\beta^-$壊変あるいは$\beta^+$壊変によって生じる放射線で，実体は電子あるいは陽電子である．α線やγ線のエネルギーは，とびとびの固有の値をとるのに対し，β線は連続的なエネルギー分布をもっている．

**水素炎イオン化検出法(FID)**
炭化水素を水素炎中で燃焼するときに生じるイオンによる微小電流を測定する方法である。この電流の強さは，炭化水素中の炭素数に比例するので，電流の強さを測定することにより炭化水素濃度を炭素数換算濃度として知ることができる。

**炭化水素**
炭素原子と水素原子とからなる有機化合物。低分子量のものは気体または揮発性液体で，分子量が大きくなると低揮発性となり，さらにタール状または固体となる。炭化水素を骨格とし，酸素や窒素等を含む有機化合物を総称して炭化水素系物質といい，アルコール，エステル，アルデヒドなどがある。石油系燃料や有機溶剤の主成分。大気中で窒素酸化物と反応してオゾンをはじめとする光化学オキシダントを生成し大気汚染源となる。

**ガスクロマトグラフ**
吸着固定相のカラムの中を，気体移動相を通過させながら行う物質の分離方法。主として揮発性混合物の分離定量法として用いられる。

### h. 炭化水素分析計

環境用炭化水素分析計としては，検出原理に水素炎イオン化検出法(FID)を用いるものが主である。測定方式としては，炭化水素を分離せずに連続測定する全炭化水素計と，炭化水素をメタンとメタン以外の炭化水素(非メタン)とに分離して測定する非メタン炭化水素計とがある。

**(1) 全炭化水素計** 全炭化水素の測定は，FIDに一定流量の試料と水素を導入し，水素炎中で液化水素をイオン化し生成したイオン電流を測定して炭化水素濃度を求める。測定は連続して行われる。

**(2) 差量方式非メタン炭化水素計** 全炭化水素とメタンを測定し，この差から非メタン炭化水素濃度を求める。測定は試料を計量管で一定量採取し，キャリヤーガスで全量を検出器に送り全炭化水素を測定し，他方の計量管で採取した試料はガスクロマトグラフの分離管でメタンと非メタンに分離し，メタンを測定する。非メタン炭化水素は，バックフラッシュ(逆洗)され系外へ排出する。1分析は3〜5分で行われる。

**(3) 直接方式非メタン炭化水素計** メタンと非メタン炭化水素を分離し，非メタン炭化水素を直接測定し濃度を求める。測定は試料を一定量採取し，ガスクロマトグラフの分離管で酸素とメタン，それと非メタンに分離し，メタンを測定，非メタンはバックフラッシュして一括して測定する。測定のためには分離管の切換えが必要である。1分析は，6〜10分である。

### i. その他の化学物質の測定法

以上述べてきた化学物質以外の大気中で検出されている物質の一部およびそれらの分析方法について表6.3にまとめた。詳細については，「JISハンドブック環境測定」(日本規格協会)などを参考にされたい。

表 6.3 大気汚染物質の分析法

| 物　　　質 | 分　析　法 |
|---|---|
| 光化学オキシダント | 吸光光度法，電量法，紫外線吸収法，化学発光法 |
| ばいじん | 重量法，光散乱法，光透過法 |
| ホルムアルデヒド | HPLC法, GC-FTD法, GC-MS法 |
| アセトアルデヒド | HPLC法, GC-FTD法, GC-MS法 |
| 低沸点有機ハロゲン化合物：1,1,1,2-テトラクロロエタン, 1,1,1-トリクロロエタン, 1,1,2-トリクロロエタン, 1,2-ジブロモ-3-クロロプロパン, 1,2-ジクロロエタン, 1,2-ジクロロプロパン, 1,3-ジクロロプロペン, cis-1,2-ジクロロエチレン, エピクロロヒドリン, ジクロロメタン, トリクロロエチレン, trans-1,2-ジクロロエチレン, テトラクロロエチレン, 塩化ビニル | GC-FID法, GC-MS法 |

**表 6.3** 大気汚染物質の分析法（つづき）

| 物　　　質 | 分　析　法 |
|---|---|
| 芳香族炭化水素化合物：1,2,4-トリクロロベンゼン，1,3,5-トリクロロベンゼン，2,4-ジニトロトルエン，ベンゼン，イソプロピルベンゼン，塩化ベンジル，クロロベンゼン，エチルベンゼン，ヘキサクロロベンゼン，1,2-1,3-1,4-キシレン，1,2-1,3-1,4-ジクロロベンゼン，スチレン，トルエン | HPLC法，GC-FID法，GC-MS法 |
| 多環式芳香族炭化水素：ナフタレン，アントラセン，フェナンスレン，ピレン，クリセン，フルオランテン，ベンゾ[a]ピレン，ベンゾ[b]フルオランテン，ベンゾ[k]フルオランテン，インデノ(1,2,3-cd)ピレン | HPLC法，GC-FID法，GC-MS法 |
| ダイオキシン類およびPCB類 | HRGC-MS法 |
| フタル酸エステル類：フタル酸 *bis* (2-エチルヘキシル)，フタル酸ブチルベンジル，フタル酸ジエチル，フタル酸ジメチル，フタル酸ジ-*n*-ブチル | HPLC法，GC-FID法，GC-MS法 |
| 農薬類：2,4-ジクロロフェノキシ酢酸，アトラジン，カルバリル，カーボフラン，クロラムベン，クロロピリホス，ダイアジノン，フェニトロチオン，グリフォサート，リンデン，メトキシクロル，パラコート，ペルメトリン，プロポキシル，トリフルラリン | HPLC法，GC-FID法，GC-MS法 |

## 6.2 水質環境分析

水には陽イオン，陰イオンはもちろん多くの有機物質が溶解している．これは水分子の極性，水素結合性，立体構造形成による空隙が重要な役割をしており，溶媒として優れた性質をもつ．それに伴いわれわれが使用する水質が利用目的に適合した水かを吟味し，必要ならば水質を改善しなければならない．また，河川水，地下水などの汚染と生態系を崩す環境ホルモン（内分泌撹乱物質；endocrine disruptors）などの有害化学物質は今や大きな社会問題となり，その監視が厳しく法律で規制されている．しかし水質分析において重要なことは現場の現況を十分に把握・認識することである．そのため現場分析，すなわち on site 分析が必要とされる．ここでは現場分析法と精密分析法について述べる．

### a．環境水分析のためのフローインジェクション分析法

**（1）アンモニア態窒素（$NH_4^+-N$）**　アンモニア態窒素は遊離アンモニア（$NH_3$）または $NH_4^+$ として存在する窒素成分を意味する．一般的にはアンモニア態窒素はネスラー試薬と反応して生成する淡黄色あるいは褐色の化合物を吸光光度定量する．

しかし，ここでは4.7節で説明したフローインジェクション分析法を紹介する．アンモニアは次亜塩素酸塩で酸化されクロラミンを生成するが，クロラミンにフェノールを添加するとインドフェノール（極大吸収波長620 nm）を生成する．この原理をフローインジェクション法に導入することができる．そのシステムを図6.8に示す．このシステムでは1時間あたり90サンプルの定量が可能である．最近の環境分析では試料中の化学種が保存中に変化をすることを考慮して現場分析することもある．

> 水質分析は実験室にもち帰り分析されていたが，最近は現場分析（on-site分析）されることが多い．

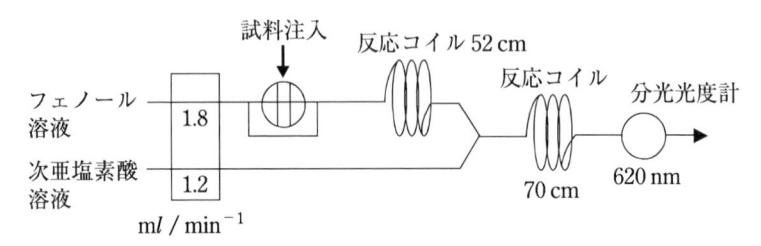

図 6.8 アンモニア定量用 FIA システム
[高島良正，与座範政 編，"図説フローインジェクション分析法――基礎と実験"，廣川書店 (1998)，p.195]

### （2）硝酸態窒素（$NO_3^- - N$）および亜硝酸態窒素（$NO_2^- - N$）

JIS K 0102 工場排水試験方法（1993）ではスルファニルアミド1 gと $N$-1-ナフチルエチレンジアミン0.1 gを0.1 M HClに溶解し1 $l$ とした溶液を発色剤とするエチレンジアミン吸光光度法が用いられている．この反応をFIAに導入すると図6.9のシステムが利用できる．検出波長は540 nmである．$NO_2^-$ はスルファニルアミドと反応し，ジアゾ化し，さらに $N$-(1-ナフチル)エチレンジアミンとカップリングし赤色のアゾ色素を生成する．この化合物は540 nmに極大吸収波長をもち，亜硝酸が定量できる（(a)の流路）．また，$NO_3^-$ の場合は試料水をCd/Cu還元カラムに通すと $NO_3^-$ が $NO_2^-$ に還元され，間接的に $NO_3^-$ が定量される（(b)の流路）．このカラムでの還元率は100％である．FIAシグナルの例を図6.10に示す．

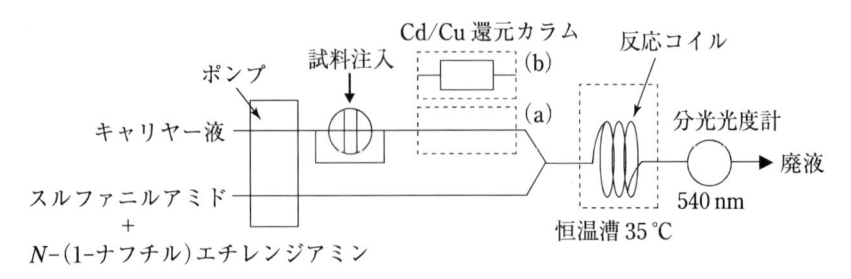

図 6.9 硝酸および亜硝酸イオンの FIA システム
[手嶋紀雄 ほか，"分析化学"，**49** (2000)，p.456]

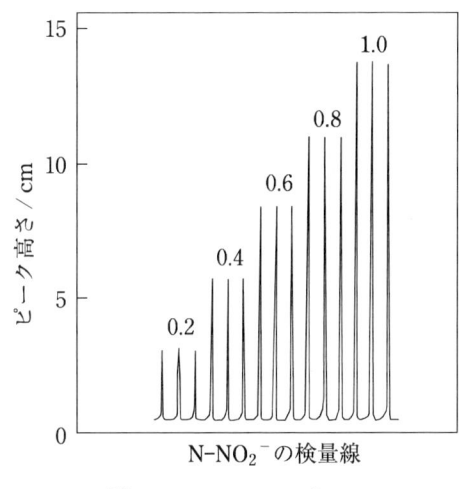

図 6.10 FIA のシグナル

### b. 固相濃縮法による水質試験

最近分析の高感度化のため，様々な形態の化合物をメンブランフィルターに捕集・濃縮・定量する方法が水質試験法として提案されている．この原理を図 6.11 に示す．

固相抽出・濃縮法は環境保全を考慮した効率的濃縮法で様々な高感度分析法に導入されている．

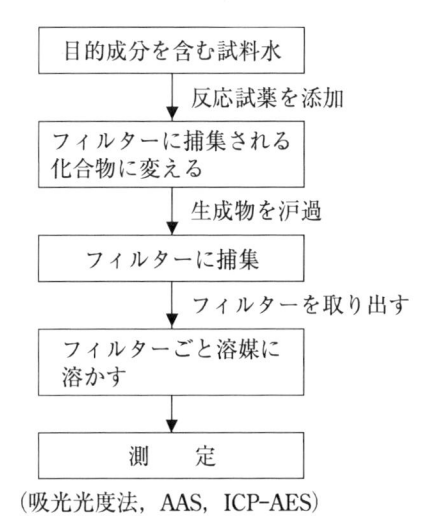

図 6.11 フィルターによる濃縮・定量法
[後藤克巳, 田口 茂, 笠原一世, 波多宣子, "水処理技術", **33** (1992), p. 203]

微量成分をフィルターに捕集されやすい形に変え，この化合物を膜捕集する．捕集物をフィルターごと少量の溶媒に溶解し，光吸収法で測定する．光吸収法としては吸光光度法が一般的であるが，金属錯体を利用する反応系では原子吸光光度法や ICP-原子発光法で金属イオンを測定すればさらに高感度化を図ることができる．

**（1）亜硝酸イオンの定量**　　試料水 50 ml を三角フラスコにとり，

0.6％-4-アミノベンゼンスルホン酸溶液1mlを加え，10分間放置後，さらに0.6％-1-ナフチルアミン1ml，3M酢酸ナトリウム2mlを加え，放置する．これに0.04％-ゼフィラミン2mlを加え沪過する．沪過・捕集には0.45μmの硝酸セルロース製メンブランフィルターを用いる．蒸留水で洗浄したのち，5mlのメチルセロソルブにフィルターごと溶解，1M HCl 0.1mlを加え540nmで吸光度を測定する．ここでの濃縮率は約8倍であるが，水相の体積を大きくなれば濃縮率はさらにあげることができる．ここで用いる反応を図6.12に示す．この方法は亜硝酸イオン濃度が$0.1\ \mathrm{mg}\ l^{-1}$以下のときに適している．従来法では濃縮する場合，液-液抽出が有効な手段であったが，ハロゲン含有有機溶媒の環境への負荷が問題になっている現在はこのような固相抽出法は注目されるべき手法である．

**図 6.12** 固相抽出による亜硝酸の濃縮吸光光度定量法
[後藤克巳，田口茂，笠原一世，波多宣子，"水処理技術"，**33** (1992), p.355]

**（2）リンの定量** リンを含む試料水500mlをとり，モリブデンブルーとして発色させる．これに陽イオン界面活性剤（臭化ドデシルトリメチルアンモニウム）を加えて，吸引沪過し，イオン会合体を膜ごとDMSO 5mlに溶かして，吸光度を波長710nmで測定する．100倍の濃縮ができる．その模式図を6.13に示す．

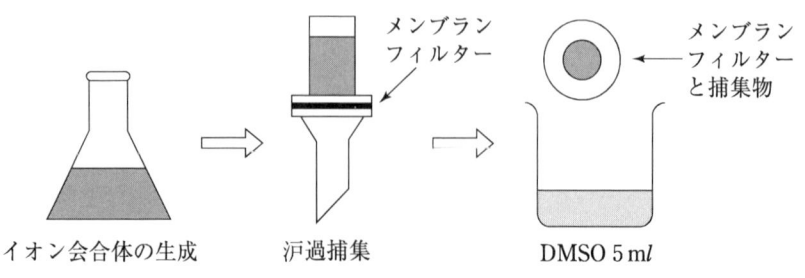

**図 6.13** 有機溶媒可溶性メンブランフィルターを用いるリンの吸光光度定量
[田口茂，後藤克己，"ぶんせき"，No.7 (1989), p.52]

## c. 環境水質分析法

水俣病やイタイイタイ病は水質汚染に起因する公害病であったが，これを教訓に微量有害物質に対する対策が法律として定められ，1993年には国民の健康を保護し，生活環境を保全するための水質汚濁に係る環境基準が制定された．水道水に関する水質基準の概要を表6.4に示す．

表 6.4 水道水に関する水質基準項目の概要

| 項　目 | 項目数 | 内　　容 |
|---|---|---|
| 健康に関する項目 | 29 | 人の健康に影響を及ぼすおそれのある項目 |
| 水道水が有すべき性状に関する項目 | 17 | 色，濁り，においなど生活利用上あるいは腐食性など施設管理上必要となる項目 |
| 快適水質項目 | 13 | おいしい水など質の高い水道水を供給するための目標となる項目 |
| 監視項目 | 26 | 監視を行うことによりその検出状況を把握し，水質管理に活用することが望まれる項目 |

これらのうち，人の健康の保護に関する環境基準と測定方法を表6.5に示す．

**（1）無機成分分析のための前処理**　環境水中の金属元素を分析するとき，試料水に懸濁物が含まれていたり，元素濃度が極めて低い場合が多い．そのようなときは分析する前に分解・濃縮などの前処理が必要である．ここでは一般的な方法をあげるが，実際の分析にあたっては元素に適した前処理を選ぶ必要がある．

（ⅰ）一般的な金属元素：試料水をメンブランフィルターで沪過する．試料を 100 ml に対して 5 ml の塩酸あるいは硝酸を加え，10 分間加熱・沸騰させ，放冷し，定容する．有機物を含む試料の場合は硝酸 5〜10 ml を加え，ホットプレートで加熱する．液量が約 10 ml になったら放冷し，5 ml の硝酸をさらに加え，60％過塩素酸 10 ml を少しずつ加え，過塩素酸の白い煙が生じるまで時計皿を使い加熱する．有機物が完全に分解しなければ同じ操作を繰り返す．放冷後，蒸留水で定容する．

（ⅱ）低濃度のカドミウム，鉛：キレート試薬のジエチルジチオカルバミン酸ナトリウムで錯生成し，この錯体を酢酸ブチルに抽出する．抽出層をビーカーに移し，加熱して酢酸ブチルを蒸発させ，硝酸 2 ml と過塩素酸 2 ml を加えて残査を分解し，ほとんど乾固する．これに硝酸 (1+15) 10 ml を加え溶解し，定容したのち分析試料とする．

表 6.5 人の健康の保護に関する環境基準と測定方法

| 項　　目 | 基準値/mg l$^{-1}$ | 測　定　方　法* |
|---|---|---|
| カドミウム | 0.01 以下 | AAS, GFAAS, ICP-AES, ICP-MS |
| 全シアン | 検出されないこと | ピリジンピラゾロン法 |
| 鉛 | 0.01 以下 | AAS, GFAAS, ICP-AES, ICP-MS |
| 六価クロム | 0.05 以下 | ジフェニルカルバジド法, AAS, GFAAS, ICP-AES, ICP-MS |
| ヒ　素 | 0.01 以下 | 水素化物発性-AAS, -ICP-AES |
| セレン | 0.01 以下 | 水素化物発性-AAS, -ICP-AES |
| 総水銀 | 0.0005 以下 | 還元気化-AAS |
| アルキル水銀 | 検出されないこと | 溶媒抽出 GC(ECD) |
| PCB | 検出されないこと | 溶媒抽出 GC(ECD) |
| ジクロロメタン | 0.02 以下 | P&T-GC (FID, ECD), P&T-GC-MS, HS-GC-MS |
| 四塩化炭素 | 0.002 以下 | P&T-GC (ECD), P&T-GC (ECD), P&T-GC-MS, HS-GC-MS |
| 1,2-ジクロロエタン | 0.004 以下 | P&T-GC (FID, ECD), P&T-GC-MS, HS-GC-MS |
| 1,1-ジクロロエチレン | 0.02 以下 | P&T-GC (FID), P&T-GC-MS, HS-GC-MS |
| シス-1,2-ジクロロエチレン | 0.04 以下 | P&T-GC (FID), P&T-GC-MS, HS-GC-MS |
| 1,1,1-トリクロロエタン | 1 以下 | P&T-GC (ECD), P&T-GC (ECD), P&T-GC-MS, HS-GC-MS |
| 1,1,2-トリクロロエタン | 0.006 以下 | 同上 |
| トリクロロエチレン | 0.03 以下 | 同上 |
| テトラクロロエチレン | 0.01 以下 | 同上 |
| 1,3-ジクロロプロペン | 0.002 以下 | P&T-GC (ECD), P&T-GC-MS, HS-GC-MS |
| チウラム | 0.006 以下 | 溶媒抽出, 固相抽出-HPLC |
| シマジン | 0.003 以下 | 溶媒抽出, 固相抽出-GC(FTD, ECD), -GC-MS |
| ベンゼン | 0.01 以下 | P&T-GC (FID), P&T-GC-MS, HS-GC-MS |

\* FAAS：フレーム原子吸光法, GFAAS：グラファイトファーネス原子吸光法, ICP-AES：ICP 発光法, ICP-MS：ICP 質量分析法, P&T-GC：パージトラップガスクロマトグラフィー, HS-GC：ヘッドスペース-GC 法, FID：水素炎イオン化検出器, ECD：電子捕獲型検出器, FTD：水素炎熱イオン化検出器

### （2）有機成分分析のための前処理

（i）中揮発性物質の固相抽出法：先にも述べたが，液-液抽出法は環境汚染源になること，操作の煩雑性などの理由から今や固相抽出法が前処理法として注目されている．環境基準項目のチウラムにはポリスチレンゲル（265 mg）が使われ，通液速度は 20 m$l$ min$^{-1}$ が適している．アセトニトリル 5 m$l$ で溶離する．シマジンは $C_{18}$（360 mg）を用い 25 m$l$ min$^{-1}$ で通液する．アセトン 5 m$l$ で溶離する．またポリスチレンゲル（265 mg）を利用することができ，通液は 10 m$l$ min$^{-1}$ で行う．ジクロロメタン 5 m$l$ で溶離する．チオベンカルブはシマジンと同様の条件が適用できる．このように前処理したのち，ガスクロマトグラフィー

あるいは高速液体クロマトグラフィーで測定する．

（ii）揮発性物質のパージトラップ（P&T）法：パージトラップ法は不活性ガスであるヘリウムや窒素をパージ管に通し，試料水中の揮発性有機化合物を気相中に移行させ，吸着剤を充填したトラップ管に捕集する．この捕集物はガスクロマトグラフ用のキャリヤーガスを通しながら180℃に加熱すると吸着剤から脱離する．脱離したガスをクライオフォーカス部で−30℃に冷却し，カラムに吸着させ，短時間で加熱し，一気に揮発性物質をキャピラリーカラムに導く．この装置の概略を図6.14に示す．

**固相抽出カラムの使用上の注意**

まず乾燥状態のカラムにアセトンやメタノールを通す．その後蒸留水で有機溶媒を洗い流し，試料水を決められた速度でカラムを通す．試料量はチウラム500 m$l$，シマジン，チオベンカルブは1～3 $l$が最大である．通液はアスピレーターを用いる減圧法とポンプを用いる加圧法があるが，流速を一定に保つことが重要である．通液のあと，水分を除去する目的で通気を行う．

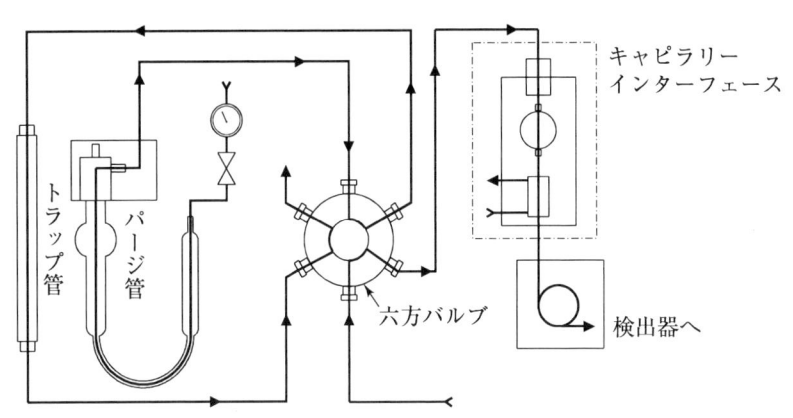

図 6.14 パージトラップ装置の概略
［島津 LSC-2000 カタログより］

（iii）ヘッドスペース（HS）法：試料水をバイアル中に入れ，密封する．一定温度に保温すると気液平衡に達する．発生したガスをマイクロシリンジで採取し，ガスクロマトグラフに打ち込む．揮発性の高い化合物は液体を直接注入するより，感度よく分析でき，試料中の不純物の影響を抑制できる．一連の手順を図6.15に，ガスクロマトグラフへの試料注入のシステムを図6.16に示す．

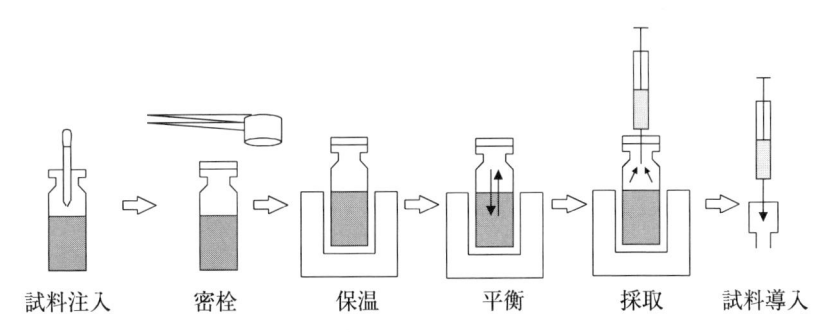

図 6.15 ヘッドスペース(HS)分析の手順
［島津 HSS-4A/2B カタログより］

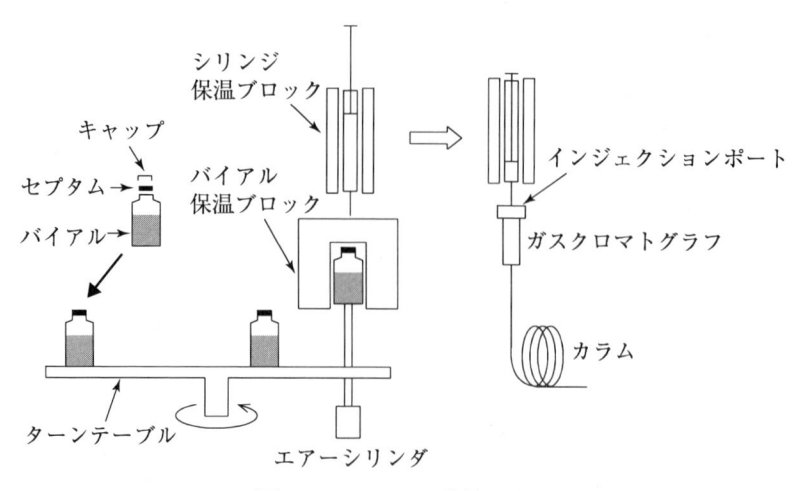

図 6.16 GC への試料の注入
[島津 HSS-4A/2B カタログより]

## 演習問題（6章）

**6.1** 液-液抽出法と固相抽出法の濃縮機構を説明せよ．

**6.2** 100 ppm $Ca^{2+}$ 標準溶液 100 m$l$ つくるにはどのような手順で行えばよいか．

**6.3** 100 ppm 鉄(II)を標準溶液 1, 2, 3, 4, 5 m$l$ を 25 m$l$ メスフラスコにとり，TPTZ 溶液，還元剤，緩衝液を加えたのち，水を加えて定容にして吸光度を測定したところ，0.040，0.078，0.121，0.162，0.203 が得られた．この実験で得られた検量線を図にかけ．また，このとき得られた検量線のモル吸光係数を求めよ．

### ■参考文献

1) 日本分析化学会北海道支部編，"水の分析"，化学同人 (1991)．
2) 高島良正，与座範政 編，"図説フローインジェクション分析法－基礎と実験"，廣川書店 (1988)．
3) 環境化学研究会編，"環境水質分析法マニュアル" (1993)．
4) 酒井忠雄，相原将人 編著，"環境・分析化学実験"，三共出版 (2004)．

# 7 精確な分析を行うために

　正確さ，精度について理屈では学んでいるが，実際上の取り扱いになるとかなりいい加減な部分が多い．分析技術者，分析研究者が提供するデータの重要性はどこにあるのか，十分に知識としてもデータ処理においても生かされていなければならない．"信頼される"ことの意味を理解しよう．

## 7.1　トレーサビリティー

　分析化学実験の項目に中和滴定，沈殿滴定などの定量分析がある．このとき終点を求め，含有成分の量を算出し，定量値を出すが，その結果は果たして正しいであろうか．出された結果の評価はほとんどされないまま報告されている．しかし，近年，"化学の世界"だけでなく，さまざまな領域で国際的評価基準が設けられ，結果の信頼性が問われるようになりつつある．たとえば信頼性のある分析値を提供するためには"トレーサビリティー (traceability) のある分析が不可欠である"といわれるようになっている．

　トレーサビリティーは ISO 30 (1992) に"不確かさがすべて表記された切れ目のない比較の連鎖を通じて，通常は国家標準または国際標準である決められた標準に関連付けられうる測定結果または標準の値の性質"と定義されている．具体的には SI 単位にすべてが繋がっていることを意味している．多くの物理量は実用標準から国家標準へのつながりが成立するが，化学分析においては試料の酸溶解，酸分解などの前処理などが含まれ，トレーサビリティーをとることが難しい．たとえば分析室で試料をまず分解・溶解するが，完全に溶解できたか，元素の損失はないか，汚染はないかなどの問題がある．これを軽減するために標準物質が使用される．

　標準物質は ISO ガイド 30 で次のように定義されている．"測定装置の較正，測定方法の評価または材料に値を付与することに用いるために一つ以上の特性値が十分に均一で，適切に確定されている材料または物質"となるが，いい方をかえると"物質・材料の特定値を決めるた

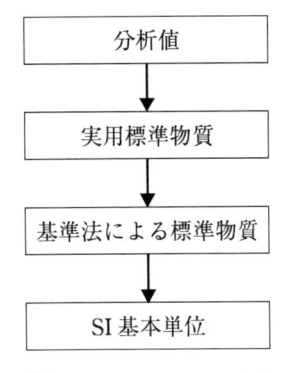

**図 7.1** SIトレーサビリティの概念
［日本鉄鋼協会，"標準物質の組成の評価に関する研究"，報告書 (1998)］

めの基準物質"である．SIトレーサビリティーの概念を図7.1に示す．

標準物質は一度その値が確定するとその不確かさの範囲でその特定値(真の値)は保存される．分析値が基準法で決められた標準物質(一次標準)，純粋化学物質(実用標準)に基づいて求められた値であれば"トレーサビリティーがある"という．われわれが分析の仕事に従事するとき，定量分析において標準物質をよく用いるが，未知試料は厳密には標準物質の主成分が同じでなければならないし，同じ手順で分析しなくてはならない．標準物質を分析して得られた結果が特定値に極めて近ければ測定方法は正しいと考えてもよい．

## 7.2 分析のバリデーション

最近，製品が規格にあっているかを第三者に対して具体的に示すことが求められている．また，生体および生態系に影響が懸念される環境汚染物質の汚染状況を掌握・解析・改善するため，環境分析が行われるが，その分析値は科学的に証明されるものでなくてはならない．すなわち分析が目的にあった精度や再現性などの信頼性をもつことを"バリデーション"という．分析のバリデーションには四つの概念があげられる．その概念を図7.2に示す．

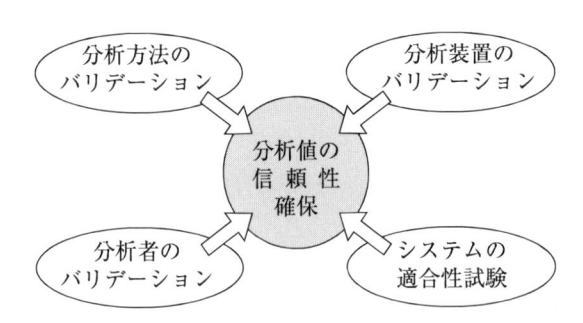

**図 7.2** 分析のバリデーション
［川端 靖，岩岡貞樹，"ぶんせき"，No 4 (2001)，p.172］

(1) 分析技術者の技能能力を各種の技能試験で保証する(分析者のバリデーション)
(2) 使用する機器の性能と使用法の確認(分析装置のバリデーション)
(3) 分析方法の確立(分析方法のバリデーション)，
(4) 分析システムを毎日点検し，システムに問題がないことを確認すること(システムの適合性試験)

それぞれのバリデーションの確認が最終的にバリデーションを含めた分析値の信頼性の確保に繋がることになる．このなかで分析方法の

バリデーションとしての項目をいくつかあげる.
(1) 真度 (accuracy)：真の値とどれほど隔たっているかであるが，実際には標準物質の保証値との隔たりの程度で表される．
(2) 精度 (precision)：一般的には同一試料を同一条件で5〜10回繰り返し測定した場合の精度をいい，相対標準偏差，RSD (%) で示すが，これを併行精度 (repeatability) という．また，試験室を変えて繰り返し分析したときの精度を室間再現精度 (reproducibility) という．
(3) 検出限界 (limit of detection)：自分が分析するシステムおよび方法において分析成分の検出可能な最低濃度であるが，S/N を3としたときの濃度で表すことが多い．
(4) 定量下限 (quantitation limit)：適切な真度と精度をもって測定できる最低濃度であるが，HPLC などでは S/N 10 のときの濃度を指す．
(5) 直線性 (linearity)：検量線の相関係数が 0.999 以上を保つ．

分析業務に携わるとき，信頼性を欠いたり，無意味なデータの創作であればこれほど情けないことはないし，信頼性の回復には莫大な時間を費やさなくてはならない．したがって，施設・装置・試薬などの保守と管理は当然いつでも行われていなければならないし，分析者の資質・技能に問題があってはならない．その上で，
① 作業手順書の整備
② 業務の文書化（計画書，実施記録，作業点検記録，報告書など）
③ 外部評価
④ 記録の保管
は重要なことがらである．

## 7.3 データのクロスチェック

化学分析を行い，結果を報告する際，その分析法や分析技術に信頼性があるのか不安になることがある．その不安を除く方法はまず得られた分析値と標準物質の保証値とを比較することが重要であり，このことは先に述べたトレーサビリティーのある分析の確保に繋がる．"標準物質"とは"物質の特性値を決めるために基準となる物質"と定義されている．また分析者は二つの異なった方法を用いて分析値を得，それらの結果の間に統計的誤差がないかを検定する．二つ方法の間に標準偏差に基づいた有意差をみるために検定を行う．

$$F = \frac{s_1^2}{s_2^2} \quad (s は標準偏差) \tag{7.1}$$

95% 信頼水準における $F$ 値を表 7.1 に示す．ここで $s_1^2 > s_2^2$ である．

表 7.1　95％信頼水準における $F$ 値

| $\nu_2$ | $\nu_1$ | | | | | | | | | | | |
|---|---|---|---|---|---|---|---|---|---|---|---|---|
| | 2 | 3 | 4 | 5 | 6 | 7 | 8 | 9 | 10 | 15 | 20 | 30 |
| 2 | 19.0 | 19.2 | 19.2 | 19.3 | 19.3 | 19.4 | 19.4 | 19.4 | 19.4 | 19.4 | 19.4 | 19.5 |
| 3 | 9.55 | 9.28 | 9.12 | 9.01 | 8.94 | 8.89 | 8.85 | 8.81 | 8.79 | 8.70 | 8.66 | 8.62 |
| 4 | 6.94 | 6.59 | 6.39 | 6.26 | 6.16 | 6.09 | 6.04 | 6.00 | 5.96 | 5.86 | 5.80 | 5.75 |
| 5 | 5.79 | 5.41 | 5.19 | 5.05 | 4.95 | 4.88 | 4.82 | 4.77 | 4.74 | 4.62 | 4.56 | 4.50 |
| 6 | 5.14 | 4.76 | 4.53 | 4.39 | 4.28 | 4.21 | 4.15 | 4.10 | 4.06 | 3.94 | 3.87 | 3.81 |
| 7 | 4.74 | 4.35 | 4.12 | 3.97 | 3.87 | 3.79 | 3.73 | 3.68 | 3.64 | 3.51 | 3.44 | 3.38 |
| 8 | 4.46 | 4.07 | 3.84 | 3.69 | 3.58 | 3.50 | 3.44 | 3.39 | 3.35 | 3.22 | 3.15 | 3.08 |
| 9 | 4.26 | 3.86 | 3.63 | 3.48 | 3.37 | 3.29 | 3.23 | 3.18 | 3.14 | 3.01 | 2.94 | 2.86 |
| 10 | 4.10 | 3.71 | 3.48 | 3.33 | 3.22 | 3.14 | 3.07 | 3.02 | 2.98 | 2.85 | 2.77 | 2.70 |
| 15 | 3.68 | 3.29 | 3.06 | 2.90 | 2.79 | 2.71 | 2.64 | 2.59 | 2.54 | 2.40 | 2.33 | 2.25 |
| 20 | 3.49 | 3.10 | 2.87 | 2.71 | 2.60 | 2.51 | 2.45 | 2.39 | 2.35 | 2.20 | 2.12 | 2.04 |
| 30 | 3.32 | 2.92 | 2.69 | 2.53 | 2.42 | 2.33 | 2.27 | 2.21 | 2.16 | 2.01 | 1.93 | 1.84 |

表 7.2　種々の信頼水準における自由度 $\nu$ に対する $t$ 値*

| $\nu$ | 信頼水準 | | | | $\nu$ | 信頼水準 | | | |
|---|---|---|---|---|---|---|---|---|---|
| | 90％ | 95％ | 99％ | 99.5％ | | 90％ | 95％ | 99％ | 99.5％ |
| 1 | 6.314 | 12.706 | 63.657 | 127.32 | 8 | 1.860 | 2.306 | 3.355 | 3.832 |
| 2 | 2.920 | 4.303 | 9.925 | 14.089 | 9 | 1.833 | 2.262 | 3.250 | 3.690 |
| 3 | 2.353 | 3.182 | 5.841 | 7.453 | 10 | 1.812 | 2.228 | 3.169 | 3.581 |
| 4 | 2.132 | 2.776 | 4.604 | 5.598 | 15 | 1.753 | 2.131 | 2.947 | 3.252 |
| 5 | 2.015 | 2.571 | 4.032 | 4.773 | 20 | 1.725 | 2.086 | 2.845 | 3.153 |
| 6 | 1.943 | 2.447 | 3.707 | 4.317 | 25 | 1.708 | 2.060 | 2.787 | 3.078 |
| 7 | 1.895 | 2.365 | 3.500 | 4.029 | $\infty$ | 1.645 | 1.960 | 2.576 | 2.807 |

\* $\nu = N - 1 =$ 自由度

---

### 微量分析と解析

　英語でいう Analytical Chemistry は分析化学と解析化学を含んでいる．"解析"は本来，現代統計学に基づく統計処理および統計的評価である．環境分析化学において環境証明事業所などから分析値が出ると，また，産業分析化学に関わる研究所から品質を決める微量不純物分析値が報告されると，この値が 100 ％ 真の値として一人歩きする．とくに環境科学的にはいったんマスコミに公表されると，この分析値が正しいか間違っているかは関係なく公的に世評にのぼる．会社内においても一端報告されると真値として評価される．

　近年は分析化学技術の進歩により ppb ($\mu$g$l^{-1}$)，ppt (ng$l^{-1}$) レベルまで検出できるようになった．機器分析においては信号・ノイズの処理に統計処理を加えることによってますます検出技術が上がり，fg (フェムトグラム，$10^{-15}$g) の量も検出できるようになっている．これに伴い極低濃度ではあるが，長期被曝による生体への影響がにわかにクローズアップされ，化学物質と各種疾患（および環境破壊）の因果関係が解明されつつある．

　解析化学は"化学物質による影響のメカニズム"，"疫学的調査との因果関係"，"化学物質の量・化学種と環境・生体の関係"などに深い関わりをもつことになる．解析化学分野は，本来は化合物の構造解析を行う計算化学の領域で重要視されているが，分析化学分野においてはケモメトリックス (chemometrics) として独自の発展をしており，様々な機器分析に適用されている．

　解析化学の進歩にともなう分析技術の顕著な進展は，極微量成分の存在と生体機能・生物毒性などとの因果関係の解明に偉大な貢献をするであろう．

また試験的方法と推奨する方法での二組の測定データにおいて $t$ 検定を行う．計算した $t$ 値が必要な信頼水準における測定回数に対する値（表7.2）より小さければ二つの方法で得られた結果には有意差はない．

$$\pm t = \frac{\bar{x}_1 - \bar{x}_2}{s_p}\sqrt{\frac{N_1 N_2}{N_1 + N_2}} \tag{7.2}$$

$$s_p = \sqrt{\frac{\sum(x_{i1}-\bar{x}_1)^2 + \sum(x_{i2}-\bar{x}_2)^2 + \varLambda + \sum(x_{ik}-\bar{x}_k)}{N-k}} \tag{7.3}$$

ここで，$N_1$，$N_2$ は各組の測定回数，$\bar{x}_1$，$\bar{x}_2$ は平均値，$x_{i1}$，$x_{i2}$ は測定値，$k$ は組数，$s_p$ は二組の測定値の標準偏差を統合したものである．$\pm t$ が 95％ 信頼水準以下であれば二つの方法による結果には統計的な差がないと判断できる．

**単位を表す接頭記号**

| 接頭記号 | | 倍率 |
|---|---|---|
| テラ | T | $10^{12}$ |
| ギガ | G | $10^{9}$ |
| メガ | M | $10^{6}$ |
| キロ | k | $10^{3}$ |
| ヘクト | h | $10^{2}$ |
| デシ | d | $10^{-1}$ |
| センチ | c | $10^{-2}$ |
| ミリ | m | $10^{-3}$ |
| マイクロ | μ | $10^{-6}$ |
| ナノ | n | $10^{-9}$ |
| ピコ | p | $10^{-12}$ |
| フェムト | f | $10^{-15}$ |
| アト | a | $10^{-18}$ |

## 演習問題（7章）

**7.1** 信頼性のあるデータの提供とは何か．

**7.2** 試験法（1）では 15.3，15.1，14.8，14.9 の測定値を，試験法（2）では 15.1，15.4，15.0，14.9 の測定値を得た．この二つの方法に有意差があるか検討せよ．

### ■参考文献

1) 分析化学会編，"分析および分析値の信頼性"，丸善 (1998)．
2) 土屋正彦，戸田昭三，原口紘炁 監訳，"クリスチャン分析化学 I 基礎"，丸善 (1993)．

# 演習問題解答

## ■1章
**1.1** (解例) 水俣病．原田正純，"水俣病にまなぶ旅－水俣病の前に水俣病はなかった"，日本評論社 (1987) を読み，研究者の立場，社会情勢，行政の姿勢など多々学び，感じるものがある．

**1.2** (解例) 関心をもっている事柄の事実をまず報道資料で調査し，記載事項の確認と化学的解釈を行う．また，問題によっては簡易分析による事実確認を試みる．

## ■2章
**2.1** 16 個

**2.2** (a) 0.106 0 棄却，(b) 0.103 0

**2.3** 0.955, 22 (0.95 の場合 20)

**2.4** 6 桁

**2.5** 0.069 59 N

**2.6** 21.452 %

**2.7** 16.5 M, 33.1 N

**2.8** $Na_2O$ 11.55 %, $K_2O$ 24.52 %

**2.9** 当量点ではすべて $B^+$ となっている．

$$B^+ + H_2O \rightarrow H^+ + BOH, \quad K_a = \frac{[H^+][BOH]}{[B^+]},$$

$$[H^+] = [BOH] \text{ より}, \quad K_a = \frac{[H^+]^2}{[B^+]}, \quad \text{ゆえに}, \quad [H^+]^2 = K_a \cdot [B^+],$$

$$K_a \cdot K_b = K_w \text{ より}, \quad [H^+]^2 = \frac{K_w \cdot [B^+]}{K_b}, \quad \text{ゆえに}, \quad \text{pH} = \frac{1}{2}(pK_w - pK_b - \log[B^+])$$

**2.10** pH 10.00

**2.11** (a) pH 8.87, (b) pH 2.30

**2.12** $[H^+] = [CH_3COO^-] = 4.0 \times 10^{-3}$ M, $[CH_3COOH] = 1.0$ M

**2.13** 20 倍

**2.14** $[H^+] = 3.0 \times 10^{-3}$ M, $[OH^-] = 3.3 \times 10^{-12}$ M

**2.15** $HB^- \longrightarrow H^+ + B^{2-}, \quad K_{a2} = \frac{[H^+][B^{2-}]}{[HB^-]}$ ①

$$HB^- + H^+ \longrightarrow H_2B, \quad \frac{1}{K_{a1}} = \frac{[H_2B]}{[HB^-][H^+]}$$ ②

$$H_2O \longrightarrow H^+ + OH^-, \quad K_w = [H^+][OH^-]$$ ③

全水素イオン濃度は $[H^+] = $ (①の $[B^{2-}]) - $(②の$[H_2B]) + $(③の$[OH^-]$)

これより $[H^+]^2 = \dfrac{K_{a1} \cdot K_{a2}[HB^-] + K_{a1} \cdot K_w}{K_{a1} + [HB^-]}$

2.16  $HY \longrightarrow H^+ + Y^-$, $K_{a2} = \dfrac{[H^+][Y^-]}{[HY]}$ ①

$X^- + H_2O \longrightarrow HX + OH^-$, $K_{b1} = \dfrac{[HX][OH^-]}{[X^-]}$ ②

全水素イオン濃度は $[H^+] = $ (①の $[Y^-]$) − (②の $[HX]$)

$K_{a1} \cdot K_{b1} = K_w$ より,$[H^+]^2 = K_{a1} \cdot K_{a2} \dfrac{[HY]}{K_{a1} + [X^-]}$

$[X^-] \gg K_{a1}$ なので $[H^+]^2 = \dfrac{K_{a1} \cdot K_{a2}[HY]}{[X^-]}$

2.17  0.030 0 N
2.18  10.38 m$l$
2.19  10.0 m$l$
2.20  $2.0 \times 10^{37}$
2.21  0.269 V
2.22  $2.7 \times 10^{18}$
2.23  pH 0.5 以下
2.24  (a) 0.68 V, (b) 0.26 V
2.25  (a) 0.62 V, (b) 1.06 V, (c) 1.38 V
2.26  0.070 0
2.27  $1.63 \times 10^{-10}$
2.28  (a) $8.4 \times 10^{-5}$ M, (b) 0.38 mg $l^{-1}$
2.29  0.21 V
2.30  1.17 mg
2.31  pH 8.26
2.32  290 m$l$
2.33  1.73 %
2.34  本文の式 (2.29) を参照

■3章
3.1  光化学反応によって生成された過酸化物やオゾンなどの過酸化物.光化学スモッグの原因となる.
3.2  粒径 10 μm 以下の大気中に存在する粒子状の物質.肺や気管などに沈着して呼吸器に障害を与える.
3.3  水素イオン指数.河川水の pH は通常 6.5〜8.5 である.
3.4  微生物が水中の有機物を分解するときに必要とする酸素量.この値が小さいほど一般に水中の有機物量が少ない.
3.5  水中に溶存している酸素量.温度の関数であり,通常 25 ℃付近では 8 mg $l^{-1}$ 程度.

■4章
4.1  (例解) 通常の化学反応を観察するときは化学平衡に達した状態で行う.したがって試薬を十分に加え,反応時間も多めに設定する.しかし,FIA は物理的に反応場が制御せれているので過渡的段階で測定が可能である.また反応に用いる試薬量が少なくてよい.
4.2  (例解) 酸性あるいはアルカリ性によりガス化すると溶液中の他の化合物,イオンと分離でき,目的のガスのみを取り出すことができる.したがって妨害する化合物の影響が少なくなる.またオンラインでの反応なのでガスの損失がない.

**4.3** $2I+1$ 本に分裂する．(a) $2\times(1/2)+1=2$，(b) $2\times 1+1=3$

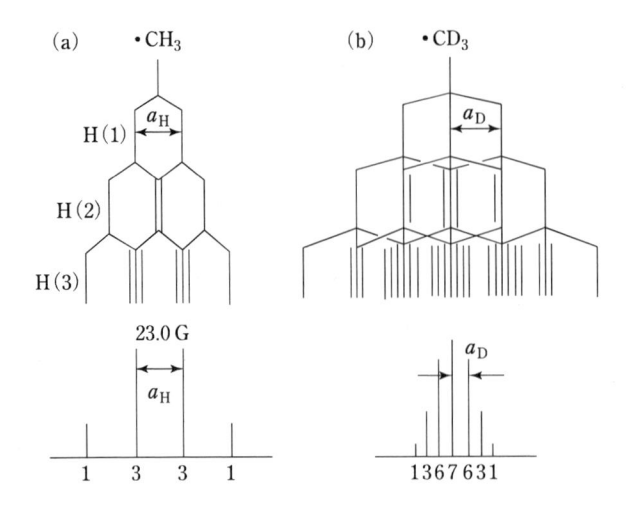

(a) ・$CH_3$

H(1)  $a_H$

H(2)

H(3)

23.0 G  $a_H$

1 3 3 1

(b) ・$CD_3$  $a_D$

$a_D$

1 3 6 7 6 3 1

**4.4** $300\times 10^6 s^{-1}$ の周波数はエネルギーに変換すると $6.626\times 10^{-34}\times 300\times 10^6 J=1.99\times 10^{-25}$ J．共鳴はプロトンと $^{35}$Cl それぞれに対して観測されるはずである．まず，プロトンでは $\Delta E=g_N\mu_N B=5.586\times 5.0508\times 10^{-27}\times B$ (JT$^{-1}$)．したがって，$B=1.99\times 10^{-25}/[5.59\times 5.05\times 10^{-27}]$ T$=7.05$ T．また，$^{35}$Cl ($\Delta m=\pm 1$，$3/2\rightarrow 1/2$，$1/2\rightarrow -1/2$，$-1/2\rightarrow -3/2$ の吸収を示す)．したがって，$B=1.99\times 10^{-25}/[0.547\times 5.05\times 10^{-27}]$ T$=72.0$ T．これは通常の測定可能領域外である．

**4.5** 50 kg の標準人体に含まれる $^{40}$K 原子の数は，
$(50\times 10^3\times 0.002\div 39.1)\times 6.022\times 10^{23}\times 0.000\,117=1.80\times 10^{20}$

$^{40}$K の壊変定数は，$0.693\div(1.28\times 10^9\times 3.16\times 10^7)=1.71\times 10^{-17}$ (s$^{-1}$)．

したがって，$^{40}$K の壊変率は，$1.80\times 10^{20}\times 1.71\times 10^{-17}$ s$^{-1}=3.08\times 10^3$ Bq．

**4.6** $[\alpha]_D^{20}=\dfrac{100\times(+2.64)}{2.00\times 3.00}=+44.0°$（エタノール）

**4.7** $[\theta]_{290.5}=3\,300\times(+2.20)=+7\,260$

**4.8** それぞれの配座を図 4.81 に当てはめるために書き換えると，次のようになる．(b) のメチル基は図 4.82 の 3 の空間に，(c) は 5 の空間に入ることがわかる．したがって，(b) は正の，(c) は負のコットン効果に寄与する．ORD スペクトルは正のコットン効果を示しているので，(b) のエクトリアル配座であることがわかる．環の平均平面よりも上方または下方にあるそれぞれ 3 つのアキシアル位は空間が狭いため，メチル基などの置換基は一般にエクトリアル位に配向しやすい．

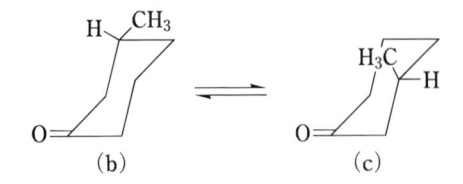

## 5 章

**5.1** 1 cm$^3$ の水溶液には，硫酸銅が 0.1 mmol 含まれると考えればよい．つまり，1 cm$^3$ には，銅原子 0.1 mmol$=6.4$ mg，硫黄原子 0.1 mmol$=3.2$ mg，酸素原子は 0.1 mmol$+1/18$ mmol$=16/18$ g 含まれているので，これらがそのまま各元素の密度である．式 (5.4) に当てはめると，$t=4.4$ mm．このときの吸収ジャンプは 0.70 となる．

**5.2** $l/R=\tan\Delta\theta$ であり，$\Delta\theta$ が十分小さい場合は $\tan\Delta\theta\approx\Delta\theta$ となる．

**5.3** Si(311) の方がよい．Si(311)，Si(111) のおのおのに対してモリブデン吸収端エネルギーに相当するブラッグ角はそれぞれ 10.9°，5.67° であり，角度掃引のステップが同じならブラッグ角が大きい方が細かくエネルギーをスキャンできる．また，式 (5.9) からわかるように，エネルギー，発散角が同じなら，

ブラッグ角が大きい方が（つまり本問では Si(311) を使った方が）理論分解能がよい．

**5.4** 曲率を決定するパラメータが一つであるので，近似領域に大きく依存しない．

**5.5** 幅が広くピーク高さが小さくなる．ガウス関数のフーリエ変換は再びガウス関数となる．理論的にはピークの半価幅はほぼ $2\sigma$ となる．もし，$\sigma$ が 0.3 Å 程度となる場合は，ほとんどピークはなくなる．つまり，EXAFS では見えなくなってしまう．シリカ担持バナジウム酸化物の動径構造関数にあるはずの隣接ケイ素のピークが非常に小さいことに対応している．

## ■ 6 章

**6.1** （例解）溶媒抽出は水相中に存在するバルキーなイオンに疎水性の対イオンを加え電荷的に中性にし，水と混ざらない有機溶媒と振り混ぜるとイオン対が有機相に移動する．また，金属イオンとキレート試薬が錯生成し電気的に中性のキレートを生成すれば同様な抽出ができる．固相抽出はニトロセルロースなどの膜に上で述べたイオン会合体を捕集する方法である．たとえばキレート陰イオンにミセル限界濃度以下の陽イオン界面活性剤を加え，生成した沈殿を濾過すると膜に沈殿が捕集される．これを少量の極性溶媒で溶離する．

**6.2** 100 ppmCa ＝（Ca 原子量/$CaCO_3$ 式量）×（採取量 g）×1 000（mg $l$）×10

この式より，採取量は 0.025 g となる．したがって $CaCO_3$ 0.025 g をてんびんで正確に量りとり，ビーカーに入れる．それに 6 M HCl を少量加えて溶解した後，これを 100 m$l$ メスフラスコに移し，水を加えて 100 m$l$ とする．

**6.3** 100 ppm の溶液を 1, 2, 3, 4, 5 m$l$ とり，25 m$l$ に希釈すると，最終濃度は 4, 8, 12, 16, 20 ppm となる．この最終濃度を横軸に，縦軸には吸光度をプロットすれば検量線が得られる．またこの傾き（ppm 濃度をモル濃度に直して）からモル吸光係数は求まる．

## ■ 7 章

**7.1** トレーサビリティーおよびバリデーションについて説明する．

**7.2** $s_1^2 = 0.048$，$s_2^2 = 0.047$，$F = 1.021$．表による $F$ 値は 9.28 でありこれより小さいので $t$ 検定を利用できる．

$$s_p = 0.226, \quad \pm t = \frac{15.03 - 15.1}{0.226} \times \sqrt{\frac{4 \times 4}{4 + 4}} = 0.45$$

自由度 6 のときの 95 ％ 信頼水準のおける $t$ 値は 2.447 で，これより小さいので二組の方法の間には有意差はない．

# 索　引

## あ　行

ICP 質量スペクトル　86
ICP 質量分析法　84
ICP 発光分光分析装置　83
ICP 発光分光分析法　82
アクティブサンプリング法　34
アーク発光分析法　82
亜硝酸イオン　175
亜硝酸態窒素　174
アナログ　49
アバランシェフォトダイオード
　　159
アブレーション法　84
アルセナゾIII法　166
安定度定数　25
　　逐次——　25
　　有効——　28
アンモニア態窒素　173
アンモニアの蛍光分析法　74

ESR　113
ESCA　105
硫黄酸化物分析計　165
イオン化　96
イオン強度　23
イオン交換クロマトグラフィー
　　67
イオン線　81
イオン分離　97
一酸化炭素分析計　166
EDTA 滴定　27
移動層　60
陰イオン界面活性剤　74

右旋性　129

エアーポンプ　35
液-液抽出法　2

液間電位差　87
エキシマーレーザー　152
液体クロマトグラフィー　65
SI 単位　181
SN 比　49
エチレンジアミン吸光光度法
　　174
エチレンジアミン四酢酸　27
X 線回折　101
X 線回折分析法　101
X 線吸収スペクトル　136,137
X 線吸収端近傍構造　137
X 線吸収端分析　135
X 線光電子分光法　105
X 線照射　100
X 線透過法　101
X 線分析　100
NMR　110
エネルギー分解能　139
エネルギー変換　144
エリオクロームブラック T　29
塩基解離定数　11
塩　橋　87
炎光光度検出方式　166
演算回路　51
円偏光　127
円偏光二色性　127,129

オクタント則　131
オージェ効果　108
on site 分析　174

## か　行

開口数　155
解　析　184
壊変定数　121
壊変率　122
解離定数　10
化学イオン化　96

化学炎　77
化学シフト　111
化学発光（光度）法　59,168
化学分析　47
化学平衡　10
化学量論　9
拡散電流　90
核磁気共鳴分光法　110
核　種　119
確率範囲　7
ガスクロマトグラフ　60
ガスクロマトグラフィー　60
かたより　6
活　量　23
活量係数　23
加熱気化導入法　83
加熱石英セル　79
カーブフィッティング　145
カラーサークル　53
カルメロ電極　19
簡易環境分析　33
簡易水質分析キット　41
簡易分析器具　44
簡易無機化学物質分析法　39
簡易有機化学物質分析法　43
環境基準　162
　　——と測定方法　178
　　大気汚染物質の——　162
環境基本計画　3
環境水質分析法　177
環境保全　3
干渉現象　78
緩衝能　18
緩衝溶液　18

機器分析法　47
基準電極　88
キセノンランプ　58
基礎電子回路　48
規定度　9

キャリヤーガス　60, 63
吸光係数　76
吸光光度法　53, 167
吸光度　54, 168
吸収端ジャンプ　136
吸収端波長　135
Q値　8
吸着クロマトグラフィー　67
吸着指示薬　23
共焦点　156
距離分解能　146
キレート環　25
キレート試薬　25
銀-塩化銀電極　19
近接場光学顕微鏡　157

空間分解計測　155
偶然誤差　6
グラファイト炉アトマイザー　79
グラファイト炉原子吸光分析　79
グラム当量　9
クロスチェック　183
クロマトグラム　60
クロマトグラフィー　60
クーロメトリー　88

蛍光　57, 166
蛍光X線分析法　104
蛍光強度　58
蛍光光度法　57
蛍光像　159
蛍光反応　58
計測エレクトロニクス　49
系統誤差　6
ゲル浸透クロマトグラフィー　67
原子間力顕微鏡　117
原子吸光分析装置　77
原子吸光分析法　76
原子スペクトル線　81
原子発光分析法　80
検出限界　183
減衰因子　144
検知管法　34, 41, 45
検定　183

広域X線吸収微細構造　136
公害　2
光学活性　127

高速液体クロマトグラフィー　65
高速原子衝撃　96
光電子分光法　105
硬度測定(水の)　29
後方散乱因子　142
交流増幅器　51
誤差　6
　──の伝達　6
　──の補正　8
個人暴露量　37
固相抽出法　2
固相濃縮法による水質試験　174
固相マイクロ抽出法　45
コットン効果　129
固定相　60
コヒーレント光　150

## さ 行

錯形成滴定　24
錯形成平衡　25
錯体　24
左旋性　129
サテライトピーク　109
差量方式メタン炭化水素計　172
ザルツマン法　56
酸塩基滴定　10
酸塩基指示薬　17
酸解離定数　11
酸化還元滴定　18
残差　6
参照電極　19, 88
酸素計　169
サンプリング　163
サンプルインジェクター　73

ジアゾ化反応　56
シェアフォース距離制御法　158
JCPDSカード　102
シェラーの式　103
紫外線蛍光方式　166
時間分解干渉画像計測　150
時間分解計測　149
時間分解写真測定　150
時間分解能　149
磁気風式酸素分析計　170
試験紙法　39
CCDカメラ　150

指示薬　17
自然換気法　164
質量吸収係数　136
質量分析　95
質量分析計　95, 98
質量分析法　95
　ICP──　84
　定電位──　89
　二次イオン──　97
磁場レンズ　114
示差走査熱量測定　92
示差熱分析　92
四重極型質量分析計　85, 99
充填カラム　63
重量パーセント　10
重量分析　21
シュタルク広がり　76
硝酸態窒素　174
試料採取法　164
ジルコニア式酸素計　170
真空紫外光電子分光法　105
真空法　164
シンクロトロン放射　100, 138
人工放射性核種　123
シンチレーター　124
真度　183
振動子強度　76
シンプルパック　40
信頼水準　183

水銀蒸気　79
水酸イオン濃度　10
水質環境分析　173
水質試験(固相濃縮法による)
　175
水質分析キット　41
水素イオン濃度　10
水素炎イオン化検出器　63, 172
水道水の水質基準　177
ストリッピングボルタンメトリー
　90
スパーク発光分析法　82
スピン結合　112
スピン量子数　110
スペクトル線　76
スペックル　150
スロットバーナー　77

# 索　引

正確さ　7
正規分布　7
精　度　183
成分分析　2
精密さ　7
赤外線吸収方式　166,169
積分回路　51
絶対配置　131
旋　光　129
旋光計　130
旋光度　129
旋光分散　127,129
全線吸収係数　136
全炭化水素計　172
線幅の広がり　76

走査型トンネル顕微鏡　116
走査型プローブ顕微鏡　116
走査電子顕微鏡　114
相対標準偏差　8
増幅回路　50
増幅率　50
測定値　6
　——の棄却　8
　——の誤差補正　8
　——の範囲　8

## た　行

ダイオキシン類の排出基準　163
大気汚染物質
　　——の環境基準　162
　　——の分析法　172
大気環境計測マイクロチップ　38
大気環境分析　33,162
ダイクロイックミラー　153
対掌体　127
第二高調波　156
多塩基酸　13
楕円偏光　129
多元素同時分析　84
多酸塩基　13
単一光子計数法　159
炭化水素分析計　172
単極電位　19
単座配位子　25
炭酸分子種の分率　15
単収束磁場型質量分析計　98

担　体　125

置換法　164
逐次安定度定数　25
チタンサファイアレーザー　153
窒素酸化物分析計　167
着色物質合成反応　56
中空陰極ランプ　77
中性原子線　81
中和滴定　9
チューブ型パッシブサンプラー　35
超高速時間分解分光測定　153
超微細構造　113
直接方式非メタン炭化水素計　172
直流増幅器　50
直流ポーラログラフ　90
沈殿滴定　21

定電位質量分析法　89
定電位電解方式　167
ディフラクトメーター　102
テイラー展開　146
定量下限　183
デジタル　49
テスラーコイル　82
データ処理　5
電位差測定分析法　87
電気化学分析　86
電子エネルギー分析装置　106
電子顕微鏡　114
電子衝撃イオン化　96
電子スピン共鳴分光　113
電子双極子モーメント　141
電子波動関数　141
電熱加熱原子化　79
天然放射性核種　123
電離定数　10
電流滴定法　23
電流入力増幅器　51
電量滴定法　89
電量分析法　88

同位体　119
同位体希釈分析　86
透過電子顕微鏡　114
動径構造関数　145

統計処理　5
統計的誤差　183
動径分布関数　145
同重体干渉　86
動的平衡　61
ドップラー広がり　76
トポグラフィー　159
トレーサー　125
トレーサビリティー　181

## な　行

流しとり法　164
二座配位子　24
二酸化鉛法　34
二酸化窒素の測定法　56
二次イオン質量分析　97
二重収束磁場型質量分析計　98
二光子吸収　156

熱重量測定　93
熱伝導度検出器　63
熱分析　91
ネブライザー　77,82
ネルンストの式　18,88

濃縮捕集法　164
濃度分率　14

## は　行

配位子　24
配位数　24
排出基準　163
白色X線ビーム　139
薄層クロマトグラフィー　68
パージトラップ法　45,179
バックグラウンド吸収　78
パックテスト　40,43
パッシブサンプラー　35
パッシブサンプリング法　34
発色反応　55
バラツキ　6
バリデーション　182
半減期　122
半電池　19
反転直流増幅器　50

索 引

半波電位　90

ピエゾバランス法　171
光
　　——の吸収　171
　　——の散乱　53
　　——の波長　53
飛行時間型質量分析計　99
比色法　40
比反転直流増幅器　50
ppm　10
ppb　10
微分回路　52
標準水素電極　19
標準電位　19
標準物質　183
標準偏差　8,183
表面顕微鏡法　114
微量分析　184
品質管理　5

ファイバープローブ　157
ファラデー定数　19
ファラデーの法則　89
負イオン質量分析計　99
フィックの法則　35
フィルター　49
フィールドイオン化　97
フェムト秒レーザー　153
フィールド脱離　97
フェルミ準位　106
フォトクロミック分子　155
フォルハルト法　22
物質濃度　36
物理分析　47
浮遊粒子物質濃度計　170
プラズマ　82
プラズマトーチ　82
ブラッグの回折条件　102
ブラベー格子　103
プリエッジ　143
プリエッジピーク　148
フーリエ変換　145
フローインジェクション分析法　69
プローブ光　153
分光結晶　104
分　散　6

分子イオン干渉　86
分　析　5
分配クロマトグラフィー　66
分配係数　60
粉末X線回折　102
噴霧器　77,82

平衡定数　10
平面型パッシブサンプラー　35
平面偏光　127
ベクレル(Bq)　122
$\beta$線吸収方式　171
ヘッドスペース法　45,179
ペーパークロマトグラフィー　67
ベールの法則　54
偏　光　127
偏　差　6
ヘンリーの法則　35

ホイートストンブリッジ回路　64
放射壊変　120
　　——の規則性　121
放射性核種　119,122
　　——の分析　124
放射性同位体　119
放射性物質　119
放射線　119
　　——の測定　123
放射線検出器　123
放射線スペクトロメーター　124
放射能　119
放射能分析化学　118
ポテンシオメトリー　87
ポーラログラフィー　23,90
ポーラログラム　90
ボルタンメトリー　90
ボルツマーク広がり　76
ボルツマンの分布則　82,110
ポンプ光　153

ま 行

マイクロチップ　38
マイクロチップ型測定器　38
マイケルソン干渉計　150
前処理　177
マスキング剤　40
マトリックス効果　105

マトリックスマッチング　78
マラカイトグリーン　75

見掛けの電位　19
水環境計測マイクロチップ　39
水環境分析　37
水の硬度測定　29

無炎原子吸光分析　78
無機化学物質分析法　39

メチレンブルー　74
メンブランフィルター　174

モードロックパルスレーザー　159
モール法　22
モル吸光係数　54
モル楕円率　130
モル濃度　9
モレキュラーシーブ　164

や 行

YAGレーザー　152
有機化学物質分析法　43
有効安定度定数　28
誘導結合プラズマ　82

溶液導電率方式　165
溶解度　21
溶解度積　21
溶解平衡　21
容量比　61

ら 行

ラインコネクター　73
ランベルト-ベールの法則　54,136

リードベルト法　103
硫酸イオンの定量法　56
理論段数　62
理論段高さ　62
リ　ン　176
りん光　57

ルミノール 59

励起一重項状態 57
励起三重項状態 57

励起状態 57
レーザーアブレーション法
　　84, 150
レーザー計測 149

レーザー走査顕微鏡 155

ローレンツ広がり 76

**編著者略歴**

太田清久（おおた・きよひさ）

1948年　長野県に生まれる
1972年　山梨大学大学院工学研究科
　　　　博士課程修了
現　在　三重大学工学部分子素材工学
　　　　科教授・工学博士

酒井忠雄（さかい・ただお）

1944年　鳥取県に生まれる
1967年　鳥取大学教育学部卒業
現　在　愛知工業大学工学部応用化学
　　　　科教授・薬学博士／工学博士

役にたつ化学シリーズ4

分　析　化　学

定価はカバーに表示

2004年10月15日　初版第1刷

編著者　太　田　清　久
　　　　酒　井　忠　雄
発行者　朝　倉　邦　造
発行所　株式会社　朝　倉　書　店
　　　　東京都新宿区新小川町6-29
　　　　郵便番号　162-8707
　　　　電　話　03(3260)0141
　　　　FAX　03(3260)0180
　　　　http://www.asakura.co.jp

〈検印省略〉

© 2004〈無断複写・転載を禁ず〉

中央印刷・渡辺製本

ISBN 4-254-25594-2　C3358

Printed in Japan

|  |  |
|---|---|
| 日本分析化学会編<br>**基本分析化学**<br>14066-5 C3043　B5判 216頁 本体3500円 | 理学・工学系，農学系，薬学系の学部学生を対象に，必要十分な内容を盛り込んだ標準的な教科書。〔内容〕分析化学の基礎／化学分析，分離と濃縮・電気泳動／機器分析，元素分析法・電気化学分析法・熱分析法・表面分析法／生物学的分析法／他 |
| 舟橋重信編　内田哲男・金　継業・竹内豊英・中村　基・山田眞吉・山田碩道・湯地昭夫著<br>**定量分析**　—基礎と応用—<br>14064-9 C3043　A5判 184頁 本体2900円 | 分析化学の基礎的原理や理論を実験も入れながら平易に解説した。〔内容〕溶液内反応の基礎／酸塩基平衡と中和滴定／錯形成平衡とキレート滴定／沈殿生成平衡と重量分析・沈殿滴定／酸化還元反応と酸化還元滴定／溶媒抽出／分光分析／他 |
| 都立大 保母敏行・千葉大 小熊幸一編著<br>**理工系 機器分析の基礎**<br>14056-8 C3043　B5判 144頁 本体3400円 | おもに理工系の学生のために，種々の機器を使った分析法についてわかりやすく解説した教科書。〔内容〕吸光光度法／原子吸光法／蛍光・りん光／赤外・ラマン／電気分析法／クロマトグラフィー／X線分析／原子発光／質量分析法／他 |
| 小熊幸一・石田宏二・酒井忠雄・渋川雅美・二宮修治・山根　兵著<br>基本化学シリーズ7<br>**基礎分析化学**<br>14577-2 C3343　A5判 208頁 本体3800円 | 化学の基本である分析化学について大学初年級を対象にわかりやすく解説した教科書。〔内容〕分析化学の基礎／容量分析／重量分析／液-液抽出／イオン交換／クロマトグラフィー／光分光法／電気化学的分析法／付表 |
| 前京大 藤永太一郎編著<br>改訂新版 **基礎分析化学**<br>14046-0 C3043　A5判 252頁 本体3900円 | 好評の旧版を大幅改訂。〔内容〕分析化学序論／定性分析化学／容量分析法／質量作用則／酸塩基平衡／緩衝溶液／酸塩基滴定／酸化還元平衡／沈殿滴定／重量分析／有機試薬／機器分析・序論／電解分析／ポーラログラフィー／質量分析／他 |
| 理科大 中村　洋編著<br>**機器分析の基礎**<br>34006-0 C3047　B5判 168頁 本体3900円 | 理工学から医学・薬学・農学にわたり種々の機器を使った分析法について分かりやすく解説した教科書。〔内容〕分子・原子スペクトル分析／電気分析／熱分析／放射能を用いる分析／クロマトグラフィー／電気泳動／生物学的分析／容量分析／他 |
| 日本分析化学会X線分析研究懇談会編<br>**粉末X線解析の実際**　—リートベルト法入門—<br>14059-2 C3043　B5判 208頁 本体4800円 | 物質の構造解析法として重要なX線粉末回折法—リートベルト解析の実際を解説。〔内容〕粉末回折法の基礎／データ測定／データの解析／応用／結晶学／リートベルト法／リートベルト解析のためのデータ測定／実例で学ぶリートベルト解析／他 |
| 日本分析化学会編<br>**分析化学実験の単位操作法**<br>14063-0 C3043　B5判 292頁 本体4800円 | 研究上や学生実習上，重要かつ基本的な実験操作について，〔概説〕〔機器・器具〕〔操作〕〔解説〕等の項目毎に平易・実用的に解説。〔主内容〕てんびん／測容器の取り扱い／濾過／沈殿／抽出／滴定法／容器の洗浄／試料採取・溶解／機器分析／他 |
| 日本分析化学会編<br>入門分析化学シリーズ<br>**定量分析**<br>14561-6 C3343　B5判 144頁 本体2900円 | 容量分析と重量分析について教科書的に解説。〔内容〕沈殿の生成と処理／滴定／酸・塩基／緩衝液／標準試薬／指示薬／中和滴定／沈殿滴定／酸化還元滴定／キレート滴定／ジアゾ化滴定／電位差滴定／電量滴定／カールフィッシャー法 |
| 日本分析化学会編<br>入門分析化学シリーズ<br>**機器分析におけるコンピュータ利用**<br>14562-4 C3343　B5判 144頁 本体3400円 | 機器を用いた実験を行う際必要不可欠なコンピュータやエレクトロニクスについて解説。〔内容〕集積回路／コンピュータの種類・仕組み／ソフトウェア／機器（紫外・可視，蛍光・りん光，クロマトグラフ，NMR・ESR，他）への応用 |
| 日本分析化学会編<br>入門分析化学シリーズ<br>**機器分析（1）**<br>14563-2 C3343　B5判 144頁 本体3200円 | 代表的な13の機器分析について解説。〔内容〕原子吸光・蛍光／原子発光／X線分光／放射分析／イオン選択性電極／ボルタンメトリー／紫外・可視／蛍光・りん光／円偏光／赤外・ラマン／NMR／ESR／質量分析 |
| 日本分析化学会編<br>入門分析化学シリーズ<br>**分離分析**<br>14565-9 C3343　B5判 136頁 本体3800円 | 化学の基本ともいえる物質の分離について平易に解説。〔内容〕分離とは／化学平衡／反応速度／溶媒の物性と溶質・溶媒相互作用／汎用試薬／溶媒抽出法／イオン交換分離法／クロマトグラフィー／膜分離／起泡分離／吸着体による分離・濃縮 |

上記価格（税別）は 2004 年 9 月現在